岩土工程研究生教育系列丛书

岩土材料本构理论

CONSTITUTIVE THEORY OF GEOMATERIALS

徐日庆 等◇编著

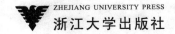
ZHEJIANG UNIVERSITY PRESS
浙江大学出版社

内容简介

本书是大土木工程专业系列教材之一,专门为岩土工程专业的研究生而编写。本书涵盖了目前本课程教学的主要内容,汇集了相对成熟的理论,及近年来的最新研究成果。本书共有 10 章,第 1 章绪论,第 2 章应力分析与应变分析,第 3 章岩土的破坏准则和屈服准则,第 4 章岩土的弹性理论,第 5 章岩土的塑性理论,第 6 章岩土的塑性模型,第 7 章岩土的粘性理论,第 8 章岩土的损伤理论,第 9 章土的扰动理论,第 10 章非饱和土的本构模型。

本书既可以作为研究生的教材,也可以作为工程技术人员的参考书,还可以作为相关专业研究生的参考书。

图书在版编目(CIP)数据

岩土材料本构理论 / 徐日庆等编著. —杭州:浙江大学出版社,2019.11
ISBN 978-7-308-19512-6

Ⅰ.①岩… Ⅱ.①徐… Ⅲ.①本构方程-研究 Ⅳ.①TU45

中国版本图书馆 CIP 数据核字(2019)第 196181 号

岩土材料本构理论

徐日庆 等编著

策　　划	黄娟琴	
责任编辑	王　波	
责任校对	沈巧华	
封面设计	续设计	
出版发行	浙江大学出版社	
	(杭州市天目山路 148 号　邮政编码 310007)	
	(网址:http://www.zjupress.com)	
排　　版	浙江时代出版服务有限公司	
印　　刷	嘉兴华源印刷厂	
开　　本	787mm×1092mm　1/16	
印　　张	12	
字　　数	292 千	
版 印 次	2019 年 11 月第 1 版　2019 年 11 月第 1 次印刷	
书　　号	ISBN 978-7-308-19512-6	
定　　价	39.00 元	

《岩土材料本构理论》

编委会成员

（以编写章节排序）

前　言

　　岩土材料本构理论是岩土工程专业研究生的骨干学位课程,是土木、建筑、交通、水利和地质等专业研究生的重要基础课。岩土材料本构理论课程的学习以弹性力学和张量理论为起点,深入学习岩土材料的弹性、塑性和粘性理论,以及岩土材料损伤和扰动以后的性状。不但要学习饱和土的性状,而且也要学习非饱和土的性状。

　　国内一些主要的高校都开设了岩土材料本构理论课程,但一直缺乏相应的教材,为此,本着大土木工程的教育理念,在龚晓南院士的倡导下,我们编写了这本《岩土材料本构理论》教材。本书的特点是:涵盖了目前本课程教学的主要内容,符合循序渐进的认知过程,有较完整的结构体系;既有相对成熟的理论,又有近年来的最新研究成果。

　　本书既可以作为研究生的教材,也可以作为工程技术人员的参考书,还可以作为相关专业研究生的参考书。

　　本书共有 10 章,内容安排及编写者分别为:浙江大学徐日庆编写第 1 章“绪论”,河海大学朱俊高编写第 2 章“应力分析与应变分析”,天津大学雷华阳编写第 3 章“岩土的破坏准则和屈服准则”,武汉大学黄斌编写第 4 章“岩土的弹性理论”,同济大学吕玺琳编写第 5 章“岩土的塑性理论”,浙江大学徐日庆编写第 6 章“岩土的塑性模型”,东南大学缪林昌编写第 7 章“岩土的粘性理论”,重庆大学周小平编写第 8 章“岩土的损伤理论”,浙江科技学院朱剑锋、浙江大学徐日庆编写第 9 章“土的扰动理论”,上海大学孙德安编写第 10 章“非饱和土的本构模型”。此外,浙江大学徐丽阳和蒋佳琪分别参加了第 4 章和第 6 章的编写工作,文嘉毅进行了部分章节的公式编辑工作。

　　本书是在多所大学教师的共同努力和浙江大学出版社的支持下得以出版的。本书由徐日庆教授主编。

　　限于编者水平,不当之处在所难免,敬请读者指正。

编　者
2019 年 1 月

目　录

第 1 章 绪论

岩土材料的本构理论是土力学的一个重要研究方向。土力学经历了三个发展阶段,即萌芽期(1773—1923 年)、古典土力学(1923—1963 年)和现代土力学(1963 年至今)。时至今日,现代土力学已得到深入的发展,在理论、计算、试验和应用方面不断发展,形成了四个分支,即理论土力学、计算土力学、试验土力学和应用土力学,而理论土力学的核心就是本构模型。

1.1 岩土本构理论的研究现状

岩土体是一种地质产物,具有非常复杂的非线性特征。在荷载作用下呈现出的应力-应变关系通常具有弹性、塑性和粘性,具有明显的非线性、剪胀性、各向异性等性状。为了较好地描述土的真实性状,建立土的应力-应变-时间之间的关系,有必要在试验的基础上,提出一种数学模型,把特定条件下的试验结果推广到一般情况,这种数学模型称为本构模型。从广义上说,本构关系是指自然界一个作用与由该作用产生的响应两者之间的关系。而岩土的本构关系则是以岩土为研究对象,以建立岩土体的应力-应变-时间关系为核心内容,以岩土体工程问题的模拟和预测为目标,以非线性理论和土质学为基础的一个课题。纵观土力学近百年的发展历史,人们常将岩土本构关系分为宏观本构关系和微观结构本构关系两个方面。前者是建立在宏观现象学基础上的本构关系,后者则是从岩土的微观结构角度来建立的本构关系。微观结构的研究,可使结构研究成果与其力学性状建立定量意义上的联系,对解释宏观力学现象具有重要意义。

早在 1773 年 Coulomb 就提出屈服准则,用以研究土的应力-应变性质。之后,建立在弹性理论与塑性理论基础上的各种本构模型在岩土工程中获得了实际应用。通过众多学者的努力,岩土的本构模型研究取得了许多成果。下面就宏观力学和微观结构两个方面,阐述岩土本构模型的研究现状。

1.1.1 建立在宏观现象学基础上的本构模型研究现状

岩土体的本构模型是土工计算中的依据。国内外学者对岩土的变形规律做了广泛的研究,提出了众多的本构模型。近半个世纪以来,由于实际工程的需要及计算机技术的发展,人们已不满足于弹性理论的假定,纷纷探求符合岩土的客观实际的应力-应变-时间关系的数学模型。建立在现代塑性理论基础上的弹塑性本构模型是岩土本构模型中发展得最完善、应用最广泛的一类模型。弹塑性本构模型源于希尔等的塑性理论。1958—1963 年，英国剑桥大学的 Roscoe 和 Burland 等提出了 Cam-clay 本构模型，这是土的本构模型发展的里程碑。他们将"帽子"屈服准则、正交流动准则和加工硬化规律系统地应用于剑桥模型（Cam-clay model）之中，并且提出了临界状态线（CSL）、状态边界面、弹性墙等一系列物理概念，形成了比较完整的土塑性模型。Burland（1965）对剑桥模型做了修正，认为剑桥模型的屈服面轨迹应为椭圆。之后，Roscoe 和 Burland（1968）又进一步修正了剑桥模型，给出了现在的修正剑桥模型。1975 年 Lade 和 Duncan 根据砂土的真三轴试验结果，提出了一种适用于非粘性土的弹性-硬化塑性模型，1977 年 Lade 又对屈服面函数做了修正，将该模型推广应用于正常固结的黏土中。帽盖模型是 Dimaggio 和 Sandler（1971）在 Drucker 等人的研究以及在剑桥模型的基础上提出的。帽盖模型最初被用来描述砂土的本构性状。后来被延伸应用于黏土、岩石等其他地质材料。由于帽盖模型能给出唯一、稳定的应力-应变关系，模型的材料参数可以方便地从标准试验资料中获得。由于其明显的适应性和灵活性，近几十年来获得了广泛的发展和应用。为了更好地模拟岩土材料在塑性屈服前的非线性性状，提出了变模量帽盖模型。虽然该模型只是在公式中增加了与非线性弹性常数相关的项，并没有给计算增加很多的麻烦，但模型却具有了更广泛的适应性，因为该模型不仅能描述塑性屈服前的非线性、剪胀性等特性，还能描述屈服后的各种破坏性状与塑性硬化性状。这就使得本构模型在岩土工程实践中，特别是关于地下激波运动的计算中获得了更加广泛的应用。Lindholm（1968）用试验方法证实了当加载的应力率（或应变率）较高时，其应力应变的响应明显依赖于加载的应变率。章根德（1995）发展了 Perzyna（1966）提出的动力帽盖模型，对地质材料的动力响应给出了恰当的描述。为了比较真实地描述循环荷载条件下土的本构特性，Iwan（1967），Morz（1967）提出了多重屈服面弹塑性模型。Prevost（1975）采用多重屈服面的概念提出了不排水条件下黏土的本构模型。之后，又将此模型推广用于研究排水条件下土的性质。边界面模型最早由 Dafalias 和 Popov（1976）提出并应用于金属材料的循环加载。Krieg（1975）等发展了较为简单的土的各向异性应变硬化塑性力学模型。Dafalias 和 Herrmann（1980）采用边界面模型来描述黏土在循环加载条件下的性状。相比于多重屈服面模型，边界面模型无须记忆多个屈服面的位置和大小，相对比较简单。

为了描述土体在卸载后再加载条件下的弹塑性变形，Hashiguchi 等（1989）提出了下加载面的概念。它是基于屈服面在相对移动过程中不相交的数学条件，推导出双面模型的合理形式。Asaoka 等（1998）将下加载面概念与 Cam-clay 模型结合，推导出了下加载面的表达式，并在此基础上，提出了上加载面屈服面思想，以描述结构性土和超固结土的应力应变特性。姚仰平等（2009）基于 Cam-clay 模型和下加载面理论，提出了适用于超固结土和正常固结土，且仅比 Cam-clay 模型增加一个参数的简单实用超固结土模型。

无论是塑性理论还是流变理论都难以全面反映岩土的客观性质。Scibel 和 Pomp、Deutler 和 Harding 等分别采用各种材料进行试验，证实了岩土材料具有弹性、塑性和粘性。为了全面反映土的各种性质，就必须建立同时考虑土的弹性、塑性和粘性性质的本构模型。Morsy 和 Chan 等（1995）提出了描述黏土蠕变的具有双屈服面的有效应力模型，并应用于实际，取得了较好的效果。Yin 和 Graham（1996）在研究次固结变形时推导出了弹-粘-塑性本构模型,模拟黏土与时间相关的应力应变性状,并用于一维的固结分析。

随着计算机和数值技术的迅猛发展,有限元、边界元等方法引入了土工计算。非线性分析的数值方法也为解决复杂的工程问题提供了新途径,促使了岩土本构模型的研究愈来愈深入。从简单加载条件下的一个屈服面的本构模型,如 Drucker-Prager 模型、Cam-clay 模型,发展到复杂荷载条件下双屈服面的本构模型,如 Drucker 模型、Prevost-Hoeg 模型等。模型的求解从解析解发展到数值解,模型参数的确定不仅可利用试验方法,还可通过反演分析技术等非线性理论来确定。

1.1.2　土微观结构力学模型方面的研究

20 世纪 20 年代到 50 年代人们以手持放大镜为研究工具。50 年代中期到 60 年代后期,出现了光学显微镜、偏光显微镜和 X 射线衍射仪等工具,人们开始注意到土结构的定量化指标。直至 80 年代,在广泛研究的基础上,出现了描述微结构形态诸要素的方法和反映结构性影响的力学模型,显示出研究者将微观力学变量和宏观力学变量相结合,建立岩土本构模型的努力。

在国际上,苏联和东欧一些国家在微结构研究领域中做出了较为突出的贡献。Mitchell(1976)、K. Collins 和 McGown(1974)提出了许多微观结构的概念,分析了其工程意义。与此同时,由于计算机技术的不断提高,计算机图像处理系统被引入到岩土结构的研究中,使岩土结构的定量化水平上了一个新的台阶。

Tovey 等(1973)首次对土结构的电子显微镜照片进行了定量分析尝试。

1976 年 Mitchell 出版了 *Fundamentals of Soil Behavior* 一书,书中对黏土类和岩石微观结构及其控制因素的定量分析进行了系统的阐述。

粘性土微观结构定量化研究中一个了不起的突破是 Bazant 研究团队完成的,他们相继在粘性土的变形和蠕变以及岩石和混凝土断裂等方面建立了微观力学模型。虽然在粘性土微观结构参数选取方面还有许多欠缺,但是毕竟第一次在建立粘性土本构关系中考虑了微观结构因素,它标志着土结构研究进入到了一个新时期。

我国开展土微观结构的研究工作要比国际上晚几十年,但研究的技术手段起点较高,取得的成绩也是令人鼓舞的。高国瑞(1980)、王永炎和腾志宏(1982)等对黄土的微观结构进行了观察和分类,并对其与黄土湿陷性的关系进行了探讨。胡瑞林等(1998)通过微结构要素定量分析,研究黄土在压力作用下的微结构要素变化规律,初步揭示了黄土宏观变形的微结构控制机理。谭罗荣(1987)、施斌和李生林(1988)等对膨胀土的微观结构与工程性质的关系进行了详细的研究,取得了一批很有价值的成果。李向全、胡瑞林、张莉(1999)从粘性土土体结构系统观点出发,建立了土体结构形态概念模型,对软土力学特性有了更深层次的认识。李生林(1985)、吴义祥(1988)分别成功地研制了冷冻真空升华干燥仪,填补了我国微观结构备样技术的空白。谭罗荣(1981)、施斌等(1988)利用 X 射线衍射仪对粘性土中扁平黏土矿物颗粒定向排列进行了定量测定。吴义祥(1991)、施斌(1996)应用计算机图像处理技术对微观结构形貌进行了定量研究,取得了重要进展。

Wood(1995)通过各向等压过程中同一回弹线上原状土体积应力和重塑土体积应力的

比值来模拟土的结构性。

Vatsala 等(2001)认为天然软黏土的强度来源于两部分,即土骨架强度和颗粒间的胶结强度,建立了一个摩擦元件和胶结元件并联的结构性模型。

Liu 和 Carter(2002)基于结构性土的一维压缩试验结果,在 Cam-clay 模型中引入结构性参数,建立结构性土的模型。

Rounania 和 Wood(2002)在参考屈服面外增加结构屈服面,并随着结构性的逐渐丧失,结构屈服面逐渐趋于参考屈服面且最终重合的演化规律来描述土的结构性,提出了移动硬化结构性模型。

沈珠江(1993)建立了结构性黏土的弹塑性损伤模型和非线性损伤力学模型,将变形中的土体看成原状土和损伤土的复合体。

从土的微观结构角度来建立土的本构关系,只是近几十年的事。它的基本思路出自 Taylor(1938)提出的材料中不同方向微滑面上的应力应变关系,这些关系的建立有两个前提,即微滑面上的应力是宏观应力张量的分量(静态约束),微滑面上的变形是宏观应变张量的分量(动态约束)。

Zienkiewicz 和 Pande(1977)、Pande 和 Sharma(1980,1983)、Pande 和 Xiong(1982)应用塑性理论描述了土的结构性状,但他们只考虑了静态约束,未考虑土的应变软化。

Bazant 和 Oh(1984,1985)、Bazant 和 Gombarova(1984)发现土在静态约束下,当应变软化发生时,其微滑面是稳定的。

国际上比较有影响的微观结构模型主要有两类:一类是由 Batdorf 和 Budiansky(1954)创立的经典塑性滑动理论发展形成的重叠片和微滑面模型;另一类是 Cundall(1971)、Cundall 和 Strack(1979)建立的颗粒模拟模型,近年已应用到了水泥、纤维和砂等复合材料的本构关系模型中。

在国内,施斌(1997)曾利用上述第一类微观力学模型建立了各向异性粘性土蠕变的微观力学模型,取得了较好的拟合效果。

考虑到天然黏土的结构性,有的建议使用两种模型,一种是复合体模型,另一种则是堆砌体模型。前者是引入损伤力学概念以后得到的,该模型能较好地反映结构破损过程,但不能模拟三轴试验中低围压下的剪胀现象。后者假定总的应力增量包括两个部分,一部分由有效应力增加引起,另一部分则由颗粒破损所致,该模型可以反映低围压下的剪胀性。沈珠江(1996)曾指出:现有的各种本构模型实际上都是针对饱和扰动土和砂土而发展起来的。对于应变软化问题,人们只是将剑桥模型进行推广,即从体积收缩为硬化推广到体积膨胀为软化,并没有和土体结构逐渐破损过程相联系。如软黏土和黄土,为了描述原状土中普遍存在的结构破损现象,需要建立相应的本构模型——结构性模型和相应的分析理论——逐渐破损理论。这一数学模型的建立将意味着人们在深化岩土体力学特性的认识方面完成了第二次飞跃。

有关逐渐破损理论与已研究多年的剪切带有一定的关系。蒋明镜、沈珠江(1998)在结构性黏土三轴试验基础上,讨论了剪切带形成的宏观力学条件及其倾角,并对剪切带及其周围土体的微观结构进行了分析,所得研究成果验证了沈珠江的堆砌体理论,也为发展土体逐渐破损理论打下了基础。尽管岩土的微观力学模型目前还处于积极发展阶段,而且真正得到实际应用的也还不多,但是鉴于土的结构性本构模型的发展在理论上可以有效地摆脱连续介质力学的长期束缚,引起某些传统观点的改变;在实践方面,可以提高土力学问题的计算精度。因此,土的结构性本构模型的建立将成为 21 世纪土力学的核心问题。

1.1.3　岩土本构模型研究的趋势

由于岩土材料本身及其变形机制的复杂性和多样性,岩土本构模型研究经久不衰。经典土力学以连续介质为基础,并以理想粘性土和非粘性土作为研究对象。理想弹性模型和塑性模型是最简单的本构模型,应用连续介质力学求解岩土工程问题,解答是否合理取决于所用本构模型是否合理,因此若要提高应用连续介质力学求解岩土工程问题的水平,本构模型研究已成为其瓶颈,它严重制约其发展。在以往本构模型研究中不少学者只重视本构方程的建立,而不注重模型参数的测定,也不重视本构模型的验证工作。在以后的研究中要特别重视模型参数的测定、本构模型验证以及推广应用研究。开展岩土本构模型研究可以从以下几个方面努力。

一是对于各种传统模型的改进、提高和验证。例如:剑桥模型由于其形式简单和计算参数少而被广泛应用,但该模型在选取屈服面时,没有考虑剪应变的影响,而且主要适用于正常固结土,为了使其能适用于超固结土和其他类土,许多人提出修正的建议。一类是通过改变椭圆屈服面的位置和形状来模拟应变软化现象;另一类是改用双屈服面。

二是受现代科学技术的冲击,大量非线性科学的基本理论被引入到岩土本构模型的研究中,如 Mandebrot 提出的分形几何、Renethom(1972)创立的突变论、人工神经网络等理论。它们从不同层次、不同角度揭示复杂现象中的本质,为土本构模型的进一步研究提供了理论支持。美国 V. Lade 教授将神经网络应用于岩土力学中,神经网络用学习代替数学建模,它能从噪声数据中学习复杂的非线性关系。国内的邓若宇、王靖涛(1999)改变传统的数学建模方法,运用神经网络方法建立了一个黏土的非线性本构关系模型,并通过实例说明神经网络方法的实用性。这种建模方法的优越性、准确性、适用范围都还有待于探讨。

三是建立用于解决实际工程问题的实用模型。建立能反映某些岩土体应力应变特性的理论模型。其应包括各类弹性、弹塑性、粘弹性、粘弹塑性、内时和损伤,以及结构性模型等。它们应能较好反映岩土的某种或几种变形特性,是建立工程实用模型的基础。工程实用模型应是为某地区岩土、某类岩土工程问题建立的本构模型,它应能反映特定情况下岩土体的主要性状,用它进行工程计算分析,可以获得工程建设所需精度的分析结果。

四是将土的微观结构定量研究引入到土的应力应变性状研究中。定量地揭示土结构性及其变化的力学效果要比定性地显示土结构性的形象特征或从个别侧面定量描述土结构性的差异显得更为重要。弄清楚土在宏观现象下的内在本质,从而建立正确、可靠的物理、力学和数学模型,从本质上更好地对土的力学性状进行模拟,更好地解决工程实际问题。经过几十年的努力,在微观结构和宏观力学上取得的丰硕成果,为我们开展本构模型研究奠定了坚实的基础。从注重室内力学试验结果,建立能刻画试验结果的模型,到通过微观结构入手研究岩土应力-应变-时间的规律,这是一个可喜的进步。将宏观力学和微观结构相结合,并将非线性理论渗入其研究领域中,是岩土本构模型今后研究的主要方向之一。

1.2 岩土材料的特性

1.2.1 土的主要性质

土是由岩石经过风化、侵蚀、搬运、沉积,形成的固体矿物、水和气体的集合体。在外力作用下,土体并不显示出一般固体的特性,土粒间的联结也并不像胶体那样易于相对地滑移,也不表现出一般液体的特性。因此,在研究土的工程性质时,既有别于固体力学,又有别于流体力学。由于空气易被压缩,水能从土体流出或流入,土三相的相对比例会随时间和荷载条件的变化而改变,土的一系列性质也随之而改变。

在古典土力学中,在研究土的各种工程性质时,首先注意到土粒的物理特性(例如土的大小、形状等)、土的物理状态以及土的三相比例关系。在近代土力学中,还注意到土的三相组成在空间的分布、排列,以及土粒间的联结对土的性质的重要影响。

土的主要性质包括物理性质、化学性质和力学性质。这些性质与土的强度和变形有密切关系,在建立本构模型时应加以考虑。

1. 土的物理性质

土是由固相、液相和气相三相体组成的,粘性土在不同含水量下,可呈现出不同的物理状态(有固态、半固态、可塑状态和流动状态)。有显著的结构性(通常分为单粒结构、蜂窝状结构、分散结构和絮凝状结构)、水理性(透水性、亲水性、胀缩性、崩解性、吸水性、冻融性、可塑性)。

2. 土的化学性质

黏粒具有双电层,黏土颗粒带有负电荷,外层吸附阳离子云,高价离子能置换低价离子(离子交换);黏土薄片之间存在排斥力,也有范德华力引起的吸引力;粘性土胶体活动(凝聚、分散),以及酸碱度对土的化学性质有影响。

3. 土的力学性质

土的力学性质是建立土的强度和本构理论的基础,土的力学性质可分为土的基本力学特性和重要力学特性。所谓基本力学特性,是指对所有土类和主要受力阶段都有重要影响的力学性质(压硬性和剪胀性),是土区别于其他工程材料的标志。压硬性指土的强度和刚度随压应力的增大而增大。库仑摩擦定律是有关压硬性的最早表述,Hvorslev 把这一定律推广用于粘性土。剪胀性指土体在剪切时产生体积膨胀或收缩的特性。密砂剪胀,松砂剪缩,早在 20 世纪 30 年代就广为人知。据此,Casagrande 提出了表征不胀不缩的临界孔隙比的概念。黏土的剪胀性,虽然亦早在 1936 年就被 Rendulic 发现,但长期没有引起注意。而重要力学特性则是指对一定土类在一定受力阶段有重要影响的性质(如非线性、流变性、各向异性等),在其他情况下可以忽略不计。

各向异性:引起各向异性的原因有两个,一是天然土在沉积过程中或人工土在填筑过程中形成,二是受力过程中逐渐形成,与扁平形颗粒的扁平面取向于垂直大主应力方向有关,后者常称应力引起的各向异性。本构模型中是否要考虑第一种各向异性,须视情况而定,而第二种各向异性,则在一个好的模型中应能自动包括进去。

流变性:比萨斜塔的不断倾斜大概是土体流变性的最著名例子。黏土颗粒周围包含粘滞性较为明显的水膜,因而表现出较大的流变性,而刚性骨架类土的流变性则不明显。但实际应用中是否需要考虑流变,需视具体情况而定。有时黏土的流变也可忽略,有时粗粒土的流变也必须考虑。土力学中常把流变分成固结流变和剪切流变,从理论上看,这样的划分并没有必要。

应力路径相关性:土体的变形特性并不仅仅取决于当前的应力状态,而是与到达之前的应力历史和今后的加荷方向有关,这两种影响可以统称应力路径相关性。在同一围压下,超固结土的抗剪强度明显高于正常固结土,这是说明应力历史影响的最明显的例子。但是,应力路径相关性的考虑不但使本构模型更加复杂化,也给计算模拟带来困难,从而限制了它的实际应用价值。

应变硬化:又称应变强化,指屈服极限随应力增大而提高,这是许多土类共有的特性,具体表现为应力应变关系的非线性。

应变软化:又称应变弱化,原指屈服极限随应变增大而降低。这是具有结构强度的土类和紧密砂土所具有的特性。

此外,土的重要性质还有:

①初始应力各向异性;

②静压屈服特性;

③拉压强度不同;

④依时性;

⑤粘弹塑性耦合作用。

1.2.2 岩石的主要性质

岩石也是由固体、液体和气体三相组成的。其主要的物理性质包括:重度、比重、孔隙率、水理性、软化性、抗冻性、透水性。力学特性包括:强度特性(抗压强度、抗拉强度、抗剪强度)、变形特性(弹性、塑性、脆性和延性)。

矿物成分对岩石力学性质的影响:矿物硬度越大,岩石的弹性越明显,强度越高。

岩石的结构构造对岩石力学性质的影响:粒状结构中,等粒结构比非等粒结构强度高,在等粒结构中细粒结构比粗粒结构强度高。在宏观上块状构造的岩石多具有各向同性特征,而层状结构岩石具有各向异性特征。

风化对岩石力学性能的影响:风化降低岩体结构面的粗糙度并产生新的裂隙,使岩体分裂成更小的碎块,进一步破坏岩体的完整性。岩石在化学风化过程中,矿物成分发生变化,原生矿物受水解、水化、氧化等作用,逐渐为次生矿物所代替,特别是产生黏土矿物,并随着风化程度的加深,这类矿物逐渐增多。岩石在风化营力作用下,岩体的力学性质会劣化。

建立本构模型时应尽可能地反映岩土体的性质,适当地考虑影响因素,在能够满足工程

需求的同时,模型不至于太复杂。

1.3 建立本构理论的公理

本书的主要目的是呈现岩土材料本构理论,包括构建模型、确定参数。与本构模型有关的物理现象,如受荷结构的响应,它们必须遵循一定的原理或公理,因为公理反映了物理现象。数学的和严格的处理以及本构方程与这些公理的关系在连续力学和数学物理的深度处理中都可以找到。

所谓公理是得到公认的科学原理,长期作为一个真理被接受,不需要证明。这里介绍几个在连续力学中应用的公理。

决定论公理(Axiom of Determinism):受外力作用,材料的应力和变形大小取决于物体受外力的历史。这个表述表达了决定原理,每个现象的出现取决于一系列的原因。决定论是自然科学的有机组成。也就是过去决定未来,没有过去就不会有未来。在连续物理中,作为决定论假设是很简单的,要求过去应当决定未来,材料的行为是独立于材料外的点,所有未来的结果由材料现时的状态决定。

因果公理(Axiom of Causality):没有缘由不会发生事件和现象,也就是我们常说的"事出有因",没有外力的作用材料不会产生变形。

客观论公理(Axiom of Objectivity):就是没有主观偏见。材料的性质不会因研究者的动机而改变。在试验室里得到钢的弹性模量不会因在移动的航母上而改变。在任意的空间参照系和任意的时间参照点的刚体运动,本构响应功能必须是形式不变的。

接近公理(Axiom of Neighborhood):一点响应函数值不会受很远点的影响。这与圣维南原理相似。该公理排除了本构方程的远距离作用效应。

记忆性公理(Axiom of Memory):当前的本构变量不受遥远过去本构变量值的影响。换句话说,近期的本构变量会影响当前的本构变量值。

等存性公理(Axiom of Equipresence):对一种材料,一旦本构变量被确认,那该材料变量在所有本构方程都应出现。换言之,每个本构方程都应当包括所有的本构变量。

相容性公理(Axiom of Admissibility):对不同材料有不同的本构定律,但任何体系都应满足物理定律,如质量守恒定律、线动量与角动量、热动力学。这些物理定律构成控制方程,如连续方程、运动方程、应力张量的对称性、能量平衡以及熵不等式。相容性公理保证了本构方程与物理定律一致。

给出上面的公理主要是想使读者知道构建本构模型的一些原则,虽然在本书中我们经常研究和使用的多种定律并没有直接参考或引用这些公理,但应当明白它们是建立本构理论的基础。

参考文献

[1] 邓若宇,王靖涛.黏土本构关系的神经网络模型[J].土工基础,1999,13(1):28-32.

[2] 高国瑞. 黄土显微结构分类与湿陷性[J]. 中国科学,1980,12:1203-1208.

[3] 龚晓南,叶黔元,徐日庆. 工程材料本构方程[M]. 北京:中国建筑工业出版社,1995.

[4] 胡瑞林,官国琳,李向东,等. 黄土压缩变形的微结构效应[J]. 水文地质工程地质,1998, 3:30-35.

[5] 胡瑞林,王思敬,李向全,等. 21世纪工程地质学生长点:土体微结构力学[J]. 水文地质工程地质,1999,4:5-8.

[6] 黄文熙. 土的工程性质[M]. 北京:水利电力出版社,1988.

[7] 蒋彭年. 土的本构关系[M]. 北京:科学出版社,1982.

[8] 李生林,秦素娟,薄遵昭,等. 中国膨胀土工程地质研究[M]. 南京:江苏科学技术出版社,1992.

[9] 李向全,胡瑞林,张莉. 粘性土固结过程中的微结构效应研究[J]. 岩土工程技术,1999, 3:52-56.

[10] 沈珠江. 结构性黏土的弹塑性损伤模型[J]. 岩土工程学报,1993,15(3):21-28.

[11] 沈珠江. 黏土的双硬化模型[J]. 岩土力学,1995,16(1):1-8.

[12] 沈珠江. 软土工程特性和软土地基设计[J]. 岩土工程学报,1998,20(1):100-111.

[13] 沈珠江. 土体结构性的数学模型[J]. 岩土工程学报,1996,18(1):95-97.

[14] 施斌,李生林. 击实膨胀土微结构与工程特性的关系[J]. 岩土工程学报,1988,10(6):80-87.

[15] 施斌. 粘性土击实过程中微观结构的定量评价[J]. 岩土工程学报,1996(4):60-65.

[16] 施斌. 粘性土微观结构研究回顾与展望[J]. 工程地质学报,1996,4(1):39-43.

[17] 施斌,王宝军,宁文务. 各向异性粘性土蠕变的微观力学模型[J]. 岩土工程学报,1997, 19(3):7-13.

[18] 谭罗荣. 某些膨胀土的基本性质研究[J]. 岩土工程学报,1987,5:73-85.

[19] 谭罗荣. 粘性土微观结构定向性的X射线衍射研究[J]. 科学通报,1981(4):236-239.

[20] 王永炎,腾志宏. 黄土与第四纪地质[M]. 西安:陕西人民出版社,1982.

[21] 吴义祥. 工程粘性土微观结构的定量评价[J]. 中国地质科学院院报,1991(2):143-151.

[22] 谢定义,齐吉琳. 土结构性及其定量化参数研究的新途径[J]. 岩土工程学报,1999,21 (6):651-656.

[23] 徐日庆,徐丽阳,邓祎文,等. 基于SEM和IPP测定软黏土接触面积的试验. 浙江大学学报(工学版),2015,49(8):1417-14215.

[24] 徐日庆,邓祎文,徐波,等. 基于SEM图像信息的软土三维孔隙率计算及影响因素分析. 岩石力学与工程学报,2015,34(7):1497-1502.

[24] 姚仰平,侯伟,周安楠. 基于Hvorslev面的超固结土模型[J]. 中国科学(E辑),2007, 37(11):1417-1429.

[26] 章根德. 土的本构关系及其工程应用[M]. 北京:科学出版社,1995.

[27] 郑颖人. 当前岩土计算力学的发展动向——介绍第八届岩土力学计算机方法与进展国际会议[J]. 岩土力学,1995,16(1):84-90.

[28] Asaoka A,Masaki N,Toshihiro N. Superloading yield surface concept for highly

structured soil behavior[J]. Soils and Foundations, 2000, 40(2):99-110.

[29] Asaoka A, Noda T, Fernando G S K. Consolidation deformation behavior of lightly and heavily overconsolidated clay foundation[J]. Soils and Foundations, 1998, 38(6): 75-91.

[30] Batdorf S B, Budiansky B. Polyaxial stress-strain relations of a strain-hardening metal[J]. Journal of Applied Mechanics-Transactions of the ASME, 1954, 21(4): 323-326.

[31] Bazant, Zdeněk P, Gambarova, Pietro G. Crack shear in concrete: Crack band microflane model[J]. Journal of Structural Engineering, 1984, 110(9):2015-2035.

[32] Bazant Z P, Oh B H. Microplane model for progressive fracture of concrete and rock [J]. Journal of Engineering Mechanics-ASCE, 1985, 111(4):559-582.

[33] Bazant Z P, Oh B H. Rock fracture viastrain-softening finite elements[J]. Journal of Engineering Mechanics-ASCE, 1984, 110(7):1015-1035.

[34] Burland J B. The yielding and dilation of clay[J]. Geotechnique, 1965, 15(2):211.

[35] Chandeakant S D, Hema J S. Constitutive laws for engineering materials with emphasis on geologic materials[M]. Prentice-Hall, 1984: 11-15.

[36] Collins K, McGown A. The form and function of microfabric feature in a variety of natural soils[J]. Geotechnique, 1974, 24(2):223-254.

[37] Cundall P A. A compute model for simulating progressive large scale movements in block rock system[A]//Proceeding of the Symposium of the International Society for Rock Mechanics[C]. Nancy, France, 1971, 1(8).

[38] Cundall P A, Strack O D L. A discrete numerical model for granular assemble[J]. Geotechnique, 1979, 29(1):47-65.

[39] Cundall P A, Strack O D L. The Distinct Element Method as a Tool for Research in Granular Media: Part Ⅱ[R]. Report to the National Science Foundation. Minnesota: University of Minnesota, 1979.

[40] Dafalias Y F, Herrmann L R. A bounding surface soil plasticity model[M]// Proceedings of Internationnal Symposium on Soil under Cyclic and Transient Loading. Swansea, 1980.

[41] Dafalias Y F, Popov E P. A model of nonlinearly hardening materials for complex loading[J]. Acta Mechanica. , 1975, 21(3):173-192.

[42] Dafalias Y F, Popov E P. Plastic internal variables formalism of cyclic plasticity[J]. Journal of Applied Mechanics, 1976, 43:645-650.

[43] Deutler H. Experimental tests on the dependency of tensile strength on the strain rate [J]. Physikalische Zeitschrift, 1932, 33:247-259.

[44] Dimaggio F L, Sandler I S. Material model for granular soil[J]. Journal of Engineering Mechanics, 1971, 97(3):935-950.

[45] Hashiguchi K, Chen Z P, Tsutsumi S, et al. Cyclic elastoplastic constitutive

equation of cohensive and noncohesive soils［C］//Proceedings of The Sixth International Symposium on Numerical Model in Geomechanics. Montreal，1997：93-98.

［46］Hashiguchi K. Subloading surface model in unconventional plasticity［J］. International Journal of Plasticity，1989，25(8)：917-945.

［47］Iwan W D. On a class of models for the yielding behavior of continuous and composite systems. Journal of Applied Mechanics,1967,34(3)：612-617.

［48］James K Mitchell. Electro-osmotic consolidation of soils［J］. Journal of the Geotechnical Engineering Division，1976,102(5)：473-491.

［49］James K Mitchell. Fundamentals of soil behavior［M］. John Wiley Besons,Inc,1976.

［50］Jiang Mingjing，Shen Zhujiang. Microscopic analysis of shear band in structured clay ［J］.岩土工程学报,1998,20(2)：102-108.

［51］Krieg R D. A practical two-surface plasticity theory［J］. Journal of Applied Mechanics，1975(42)：641-646.

［52］Lade P V，Duncan J M. Elastoplastic stress-strain theory for cohesionless soil［J］. Journal of the Geotechnical Engineering Division，ASCE，1975，101(10)：1037-1053.

［53］Lade P V. Elasto-plastic stress-strain theory for cohesionless soil with curved yield surface. International Journal of Solids & Structures,1977，13(11)：1019-1035.

［54］Lade P V. Modeling yield surface for granular in three dimensions［J］. Computer Methods and Advances in Geomechanics,1997.

［55］Lindholm L M.，Mechanical Behaviour of Material under Dynamic Loads［M］. New York：Springer-Verlag，1968.

［56］Liu M D，Carter J P. A structured cam clay model［J］. Canadian Geotechnical Journal，2002，39(6)：1313-1332.

［57］Morsy M M,Chan D H,Morgenstern N R. An effective stress model for creep of clay ［J］. Can Geotech,1995,32：819-834.

［58］Morz Z. On the description of anisotropic work hardening［J］. Journal of the Mechanics & Physics of Solids，1967,15：163-175.

［59］Pande G N. Shakedown of foundations subjected to cyclic loads［M］//Pande G N，Zienkiewicz O C(editor). Soil Mechamics-Transient and Cyclic Loads. John Wiley，Sons Itd,1982：469-489.

［60］Pande G N，Sharma K G. A micro-structural model for soils under cyclic loading［J］. 1980.

［61］Pande G N，Sharma K G . Multi-laminate model of clays-a numerical evaluation of the influence of rotation of the principal stress axes［J］. International Journal for Numerical & Analytical Methods in Geomechanics,1983,7(4)：397-418.

［62］Perzyna P. Fundamental problems in viscoplasticity［J］. Advances in Applied Mechanics，1966,9(2)：243-377.

[63]Pomp A. Materials-Tests on the deformation rate of metal in high temperatures[J]. Zeitschrift des Vereines Deutscher Ingenieure，1928，72(1)：352-352.

[64] Prevost J H，Hoeg K. Effective stress strain strength model for soils[J]. Journal of the Geotechnical Engineering Division，1975，3(2)：233-241.

[65] René Thom. Structural stability and morphogenesis. Pattern Recognition，1976，8 (1)：61.

[66] Roscoe K H，Burland J B. On the generalized stress-strain behavior of "wet" clay [M]//Engineering Plasticity. Cambridge：Cambridge University Press，1968.

[67] Roscoe K H，Schofield A N，Thurairajah A. Yielding of clays in states wetter than critical[J]. Geotechnique，1963，13(3)：211-240.

[68] Rouainia M，Wood D M. A kinematic hardeningconstitutive model for natural clays with loss ofstructure[J]. Geotechnique，2000，50(2)：153-164.

[69] Taylor G I. Plastic strain in metals[J]. Journal of the Institute of Metals，1938，62：307-324.

[70] Tovey N K. Quantitative analysis of electron micrograph of soil structure [J]. Proceedings of the International Symposium on Soil Structure，1973，3：50-59.

[71] Vatsala A，Nova R，Murthy B R S. Elastoplastic model for cemented soils[J]. Journal of Geotechnical and Geoenvironmental Engineering，2001，127(8)：679-687.

[72] Wood D M. Soil behaviour and critical state soilmechanics [M]. Cambridge：Cambridge University Press，1990.

[73] Yao Y P，Hou W，Zhou A N. A constitutive model for overconsolidated clays based on the Hvorslev envelope[J]. Science in China(Ser. E)，2008，51(2)：179-191.

[74] Yao Y P，Hou W，Zhou A N. UHmodel：Three-dimensional unified hardening model for overconsolidated clays[J]. Geotechnique，2009，59(5)：451-469.

[75] Yin J H，Graham J. Elastic Visco-plastic modelling of one-dimensional consolidation [J]. Geotechnique，1996，46(3)：515-527.

[76] Zienkiewicz O C，Pande G N. Some useful forms of isotropic yield surfaces for soil and rock mechanics[M]//Pande G W. Finite Elements in Geomechanics. London：Wiley，1977：179-190.

第 2 章 应力分析与应变分析

2.1 概述

岩土材料的应力应变分析,通常会用到张量,张量定义为与坐标系无关的不变量,但它可以用其在所选坐标系中的分量来表示,且张量的分量随坐标系的选取而变化。当坐标系改变时,其变化应当符合张量分量的转轴公式。一点的应力与应变矢量符合张量的定义,应力与应变分量又符合张量的转轴公式。因此,应力与应变都是张量,而且都是二阶张量(有 9 个分量的张量称为二阶张量)。

应力分量除可以用张量表示外,也可以用六个应力分量的列矩阵(或一个 6 维向量)来表示。然而,在土体应力-应变-强度的基本理论研究中,常常还需要用到应力的其他表示方法,如主应力表示法、应力不变量表示法等。

2.2 应力状态

2.2.1 一点的应力状态

对空间问题,在直角坐标系 (x,y,z) 或 $(1,2,3)$ 中土体内一点 M 的应力状态可以用该点处的单元体上的 9 个应力分量表示(如图 2-1)。

其可用张量表示为

$$\sigma_{ij} = \begin{bmatrix} \sigma_x & \tau_{xy} & \tau_{xz} \\ \tau_{yx} & \sigma_y & \tau_{yz} \\ \tau_{zx} & \tau_{zy} & \sigma_z \end{bmatrix} \tag{2.2.1}$$

上式表示的是一个二阶对称张量,右侧矩阵的 9 个分量中由于剪应力对称,即 $\tau_{xy} = \tau_{yx}$,$\tau_{yz} = \tau_{zy}$,$\tau_{xz} = \tau_{zx}$,只有 6 个分量是独立的。因此,也可用这 6 个应力分量的列矩阵(或一个 6 维向量)来表示该点的应力状态:

$$\{\sigma\} = \{\sigma_x \quad \sigma_y \quad \sigma_z \quad \tau_{xy} \quad \tau_{yz} \quad \tau_{zx}\}^T \tag{2.2.2}$$

由于土体一般不能承受拉应力或只能承受很小的拉应力,所受正应力多为压应力,故在

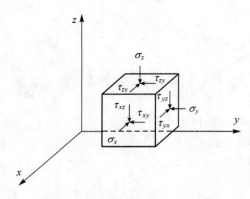

图 2-1　一点的应力分量及正方向

土力学中一般规定正应力以压为正，剪应力则以图 2-1 所示的方向为正。这与一般弹性力学和塑性力学的规定相反。

2.2.2　应力张量的坐标变换与分解

上述的二阶张量 σ_{ij} 在任一新的坐标系下的分量 $\sigma_{i'j'}$ 应满足：

$$\sigma_{i'j'} = a_{i'k}a_{j'l}\sigma_{kl} \tag{2.2.3}$$

式中，$a_{i'k}$ 与 $a_{j'l}$ 为新坐标系轴与老坐标系轴夹角的余弦。如图 2-2 所示，$a_{1'1} = \cos\alpha$，$a_{1'2} = \cos\beta$，$a_{1'3} = \cos\gamma$。

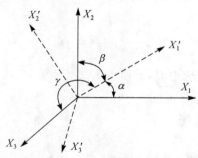

图 2-2　张量的坐标变换

张量也可以合成和分解，应力张量可以分解为应力球张量和应力偏张量，如：

$$\begin{bmatrix} \sigma_x & \tau_{xy} & \tau_{xz} \\ \tau_{yx} & \sigma_y & \tau_{yz} \\ \tau_{zx} & \tau_{zy} & \sigma_z \end{bmatrix} = \begin{bmatrix} \sigma_m & 0 & 0 \\ 0 & \sigma_m & 0 \\ 0 & 0 & \sigma_m \end{bmatrix} + \begin{bmatrix} S_x & S_{xy} & S_{xz} \\ S_{yx} & S_y & S_{yz} \\ S_{zx} & S_{zy} & S_z \end{bmatrix} \tag{2.2.4}$$

或　　　　$$\sigma_{ij} = \sigma_m\delta_{ij} + S_{ij} \tag{2.2.5}$$

式中，σ_m 为应力球张量；S_{ij} 为应力偏张量；$\delta_{ij} = \begin{cases} 1 & i = j \\ 0 & i \neq j \end{cases}$，称为 Kronecker，表示一个单位张量。应力球张量 σ_m 的物理意义为平均正应力，土力学中也常用 p 表示，其值为

$$\sigma_m = p = \frac{1}{3}\sigma_{kk} = \frac{1}{3}(\sigma_x + \sigma_y + \sigma_z) \tag{2.2.6}$$

应力偏张量 S_{ij} 的值为

$$
\left.
\begin{array}{ll}
S_x = \sigma_x - \sigma_m & S_{xy} = \tau_{xy} \\
S_y = \sigma_y - \sigma_m & S_{yz} = \tau_{yz} \\
S_z = \sigma_z - \sigma_m & S_{zx} = \tau_{zx}
\end{array}
\right\}
\tag{2.2.7}
$$

或 $\qquad S_{ij} = \sigma_{ij} - \sigma_m \delta_{ij}$ (2.2.8)

上述应力张量的分解在塑性理论中有着重要意义。在弹性力学中,应力球张量只产生弹性体应变(应变球张量),应力偏张量只产生弹性剪应变(应变偏张量),对应本构关系非常简单。在金属塑性理论中假设体应变为弹性的,故体应变只有弹性分量,而与塑性变形无关。剪应变有塑性分量,将应力分解为球张量与偏张量,不仅使它们与体应变和剪应变之间的关系相互对应,而且可以简化本构关系的分析。在应力球张量与偏应变、应力偏张量与体应变发生耦合作用的岩土塑性本构关系理论中,将应力分解为球张量与偏张量,也便于分析它们对塑性体应变与剪应变的各自贡献。

2.2.3 应力张量的主应力和应力不变量

假定空间任意一点应力为 σ_{ij},过该点的某斜截面上如果只有法向应力而无剪应力,则这个面称为主应力面,该面上的正应力称为主应力。依据弹性力学,该点有三个两两正交的主应力面,其面上只有法向应力,没有剪应力。这三个法向应力就是三个主应力 σ_1、σ_2、σ_3。

主应力张量实际是一般应力张量的特例,即剪应力为 0,其可表示为

$$
\sigma_{ij} =
\begin{bmatrix}
\sigma_1 & 0 & 0 \\
0 & \sigma_2 & 0 \\
0 & 0 & \sigma_3
\end{bmatrix}
\tag{2.2.9}
$$

设图 2-3 中 abc 平面为主应力面,此面上法向应力为 σ。abc 面的外法线与 x、y、z 坐标轴夹角的余弦分别为 l、m、n,其中:

$$
\begin{cases}
l = \cos\alpha \\
m = \cos\beta \\
n = \cos\gamma
\end{cases}
\tag{2.2.10}
$$

在 aOb、bOc、cOa 面上作用有 9 个应力分量:$\sigma_x,\tau_{xy},\tau_{xz};\sigma_y,\tau_{yx},\tau_{yz};\sigma_z,\tau_{zx},\tau_{zy}$。根据力的平衡条件,四面体 $Oabc$ 在三个方向的合力为 0:

$$
\begin{array}{ll}
\sum x = 0 & (\sigma_x - \sigma)l + \tau_{yx}m + \tau_{zx}n = 0 \\
\sum y = 0 & \tau_{xy}l + (\sigma_y - \sigma)m + \tau_{zy}n = 0 \\
\sum z = 0 & \tau_{xz}l + \tau_{yz}m + (\sigma_z - \sigma)n = 0
\end{array}
\tag{2.2.11}
$$

此外,l、m、n 应满足

$$
l^2 + m^2 + n^2 = 1
\tag{2.2.12}
$$

由上面 4 个方程可求得 σ 及 l、m、n。若以 l、m、n 为未知数,它是齐次线性三元方程组,其有非零解的充分必要条件是系数行列式为零,即

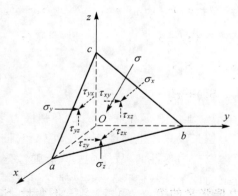

图 2-3　作用在 $Oabc$ 斜四面体上的应力

$$\Delta = \begin{vmatrix} \sigma_x - \sigma & \tau_{xy} & \tau_{xz} \\ \tau_{yx} & \sigma_y - \sigma & \tau_{yz} \\ \tau_{zx} & \tau_{zy} & \sigma_z - \sigma \end{vmatrix} = 0 \tag{2.2.13}$$

展开后有

$$\sigma^3 - I_1 \sigma^2 + I_2 \sigma - I_3 = 0 \tag{2.2.14}$$

式中，

$$\left. \begin{aligned} I_1 &= \sigma_x + \sigma_y + \sigma_z = \sigma_{kk} \\ I_2 &= \sigma_x \sigma_y + \sigma_y \sigma_z + \sigma_z \sigma_x - \tau_{xy}^2 - \tau_{yz}^2 - \tau_{zx}^2 = \frac{1}{2} (\sigma_{ii} \sigma_{jj} - \sigma_{ij} \sigma_{ij}) \\ I_3 &= \sigma_x \sigma_y \sigma_z + 2 \tau_{xy} \tau_{yz} \tau_{zx} - \sigma_x \tau_{yz}^2 - \sigma_y \tau_{zx}^2 - \sigma_z \tau_{xy}^2 = |\sigma_{ij}| \end{aligned} \right\} \tag{2.2.15}$$

式 (2.2.14) 为三次方程，其三个根 σ_1、σ_2、σ_3 即是三个主应力。亦即像 abc 这样的斜截面共有三个，它们两两正交，其面上只有法向应力，没有剪应力。很明显，一旦应力状态确定，三个主应力面及主应力大小唯一确定，与坐标系 x、y、z 的选择无关。应力不变量定义为不随坐标的选择而变化的量。所以，主应力 σ_1、σ_2、σ_3 就是一组应力状态的不变量。

另一方面，一点应力状态确定，则三个主应力唯一确定，即意味着式 (2.2.14) 的解唯一。因此，即使坐标系改变导致应力分量变化，方程 (2.2.14) 的系数 I_1、I_2、I_3 唯一确定，也不会因坐标系改变引起应力分量的变化而变化，意味着 I_1、I_2、I_3 也是应力不变量。

如果坐标系选择正好使单元体三对面上作用着主应力，即面上剪应力都为零，则

$$\left. \begin{aligned} I_1 &= \sigma_1 + \sigma_2 + \sigma_3 \\ I_2 &= \sigma_1 \sigma_2 + \sigma_2 \sigma_3 + \sigma_3 \sigma_1 \\ I_3 &= \sigma_1 \sigma_2 \sigma_3 \end{aligned} \right\} \tag{2.2.16}$$

在研究塑性状态，尤其建立弹塑性本构模型时，如采用与坐标系选取无关的应力张量不变量，可减少表示应力状态所需的参量，则表述更为简洁，建立本构方程形式上更为简单。

应力张量可分解为应力球张量和应力偏张量，则应力球张量和应力偏张量联合起来同样应该可以表示一点的应力状态。它们也同样存在三个应力不变量。

将式 (2.2.15) 中 σ_x、σ_y、σ_z 以 S_x、S_y、S_z 代替，得应力偏张量 S_{ij} 的不变量：

$$
\left.
\begin{aligned}
J_1 &= (\sigma_x - \sigma_m) + (\sigma_y - \sigma_m) + (\sigma_z - \sigma_m) = S_x + S_y + S_z = S_{kk} = 0 \\
J_2 &= \frac{1}{6} \Big[(\sigma_x - \sigma_y)^2 + (\sigma_y - \sigma_z)^2 + (\sigma_z - \sigma_x)^2 + 6(\tau_{xy}^2 + \tau_{yz}^2 + \tau_{zx}^2) \Big] \\
&= -(S_x S_y + S_y S_z + S_z S_x - \tau_{xy}^2 - \tau_{yz}^2 - \tau_{zx}^2) \\
&= \frac{1}{2}(S_x^2 + S_y^2 + S_z^2) + \tau_{xy}^2 + \tau_{yz}^2 + \tau_{zx}^2 \\
&= \frac{1}{2} S_{ij} S_{ji} \\
J_3 &= S_x S_y S_z + 2\tau_{xy}\tau_{yz}\tau_{zx} - S_x \tau_{yz}^2 - S_y \tau_{zx}^2 - S_z \tau_{xy}^2 = \frac{1}{3} S_{ij} S_{jk} S_{ki}
\end{aligned}
\right\}
\tag{2.2.17}
$$

式中，J_1、J_2、J_3 分别为应力偏张量的第一、第二、第三不变量。S_1、S_2、S_3 为主应力偏张量$(\sigma_1 - \sigma_m)$、$(\sigma_2 - \sigma_m)$、$(\sigma_3 - \sigma_m)$。由式(2.2.17)可看出，应力偏张量可以由J_2、J_3 两个参量来表示。因此，一点的应力状态可由 I_1、J_2、J_3 表示。

用主应力或主应力偏张量表示时，J_1、J_2、J_3 为

$$
\left.
\begin{aligned}
J_1 &= S_1 + S_2 + S_3 = 0 \\
J_2 &= -(S_1 S_2 + S_2 S_3 + S_3 S_1) \\
&= \frac{1}{6} \Big[(\sigma_1 - \sigma_2)^2 + (\sigma_2 - \sigma_3)^2 + (\sigma_3 - \sigma_1)^2 \Big] \\
&= \frac{1}{3}(I_1^2 + 3I_2) \\
J_3 &= S_1 S_2 S_3 \\
&= \frac{1}{27}(2I_1^3 + 9I_1 I_2 + 27I_3)
\end{aligned}
\right\}
\tag{2.2.18}
$$

2.2.4　八面体应力与广义剪应力

在空间坐标系 xyz 中，如果取 $Oa = Ob = Oc$，如图 2-4（a）所示，则斜截面 abc 外法线与三个坐标轴夹角相等，其余弦 $l = m = n = \dfrac{1}{\sqrt{3}}$，而且，$abc$ 为正八面体上的一个面。这样的面在几何空间（xyz）中每个象限都能画出 1 个，共有 8 个，组成了一个空间正八面体，如图 2-4（b）所示。土体中一点的应力状态，可以由正六面体或正四面体斜截面上的应力来表示，也可以由正八面体应力来表示。

如果图 2-4(a)中平面 aOb、bOc 和 cOa 为主应力面，分别作用 σ_1、σ_2、σ_3，在八个象限中分别绘出与 abc 同样的斜截面围成的一个正八面体。选取研究点的三个主应力方向与三个坐标轴方向一致，且 abc 为单位面积。作用在 abc 平面上的总应力(它不一定与该面法线 N 重合)p_{oct}，它在 x、y、z 三个方向的分量为 p_x、p_y、p_z。根据平衡条件有

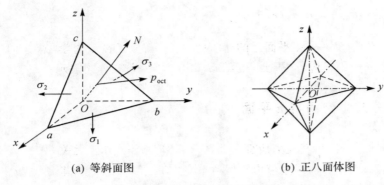

(a) 等斜面图　　　　　(b) 正八面体图

图 2-4　正八面体及其应力

$$\begin{cases} p_x = \sigma_1 l = \dfrac{1}{\sqrt{3}} \sigma_1 \\[2mm] p_y = \sigma_2 m = \dfrac{1}{\sqrt{3}} \sigma_2 \\[2mm] p_z = \sigma_3 n = \dfrac{1}{\sqrt{3}} \sigma_3 \end{cases} \tag{2.2.19}$$

则有

$$p_{oct}^2 = p_x^2 + p_y^2 + p_z^2 = \frac{1}{3}(\sigma_1^2 + \sigma_2^2 + \sigma_3^2) \tag{2.2.20}$$

将 p_{oct} 分解为八面体上的正应力 σ_{oct} 和剪应力 τ_{oct}，即

$$p_{oct}^2 = \sigma_{oct}^2 + \tau_{oct}^2 \tag{2.2.21}$$

则求出 p_x、p_y、p_z 在法线方向上的投影之和，即得八面体正应力 σ_{oct}：

$$\sigma_{oct} = p_x l + p_y m + p_z n = \frac{1}{3}(\sigma_1 + \sigma_2 + \sigma_3) = \sigma_m = \frac{I_1}{3} \tag{2.2.22}$$

则有八面体剪应力：

$$\tau_{oct} = \sqrt{p_{oct}^2 - \sigma_{oct}^2} = \frac{1}{3}\left[(\sigma_1 - \sigma_2)^2 + (\sigma_2 - \sigma_3)^2 + (\sigma_3 - \sigma_1)^2\right]^{\frac{1}{2}} \tag{2.2.23}$$

将式(2.2.23)与式(2.2.18)中的 J_2 比较，可发现 τ_{oct} 与 J_2 之间有如下关系：

$$\tau_{oct} = \sqrt{\frac{2}{3} J_2} \tag{2.2.24}$$

可见 σ_{oct} 和 τ_{oct} 与应力不变量及偏应力不变量有一定关系。值得指出的是 σ_{oct} 和 τ_{oct} 分别对应 I_1 和 J_2，前面讲到用应力不变量表示一点应力时，都有 3 个量，因此，如果仅用 σ_{oct} 和 τ_{oct} 来表示应力状态，是不完整的。还需要与另外一个量联合来表示一点的应力状态，这个量是应力洛德角，将在下节介绍。

在土力学中还常用到另外两个应力不变量 p 与 q，p 为平均正应力，q 为广义剪应力(或等效剪应力)，它们分别表示为

$$p = \sigma_{oct} = \frac{1}{3}(\sigma_x + \sigma_y + \sigma_z) = \frac{1}{3}(\sigma_1 + \sigma_2 + \sigma_3) = \frac{I_1}{3} \tag{2.2.25}$$

$$q = \frac{1}{\sqrt{2}} \big[(\sigma_1 - \sigma_2)^2 + (\sigma_2 - \sigma_3)^2 + (\sigma_3 - \sigma_1)^2 \big]^{\frac{1}{2}} = \frac{3}{\sqrt{2}} \tau_{oct} = \sqrt{3J_2} \qquad (2.2.26)$$

实际上 q 并不是某一具体平面上的剪应力,它只是为了在土力学中表达方便而引入的一个量。同样,p、q 分别对应 I_1 和 J_2,也需要与应力洛德角联合来表示一点的应力状态。

2.2.5　主应力空间与 π 平面

对于各向同性的材料,其应力应变关系与具体的坐标系方向无关,只与三个主应力 σ_1、σ_2、σ_3 的大小有关,所以可以用主应力空间来描述。以三个主应力为坐标轴而组成的笛卡尔空间坐标系就称为主应力空间。在此空间中的任意一点 P 的坐标 $(\sigma_1, \sigma_2, \sigma_3)$ 代表了物体内一个点的应力状态。如果该点的应力状态连续变化,则在此空间中的轨迹为一条曲线,该曲线或轨迹称为应力路径。应力路径可以在不同应力空间或应力平面中表示,比如,常常在 p-q 平面内表示三轴试验的应力路径。

图 2-5(a) 表示了一个主应力空间。通过原点 O 与三个坐标轴之间夹角相等的一条直线称为空间对角线,如图中 ON 所示。它与 σ_1、σ_2、σ_3 轴夹角相等,其方向余弦为 $l = m = n = \frac{1}{\sqrt{3}}$,且该线上有 $\sigma_1 = \sigma_2 = \sigma_3 = p$。

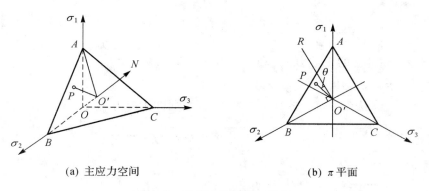

(a) 主应力空间　　　　　　　　　(b) π 平面

图 2-5　主应力空间与 π 平面

我们把与空间对角线垂直的平面称为 π 平面,其方程为

$$\sigma_1 + \sigma_2 + \sigma_3 = \sqrt{3}\, r \qquad (2.2.27)$$

式中,r 为空间对角线 ON 方向由坐标原点到该平面的距离。可见,在给定的 π 平面上,各点的主应力之和 $\sigma_1 + \sigma_2 + \sigma_3 = $ 常数,对应不同的 r,可以有无限多个 π 平面。

研究过任一点 $P(\sigma_1, \sigma_2, \sigma_3)$ 的 π 平面,与空间对角线 ON 交于 O' 点,$\overline{OP}$ 向 ON 投影,长度为 $\overline{OO'}$(即 r),则

$$\overline{OO'} = \sigma_1 l + \sigma_2 m + \sigma_3 n \qquad (2.2.28)$$

由于 $l = m = n = \frac{1}{\sqrt{3}}$,因此

$$\overline{OO'} = \frac{1}{\sqrt{3}} (\sigma_1 + \sigma_2 + \sigma_3) = \frac{1}{\sqrt{3}} I_1 = \sqrt{3}\, \sigma_{oct} = \sqrt{3}\, p \qquad (2.2.29)$$

$\overline{OO'}$ 称为 π 平面上正应力分量,用 σ_π 表示。它与应力第一不变量 I_1,或平均正应力 p、八面体正应力 σ_{oct} 有关。

由图 2-5(a) 和(b)知,$\overline{OP}^2 = \sigma_1^2 + \sigma_2^2 + \sigma_3^2$,$\overline{OO'}^2 = \dfrac{1}{3}(\sigma_1^2 + \sigma_2^2 + \sigma_3^2)^2$,因此,

$$\overline{O'P} = \sqrt{\overline{OP}^2 - \overline{OO'}^2} = \frac{1}{\sqrt{3}}\sqrt{(\sigma_1 - \sigma_2)^2 + (\sigma_2 - \sigma_3)^2 + (\sigma_3 - \sigma_1)^2}$$

$$= \sqrt{3}\,\tau_{oct} = \sqrt{2J_2} = \sqrt{\frac{2}{3}}\,q \tag{2.2.30}$$

$\overline{O'P}$ 是在 π 平面上剪应力分量,用 τ_π 表示。它的长度实际是表示了八面体剪应力或偏应力第二不变量的大小。

$\overline{OO'}$ 和 $\overline{O'P}$ 长度(σ_π 和 τ_π)分别与 I_1 和 J_2 密切相关,要描述任意一点 P 的应力状态,除了 σ_π 和 τ_π 之外,还需要有另一个变量,这就是应力洛德角。

在图 2-5(a) 中,以 O' 为圆心、$\overline{O'P}$ 为半径,可以有无限多个应力点,在空间对角线及 π 平面上投影的长度均等于 $\overline{OO'}$ 和 $\overline{O'P}$,但是这些点实际上代表了不同的应力状态,即(σ_1,σ_2,σ_3)不同。因此,还需要引入一个参数描述点 P 在 π 平面上的位置。为便于分析,我们将三个坐标轴投影到 π 平面,如图 2-5(b) 所示。在 σ_2 轴与 σ_1 轴之间过 O' 作 σ_2 轴的垂直线 $O'R$,将 $\overline{O'P}$ 与 σ_2 轴垂直线 $O'R$ 之间的夹角定义为应力洛德角 θ_σ。如果 $\sigma_1 \geqslant \sigma_2 \geqslant \sigma_3$,则应力洛德角 θ_σ 在 $+30° \sim -30°$ 范围变化。很显然,应力洛德角 θ_σ 表示了点 P 在 π 平面上的位置,实际上与 $\overline{OO'}$ 和 $\overline{O'P}$ 一起,就唯一确定了点 P 在应力空间中的位置。因此,θ_σ 与反映球应力的量(I_1、p 或 σ_{oct})和反映剪应力的量(J_2、q 或 τ_{oct})等一起,就可以完整表示一点的应力状态。因此,一点的应力有多种表示方法,见表 2-1。

表 2-1 一点的应力表示方法

应力参量	物理与几何意义
σ_{ij}	一点应力状态的一般表示形式,代表该点微单元体六个面上的 9 个应力分量
σ_1、σ_2、σ_3	作用在一点的 3 个主平面上的 3 个主应力大小
I_1、I_2、I_3	三个正应力不变量
J_1、J_2、J_3	3 个应力不变量,J_1 代表平均压力的大小,J_2、J_3 代表剪应力的大小及方向
I_1、J_2、θ_σ	3 个应力不变量,I_1 代表平均压力的大小,J_2、θ_σ 代表剪应力的大小及方向
σ_{oct}、τ_{oct}、θ_σ	八面体面上的正应力、剪应力及应力洛德角 θ_σ
p、q、θ_σ	一点应力的平均正应力(p)、广义剪应力(q)及应力洛德角 θ_σ
σ_π、τ_π、θ_σ	主应力空间 π 平面上的正应力(σ_π)、剪应力(τ_π)及应力洛德角

根据空间几何关系,可以证明,对任意一点 $P(\sigma_1, \sigma_2, \sigma_3)$,应力洛德角 θ_σ 的正切可表示为

$$\tan\theta_\sigma = \frac{2\sigma_2 - \sigma_1 - \sigma_3}{\sqrt{3}(\sigma_1 - \sigma_3)} \tag{2.2.31}$$

已知洛德参数 μ_σ 及毕肖甫常数 b 分别为

$$\mu_\sigma = \frac{2\sigma_2 - \sigma_1 - \sigma_3}{\sigma_1 - \sigma_3} \tag{2.2.32}$$

$$b = \frac{\sigma_2 - \sigma_3}{\sigma_1 - \sigma_3} \tag{2.2.33}$$

可以推导出：

$$\tan\theta_\sigma = \frac{\mu_\sigma}{\sqrt{3}} = \frac{2b-1}{\sqrt{3}} \tag{2.2.34}$$

应力洛德角与偏应力不变量 J_2 和 J_3 间的关系为

$$\sin 3\theta_\sigma = -\frac{3\sqrt{3}}{2}\frac{J_3}{J_2^{\frac{3}{2}}} \tag{2.2.35}$$

对于三轴压缩试验，$\sigma_1 > \sigma_2 = \sigma_3$，则 $\theta_\sigma = -30°$；对于三轴伸长试验，$\sigma_1 = \sigma_2 > \sigma_3$（$\sigma_3$ 为轴向应力），则 $\theta_\sigma = 30°$。

另外，应力洛德角和不变量可写成三个主应力的函数，即

$$\begin{bmatrix} \sigma_1 \\ \sigma_2 \\ \sigma_3 \end{bmatrix} = \frac{2}{3}q \begin{bmatrix} \sin\left(\theta_\sigma + \frac{2}{3}\pi\right) \\ \sin\theta_\sigma \\ \sin\left(\theta_\sigma - \frac{2}{3}\pi\right) \end{bmatrix} + \begin{bmatrix} \sigma_m \\ \sigma_m \\ \sigma_m \end{bmatrix} = \frac{2}{\sqrt{3}}\sqrt{J_2} \begin{bmatrix} \sin\left(\theta_\sigma + \frac{2}{3}\pi\right) \\ \sin\theta_\sigma \\ \sin\left(\theta_\sigma - \frac{2}{3}\pi\right) \end{bmatrix} + \begin{bmatrix} \sigma_m \\ \sigma_m \\ \sigma_m \end{bmatrix} \tag{2.2.36}$$

可见三个独立的应力参数 p、q 和 θ_σ 可以确定应力点 P 在主应力空间中的位置，即主应力大小。它们与 σ_1、σ_2、σ_3 或 I_1、I_2、I_3，或 I_1、J_2、J_3 一样可以表示一点的主应力状态。

2.3　应变状态

2.3.1　应变张量

与应力一样，一点的应变状态可以用一个二阶的张量——应变张量来表示：

$$\varepsilon_{ij} = \begin{bmatrix} \varepsilon_{xx} & \varepsilon_{xy} & \varepsilon_{xz} \\ \varepsilon_{yx} & \varepsilon_{yy} & \varepsilon_{yz} \\ \varepsilon_{zx} & \varepsilon_{zy} & \varepsilon_{zz} \end{bmatrix} = \begin{bmatrix} \varepsilon_x & \frac{1}{2}\gamma_{xy} & \frac{1}{2}\gamma_{xz} \\ \frac{1}{2}\gamma_{yx} & \varepsilon_y & \frac{1}{2}\gamma_{yz} \\ \frac{1}{2}\gamma_{zx} & \frac{1}{2}\gamma_{zy} & \varepsilon_z \end{bmatrix} \tag{2.3.1}$$

式中，中间式适用于使用张量下标记号，右式是工程力学中的习惯写法。所以工程剪应变（γ_{xy}、γ_{yz}、γ_{zx}）与张量应变差 $\frac{1}{2}$ 系数，亦即 $\varepsilon_{xy} = \frac{1}{2}\gamma_{xy}$，$\varepsilon_{yz} = \frac{1}{2}\gamma_{yz}$，$\varepsilon_{zx} = \frac{1}{2}\gamma_{zx}$。以后我们将主要采用式（2.3.1）最后一种表示方法表示一点的应变状态。应当注意，当应变张量采用工程剪应变表示时，剪应变前必须有 $\frac{1}{2}$ 的系数，否则就不是张量，因为它不符合张量转轴

公式。

由于其对称性,应变张量有 6 个独立分量,可以用列矩阵或一个 6 维向量表示:

$$\{\varepsilon\}^{\mathrm{T}} = \{\varepsilon_x \quad \varepsilon_y \quad \varepsilon_z \quad \gamma_{xy} \quad \gamma_{yz} \quad \gamma_{zx}\}^{\mathrm{T}} \tag{2.3.2}$$

在土力学中还有一个常用的应变叫体积应变,其定义为 $\varepsilon_v = \varepsilon_x + \varepsilon_y + \varepsilon_z = \varepsilon_1 + \varepsilon_2 + \varepsilon_3$。

应变张量同样可分解为球张量和偏张量:

$$\varepsilon_{ij} = \begin{bmatrix} \varepsilon_x & \frac{1}{2}\gamma_{xy} & \frac{1}{2}\gamma_{xz} \\ \frac{1}{2}\gamma_{yx} & \varepsilon_y & \frac{1}{2}\gamma_{yz} \\ \frac{1}{2}\gamma_{zx} & \frac{1}{2}\gamma_{zy} & \varepsilon_z \end{bmatrix} = \begin{bmatrix} \varepsilon_{\mathrm{m}} & 0 & 0 \\ 0 & \varepsilon_{\mathrm{m}} & 0 \\ 0 & 0 & \varepsilon_{\mathrm{m}} \end{bmatrix} + \begin{bmatrix} \varepsilon_x - \varepsilon_{\mathrm{m}} & \frac{1}{2}\gamma_{xy} & \frac{1}{2}\gamma_{xz} \\ \frac{1}{2}\gamma_{yx} & \varepsilon_y - \varepsilon_{\mathrm{m}} & \frac{1}{2}\gamma_{yz} \\ \frac{1}{2}\gamma_{zx} & \frac{1}{2}\gamma_{zy} & \varepsilon_z - \varepsilon_{\mathrm{m}} \end{bmatrix}$$

$$\tag{2.3.3}$$

式中,

$$\varepsilon_{\mathrm{m}} = \frac{1}{3}\varepsilon_{kk} = \frac{1}{3}(\varepsilon_x + \varepsilon_y + \varepsilon_z) \tag{2.3.4}$$

或者表示为

$$\varepsilon_{ij} = \varepsilon_{\mathrm{m}}\delta_{ij} + e_{ij} \tag{2.3.5}$$

其中 e_{ij} 称为应变偏张量,定义为 $e_{ij} = \varepsilon_{ij} - \varepsilon_{\mathrm{m}}\delta_{ij}$。

当一点的应变状态以主应变表示时,则

$$\varepsilon_{ij} = \begin{bmatrix} \varepsilon_1 & 0 & 0 \\ 0 & \varepsilon_2 & 0 \\ 0 & 0 & \varepsilon_3 \end{bmatrix} = \begin{bmatrix} \varepsilon_{\mathrm{m}} & 0 & 0 \\ 0 & \varepsilon_{\mathrm{m}} & 0 \\ 0 & 0 & \varepsilon_{\mathrm{m}} \end{bmatrix} + \begin{bmatrix} e_1 & 0 & 0 \\ 0 & e_2 & 0 \\ 0 & 0 & e_3 \end{bmatrix} \tag{2.3.6}$$

式中,三个偏主应变为:$e_1 = \varepsilon_1 - \dfrac{\varepsilon_v}{3}, e_2 = \varepsilon_2 - \dfrac{\varepsilon_v}{3}, e_3 = \varepsilon_3 - \dfrac{\varepsilon_v}{3}$。

2.3.2　应变不变量与偏应变不变量

类似于应力张量,应变张量与应变偏张量也存在不变量。其中,应变张量的第一、第二和第三不变量 I'_1、I'_2、I'_3 可表示为

$$I'_1 = \varepsilon_x + \varepsilon_y + \varepsilon_z = \varepsilon_1 + \varepsilon_2 + \varepsilon_3 = \varepsilon_{kk} \tag{2.3.7}$$

$$I'_2 = \varepsilon_x\varepsilon_y + \varepsilon_y\varepsilon_z + \varepsilon_z\varepsilon_x - \frac{1}{4}(\gamma_{xy}^2 + \gamma_{yz}^2 + \gamma_{zx}^2) = \varepsilon_1\varepsilon_2 + \varepsilon_2\varepsilon_3 + \varepsilon_3\varepsilon_1 \tag{2.3.8}$$

$$I'_3 = \varepsilon_x\varepsilon_y\varepsilon_z + \frac{1}{4}(\gamma_{xy}\gamma_{yz}\gamma_{zx} - (\varepsilon_x\gamma_{yz}^2 + \varepsilon_y\gamma_{zx}^2 + \varepsilon_z\gamma_{xy}^2)) = \varepsilon_1\varepsilon_2\varepsilon_3 \tag{2.3.9}$$

应变偏张量的第一、第二和第三不变量为

$$J'_1 = 0 \tag{2.3.10}$$

$$J'_2 = \frac{1}{2}e_{ij}e_{ji} = \frac{1}{6}\left[(\varepsilon_x - \varepsilon_y)^2 + (\varepsilon_y - \varepsilon_z)^2 + (\varepsilon_z - \varepsilon_x)^2\right] + \frac{3}{2}(\gamma_{xy}^2 + \gamma_{yz}^2 + \gamma_{zx}^2)$$

$$= \frac{1}{6}\left[(\varepsilon_1 - \varepsilon_2)^2 + (\varepsilon_2 - \varepsilon_3)^2 + (\varepsilon_3 - \varepsilon_1)^2\right] = \frac{1}{2}(e_1^2 + e_2^2 + e_3^2) \tag{2.3.11}$$

$$J'_3 = \frac{1}{3} e_{ij} e_{jk} e_{ki} = \frac{1}{3}(e_1^3 + e_2^3 + e_3^3)$$

$$= \frac{1}{27}(2\varepsilon_1 - \varepsilon_2 - \varepsilon_3)(2\varepsilon_2 - \varepsilon_1 - \varepsilon_3)(2\varepsilon_3 - \varepsilon_1 - \varepsilon_2) \tag{2.3.12}$$

2.3.3　应变空间及应变 π 平面

与应力空间类似,应变也可以在主应变空间中表示。一点的应变状态反映在主应变空间为一个空间点,应变空间同样存在空间对角线和 π 平面。应变空间 π 平面上的洛德角称为应变洛德角,用 θ_ε 表示。

定义应变洛德参数为 $\mu_\varepsilon = \dfrac{2\varepsilon_2 - \varepsilon_1 - \varepsilon_3}{\varepsilon_1 - \varepsilon_3}$,则

$$\tan\theta_\varepsilon = \frac{2\varepsilon_2 - \varepsilon_1 - \varepsilon_3}{\sqrt{3}(\varepsilon_1 - \varepsilon_3)} = \frac{1}{\sqrt{3}}\mu_\varepsilon \tag{2.3.13}$$

土力学中还有下列几个常用的应变,如广义剪应变、八面体应变、纯剪应变等。广义剪应变为

$$\varepsilon_s = \left[\frac{2}{3} e_{ij} e_{ji}\right]^{\frac{1}{2}} = \left[\frac{4}{3} J'_2\right]^{\frac{1}{2}} = \frac{\sqrt{2}}{3}\left[(\varepsilon_1 - \varepsilon_2)^2 + (\varepsilon_2 - \varepsilon_3)^2 + (\varepsilon_3 - \varepsilon_1)^2\right]^{\frac{1}{2}} \tag{2.3.14}$$

与八面体应力相似,八面体正应变 ε_{oct} 与八面体剪应变 γ_{oct} 分别为

$$\varepsilon_{oct} = \varepsilon_m = \frac{1}{3}\varepsilon_v = \frac{1}{3}(\varepsilon_1 + \varepsilon_2 + \varepsilon_3) \tag{2.3.15}$$

$$\gamma_{oct} = \frac{2}{3}\left[(\varepsilon_x - \varepsilon_y)^2 + (\varepsilon_y - \varepsilon_z)^2 + (\varepsilon_z - \varepsilon_x)^2 + \frac{3}{2}(\gamma_{xy}^2 + \gamma_{yz}^2 + \gamma_{zx}^2)\right]^{\frac{1}{2}}$$

$$= \frac{2}{3}\left[(\varepsilon_1 - \varepsilon_2)^2 + (\varepsilon_2 - \varepsilon_3)^2 + (\varepsilon_3 - \varepsilon_1)^2\right]^{\frac{1}{2}}$$

$$= 2\sqrt{\frac{2}{3} J'_2} \tag{2.3.16}$$

纯剪应变(又称剪应变强度)为

$$\gamma_s = 2\sqrt{J'_2} = \sqrt{\frac{2}{3}\left[(\varepsilon_1 - \varepsilon_2)^2 + (\varepsilon_2 - \varepsilon_3)^2 + (\varepsilon_3 - \varepsilon_1)^2\right]}$$

$$= \sqrt{2 e_{ij} e_{ij}} \tag{2.3.17}$$

2.4　岩土体的初始应力状态

2.4.1　土体的初始应力状态

对一般地基,土体固结早已完成,可以认为土体处于 K_0 状态,即无侧向变形压缩的状

态。因此，土体内某深度 z 处竖向应力可取 $\sigma_z = \gamma z$（γ 为土体重度），侧向应力 $\sigma_x = \sigma_y = K_0 \gamma z$，剪应力则为 $\tau_{xy} = \tau_{yz} = \tau_{xz} = 0$。至于静止侧压力系数 K_0，可用 Jack 提出的黏土和砂土的公式分别计算。

对黏土

$$K_0 = 1 - \sin \varphi' \tag{2.4.1}$$

对砂土

$$K_0 = 0.95 - \sin \varphi' \tag{2.4.2}$$

其中，φ' 为土体的有效内摩擦角。

对超固结土地基，Brooker 和 Ireland 提出了超固结土的侧压力系数公式：

$$K_{OCR} = K_0 OCR^n \tag{2.4.3}$$

其中，OCR 为超固结比，n 为材料参数，K_0 可用式（2.4.1）和式（2.4.2）估算。Mayne 和 Kulhawy 进一步研究了式（2.4.3），认为参数 n 可表示为 $n = \sin \varphi'$。

2.4.2　岩体的初始应力状态

地面和地下工程的稳定状态与岩体的初始应力状态密切相关。岩体的初始应力状态是指在没有进行任何地面或地下工程之前岩体在天然状态下所存在的应力。岩体的初始应力主要是由岩体的自重和地质构造运动所引起的，其大小主要取决于上覆岩层的重量、构造作用的类型、强度和持续时间的长短等。此外，影响岩体初始应力状态的因素还有地形、地质构造形态、水、温度等，但这些因素大多是次要的，只有在特定的情况下才需要考虑。对于岩体工程来说，主要考虑自重应力和构造应力两者叠加起来产生的岩体初始应力场。

大量应力的实测资料表明，对于没有经受构造作用、产状较为平缓的岩层，它们的应力状态十分接近于由弹性理论所确定的应力状态。因此，对岩体表面 z 深度处的垂直应力 σ_z，可按下式计算：

$$\sigma_z = \gamma z \tag{2.4.4}$$

式中：γ—— 岩体的重度，kN/m^3。

半无限体中的任一微分单元体上的正应力 σ_x、σ_y、σ_z 显然都是主应力；而且水平方向的两个应力与应变彼此相等，即 $\sigma_x = \sigma_y$，$\varepsilon_x = \varepsilon_y$。很显然，半无限体中任一单元体不可能产生侧向变形，即 $\varepsilon_x = \varepsilon_y = 0$。

因此，由广义胡克定律可得

$$\frac{\sigma_x}{E} - \frac{\nu}{E}(\sigma_y + \sigma_z) = 0 \tag{2.4.5}$$

式中：E、ν—— 岩石的弹性模量与泊松比。因为 $\sigma_x = \sigma_y$，所以式（2.4.5）可以写成：

$$\sigma_x = \sigma_y = K_0 \sigma_z \tag{2.4.6}$$

式中：K_0—— 岩石的静止侧压力系数，且 $K_0 = \dfrac{\nu}{1-\nu}$。一般在试验室条件下所测定的泊松比 ν 为 $0.2 \sim 0.3$，此时静止侧压力系数为 $0.25 \sim 0.4$。

由式（2.4.6）可以看出，当静止侧压力系数 $K_0 = 1$ 时，就出现侧向水平应力与垂直应力相等的所谓静水压力式的情况,这也就是海姆所指出的情况。他根据在开挖贯穿阿尔卑斯山的大型隧洞的观察中,发现隧洞的各个方向上都承受着很高的压力。于是提出了著名的海姆假说:在岩体深处的初始垂直应力与其上覆岩体的重量成正比,而水平应力大致与垂直应力相等。

由地质构造作用产生的应力称为构造应力,且构造应力以水平应力为主。目前,构造应力尚无法用数学和力学的方法分析计算,只能采用现场应力量测方法求得。据量测原理的不同,有应力恢复法、应力解除法、应变恢复法、应变解除法、水压致裂法、声发射法、X 射线法、重力法共八类量测方法。

至于构造应力的方向,可根据地质力学的方法加以判断。如对于断层、褶曲等一般认为自重应力是主应力之一,另一主应力与断裂构造系正交。

地质构造中的断层包括正断层(上盘下降,下盘相对上升,多为张力和重力作用)、逆断层(上盘上升,下盘相对下降,多为水平挤压作用)、平移断层(应力是来自两旁的剪切力作用,其两盘顺断层面走向相对位移,而无上下垂直移动)等。

正断层的 σ_1 为自重应力,σ_3 方向与断层走向正交;逆断层的 σ_3 为自重应力,σ_1 方向与断层走向正交;平移断层的 σ_2 为自重应力,σ_1 方向与断层走向成 $30° \sim 45°$ 夹角,且 σ_1 与 σ_2 均为水平方向。此外,岩脉、褶曲均可用来推断构造应力方向。

本章小结

一点的应力状态和应变状态都可以用二阶张量表示,分别称为应力张量和应变张量。同时,也可以用 6 个分量或主应力／主应变表示。在弹塑性理论分析中,建立本构模型时利用应力不变量表示应力可使得模型更为简单。常用的应力不变量主要有:

(1) 应力张量不变量 I_1、I_2、I_3,应力偏张量不变量 J_1、J_2、J_3;

(2) 八面体面上的正应力 σ_{oct},八面体面上的剪应力 τ_{oct};

(3) 平均正应力 p,广义剪应力 q,应力洛德角。

土的本构关系中常用的应变不变量主要有:

(1) 应变张量不变量 I'_1、I'_2、I'_3,应变偏张量不变量 J'_1、J'_2、J'_3;

(2) 八面体面上的正应变 ε_{oct},八面体面上的剪应变 γ_{oct};

(3) 体积应变 ε_v,广义剪应变 ε_s。

土力学中,正应力分量取压为正,这与弹性力学的方向规定相反。

习题与思考题

1. 依据本章规定的应力方向规则,附图 2-1 所示的正应力和剪应力是正值还是负值?

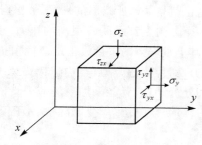

附图 2-1　单元体上应力

2.应力表示方法有哪几种?

3.什么是应力不变量?你所知道的应力不变量有哪些?

4.什么是八面体正应力和八面体剪应力?什么是八面体法向应变和八面体剪应变?

5.已知土样的 $\sigma_1 = 700\text{kPa}$,$\sigma_2 = 400\text{kPa}$,$\sigma_3 = 200\text{kPa}$,计算 I_1、I_2、I_3、J_2、J_3、p、q 和 θ_σ,如果 $\sigma_2 = \sigma_3 = 200\text{kPa}$,上述各值为多少?

6.正八面体面与 π 平面的区别是什么?

7.在主应力空间内的一点 P,P 到坐标原点 O 的连线在过 P 点 π 平面上的投影长度及在空间对角线上投影的长度与什么应力不变量有关?你认为这两个线段的长度也是应力不变量吗?它们连同 θ_σ 能用来表示一点的应力状态吗?

参考文献

[1]李广信.高等土力学[M].北京:清华大学出版社,2004.

[2]徐志英.岩石力学[M].北京:中国水利水电出版社,1981.

[3]殷宗泽等.土工原理[M].北京:中国水利水电出版社,2007.

[4]张学言.岩土塑性力学[M].北京:人民交通出版社,1993.

[5]郑颖人,沈珠江,龚晓南.岩土塑性力学原理[M].北京:中国建筑工业出版社,2002.

[6] Brooker E W, Ireland H O. Earth pressure at rest related to the stress history[J]. Canadian Geotechnical Journal,1965,2:1-15.

[7] Mayne P W, Kulhawy F H. K0-OCR relationships in soil[J]. Journal of the Geotechnical Engineering Division,1982,20(1):851-872.

第 3 章　岩土的破坏准则和屈服准则

3.1　概述

　　岩土体受到荷载作用后,随着荷载增大,由弹性状态过渡到塑性状态,这种过渡叫作屈服,而岩土体内某一点开始产生塑性应变时,应力或应变所必须满足的条件叫作屈服条件。最初出现的屈服面称为初始屈服面,它一般为应力 σ_{ij}、应变 ε_{ij}、时间 t 以及温度 T 等变量的函数。在不考虑时间效应及温度的情况下,可以写成

$$F(\sigma_{ij}, \varepsilon_{ij}) = 0 \tag{3.1.1}$$

　　屈服之前,材料内部处于弹性状态,应力应变一一对应,因此屈服函数可以仅仅用应力分量或应变分量表达。我们习惯于将其表述为应力的函数,即

$$F(\sigma_{ij}) = 0 \tag{3.1.2}$$

　　在一般情况下,屈服函数与应力的六个分量有关,在不考虑主应力轴旋转条件下,屈服函数可以写成主应力分量或应力不变量的表达式:

$$F(\sigma_1, \sigma_2, \sigma_3) = 0$$
$$F(I_1, I_2, I_3) = 0$$
$$F(J_1, J_2, J_3) = 0 \tag{3.1.3}$$
$$F(\sigma_m, J_2, \theta_\sigma) = 0$$
$$F(p, q, \theta_\sigma) = 0$$

　　在应力空间内屈服函数表示为屈服曲面。当以应力分量作为变量时,屈服面为六维应力空间内的超曲面。若以主应力分量表示,则为主应力空间内的一个曲面,称为屈服曲面,它把应力空间分成两个部分:应力点在屈服面内属弹性状态,此时 $F(\sigma_{ij}) < 0$;在屈服面上材料开始屈服,$F(\sigma_{ij}) = 0$;对于硬化材料,在屈服面外则属塑性状态的继续,此时屈服函数 F 将是变化的,这种屈服函数一般叫作加载函数,亦称后续屈服面。

　　一般把材料进入无限塑性状态称为破坏。对于理想塑性材料,屈服后就进入无限塑性状态,屈服面即为破坏面;对硬化材料,从初始屈服到破坏是不断发展的。通常认为屈服面与破坏面形状相同而大小不同,只是表达式中的常数值有所不同。应用于岩土材料的破坏条件有多种,最为常用的是 Mohr-Coulomb 准则、广义 Mises 准则、广义 Tresca 准则、统一双剪应力准则、Zienkiwice-Pande 准则、Lade-Duncan 准则、Drucker-Prager 准则等。

3.2 Mohr-Coulomb 准则

应用于岩土材料的破坏及屈服准则是以著名的三大强度理论为基础的,即最大剪应力强度理论(Tresca)、剪切变形能量理论(Mises)和剪切面最大倾角理论(Mohr-Coulomb)。其中,Tresca 准则和 Mises 准则都是传统塑性理论中针对金属材料建立的破坏及屈服准则,对岩土材料的适用性并不强。Mohr-Coulomb 准则(简称 M-C 准则)是考虑了摩擦分量的摩擦型准则,被认为是最符合土体实际的破坏准则,因而在岩土材料中应用最广。

Coulomb 在 1773 年根据砂土的试验,将土的抗剪强度 τ_f 表达为剪切破坏面上法向总应力 σ 的函数,即

$$\tau_f = \sigma\tan\varphi \tag{3.2.1}$$

之后,又提出了适合粘性土的更普遍的表达式:

$$\tau_f = c + \sigma\tan\varphi \tag{3.2.2}$$

式中:τ_f—— 抗剪强度,kPa;

σ—— 剪切面上的法向应力,以压为正,kPa;

c—— 土的粘聚力,kPa;

φ—— 土的内摩擦角,(°)。

式(3.2.1)与式(3.2.2)统称为库仑公式,c、φ 称为抗剪强度指标,一般可通过试验获得或取经验值。将库仑公式表示为 τ_f-σ 坐标中的两条直线,如图 3-1 所示。

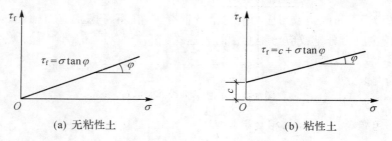

(a) 无粘性土　　　　　　　(b) 粘性土

图 3-1　抗剪强度与法向应力之间的关系

当土体处于三维应力状态,土体中任意一点在某一平面发生剪切破坏时,该点即处于极限平衡状态。1900 年,德国工程师 Mohr 应用应力圆理论发展了材料强度理论,可得到土体中一点的破坏准则。

采用莫尔圆原理,σ、τ 与 σ_1、σ_3 之间的关系可用莫尔应力圆表示,如果给定了土的抗剪强度参数 c、φ 以及土中某点应力状态,则可将抗剪强度包线与莫尔圆画在同一张坐标图上,如图 3-2 所示。

莫尔圆与其强度包线之间的关系有以下三种情况:(1)整个莫尔圆位于强度包线下方,即该点在任意平面上的剪应力均小于土体能发挥的抗剪强度($\tau < \tau_f$),因此不会发生剪切破坏;(2)莫尔圆与强度包线恰好相切于 A 点,说明在 A 点所代表的平面上,剪应力正好等于抗剪强度($\tau = \tau_f$),该点处于极限平衡状态,此莫尔圆称为极限应力圆;(3)强度包线是莫尔

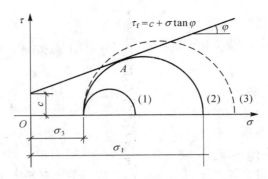

图 3-2　莫尔圆与抗剪强度的关系

圆的一条割线,实际上这种情况是不可能存在的,因为该点任何方向上的剪应力都不可能超过土体抗剪强度,即不存在 $\tau > \tau_f$ 的情况。

如图 3-3 所示,根据极限莫尔应力圆与库仑强度线相切的几何关系,且规定 $\sigma_1 \geqslant \sigma_2 \geqslant \sigma_3$,可建立极限平衡条件。

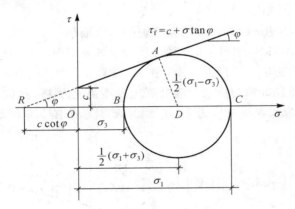

图 3-3　极限平衡状态时的莫尔圆

将强度包线延长,与 σ 轴相交于 R 点,在 $\triangle ARD$ 中,有

$$\sin \varphi = \frac{1}{2}(\sigma_1 - \sigma_3) / \left[\frac{1}{2}(\sigma_1 + \sigma_3) + c\cot \varphi \right] \tag{3.2.3}$$

化简后得

$$(\sigma_1 - \sigma_3) - (\sigma_1 + \sigma_3)\sin \varphi - 2c\cos \varphi = 0 \tag{3.2.4}$$

即可得到 Mohr-Coulomb 屈服准则为

粘性土:

$$f = (\sigma_1 - \sigma_3) - (\sigma_1 + \sigma_3)\sin \varphi - 2c\cos \varphi = 0 \tag{3.2.5}$$

无粘性土$(c = 0)$:

$$f = (\sigma_1 - \sigma_3) - (\sigma_1 + \sigma_3)\sin \varphi = 0 \tag{3.2.6}$$

以 I_1、J_2、θ_σ 代替 σ_1、σ_3,可得

$$f = \frac{1}{3}I_1 \sin \varphi + \left(\cos \theta_\sigma - \frac{1}{\sqrt{3}}\sin \theta_\sigma \sin \varphi \right)\sqrt{J_2} - c\cos \varphi = 0 \tag{3.2.7}$$

其中 $-\dfrac{\pi}{6} \leqslant \theta_\sigma \leqslant \dfrac{\pi}{6}$。

若不规定 $\sigma_1 \geqslant \sigma_2 \geqslant \sigma_3$，可采用对称开拓方法得到 Mohr-Coulomb 准则在 π 平面上完整的屈服曲线，如图 3-4 所示。

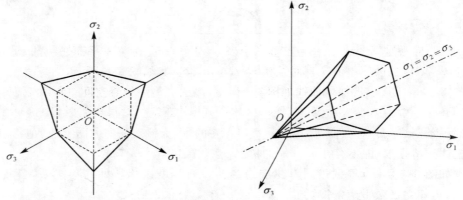

图 3-4 Mohr-Coulomb 准则在 π 平面上的屈服曲线   图 3-5 Mohr-Coulomb 准则的屈服面

在主应力空间中，Mohr-Coulomb 屈服准则的屈服面是一个以空间对角线或静水压力线为对称轴的六角锥体表面，如图 3-5 所示，π 平面上的几何图形为不规则六边形，该六边形沿着空间对角线（$\sigma_1 = \sigma_2 = \sigma_3$）向上平移并扩大，说明了平均正应力对屈服准则的影响。

Mohr-Coulomb 准则能够应用于一般的岩土及混凝土材料，参数简单易测，实用性较强。但在该准则中，没有反映中主应力 σ_2 对屈服和破坏的影响，且屈服面存在棱角，不便于塑性应变增量的计算。

3.3 Tresca 准则与 Zienkiwice-Pande 准则

3.3.1 Tresca 准则

Tresca 准则是传统塑性理论中对金属材料应用最早的屈服准则，它假设当最大剪应力达到某一极限值 k 时，材料发生屈服，因此又称为最大剪应力屈服准则。当规定 $\sigma_1 \geqslant \sigma_2 \geqslant \sigma_3$ 时，Tresca 准则可表示为

$$\tau_{\max} = \frac{\sigma_1 - \sigma_3}{2} = k \tag{3.3.1}$$

在一般情况下，若 σ_1、σ_2、σ_3 不按大小次序排列，则下列表示最大剪应力的六个条件中任意一个成立，材料就开始屈服：

$$\sigma_1 - \sigma_2 = \pm 2k$$
$$\sigma_2 - \sigma_3 = \pm 2k \tag{3.3.2}$$
$$\sigma_3 - \sigma_1 = \pm 2k$$

或写成

$$f = \left[(\sigma_1 - \sigma_2)^2 - 4k^2\right]\left[(\sigma_2 - \sigma_3)^2 - 4k^2\right]\left[(\sigma_3 - \sigma_1)^2 - 4k^2\right] = 0 \qquad (3.3.3)$$

若用洛德角 θ_σ 和 J_2 表示，还可写成

$$f = \sqrt{J_2}\cos\theta_\sigma - k = 0 \qquad (3.3.4)$$

其中 $-\dfrac{\pi}{6} \leqslant \theta_\sigma \leqslant \dfrac{\pi}{6}$。

在主应力空间中 $\sigma_1 - \sigma_2 = \pm 2k$ 表示为一对平行于 σ_3 及 π 平面法线的平面。因此按式 (3.3.2) 所建立的屈服面由三对互相平行的平面组成，如图 3-6 所示，为垂直于 π 平面的正六柱体，在 π 平面上的屈服曲线如图 3-7 所示。该正六边形沿着空间对角线（$\sigma_1 = \sigma_2 = \sigma_3$）向上平移但其大小不改变，说明在 Tresca 准则中平均正应力对材料屈服与破坏没有影响。

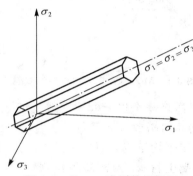

图 3-6　Tresca 准则的屈服面

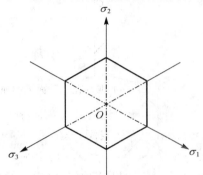

图 3-7　Tresca 准则在 π 平面上的屈服曲线

在实际应用中，k 值为 Tresca 准则材料常数，由试验确定。单向拉伸屈服试验中，由 $\sigma_1 = \sigma_s$，$\sigma_2 = \sigma_3 = 0$，$\sigma_1 - \sigma_3 = 2k = \sigma_s$ 得

$$k = \frac{\sigma_s}{2} \qquad (3.3.5)$$

纯剪屈服试验中，则有 $\sigma_1 = \tau_s$，$\sigma_2 = 0$，$\sigma_3 = -\tau_s$，$\sigma_1 - \sigma_3 = 2\tau_s = 2k$，得

$$k = \tau_s \qquad (3.3.6)$$

比较式 (3.3.5) 和式 (3.3.6)，若 Tresca 准则适用该材料，则应有

$$\sigma_s = 2\tau_s \qquad (3.3.7)$$

Tresca 准则参数易测，应用简单，尤其是当明确主应力大小顺序时。但该准则一般适用于金属材料，没有考虑中主应力 σ_2 和静水压力对屈服和破坏的影响，且屈服面存在棱角，不连续，造成数学处理上的困难。

3.3.2　广义 Tresca 准则

由于未考虑静水压力对材料强度的影响，Tresca 准则对岩土材料一般不能很好地适应。考虑正压力对土体强度的影响，在原破坏准则中引入平均正应力 $p = \dfrac{1}{3}(\sigma_1 + \sigma_2 + \sigma_3) = \dfrac{I_1}{3}$，由此得到广义 Tresca 破坏准则。

广义 Tresca 准则：

$$f = (\sigma_1 - \sigma_2 - k + \alpha I_1)(\sigma_2 - \sigma_3 - k + \alpha I_1)(\sigma_3 - \sigma_1 - k + \alpha I_1) = 0 \tag{3.3.8}$$

或写成

$$f = \sqrt{J_2}\cos\theta_\sigma + \alpha I_1 - k = 0 \tag{3.3.9}$$

其中 $-\dfrac{\pi}{6} \leqslant \theta_\sigma \leqslant \dfrac{\pi}{6}$。

广义 Tresca 准则在 π 平面上的屈服曲线为一外接于 Mises 圆的正六边形，与原准则相比形状并无变化，因为 αI_1 只影响 π 平面上正六边形的大小，而不影响其形状特点，如图 3-8 所示。在主应力空间，广义 Tresca 准则的屈服面是以静水压力线为对称轴并外接圆锥的正六角锥体，如图 3-9 所示。

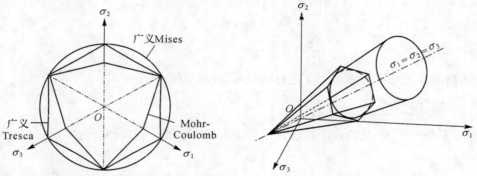

图 3-8　广义 Tresca 准则在 π 平面上的屈服曲线　　图 3-9　广义 Tresca 准则的屈服面

广义 Tresca 准则考虑了静水压力对岩土材料屈服和破坏的影响，但还是有屈服面存在棱角、不连续的缺点。

3.3.3　Zienkiwice-Pande 准则

Zienkiwice-Pande 准则考虑到静水压力与屈服和破坏的非线性关系以及中主应力对强度的影响，提出一些修正的形式。总的来说，这种屈服面在 π 平面上的曲线是抹圆了角的六边形，而其子午线一般是二次式的。

Zienkiwice-Pande 准则：

$$f = \beta p^2 + \alpha_1 p - k + \left[\frac{q}{g(\theta_\sigma)}\right]^n = 0 \tag{3.3.10}$$

式中：p—— 平均正应力，kPa；

q—— 广义剪应力，kPa；

$g(\theta_\sigma)$—— π 平面上的屈服曲线形状函数；

α_1、β—— 系数；

k—— 屈服参数；

n—— 指数，一般为 0、1 或 2。

一般形式可写成二次式：

$$f = \beta \sigma_m^2 + \alpha_1 \sigma_m - k + \bar{\sigma}_+^2 = 0 \tag{3.3.11}$$

式中，$\bar{\sigma}_+ = \dfrac{\sqrt{J_2}}{g(\theta_\sigma)}$。

$g(\theta_\sigma)$ 表示 π 平面上屈服曲线随洛德角 θ_σ 变化的规律，可用如下三种公式逼近 Mohr-Coulomb 不规则六角形。对应的 π 平面上屈服曲线如图 3-10 所示。

Willialns 和 Warnke 建议一个椭圆表达式：

$$g(\theta_\sigma) =$$

$$\frac{(1-K^2)(\sqrt{3}\cos\theta_\sigma - \sin\theta_\sigma) + (2K-1)\left[(2+\cos 2\theta_\sigma - \sqrt{3}\sin\theta_\sigma)(1-K^2) - 5K^2 - 4K\right]^{1/2}}{(1-K^2)(2+\cos 2\theta_\sigma - \sqrt{3}\sin 2\theta_\sigma) + (1-2K)^2} \tag{3.3.12}$$

Gudehus 和 Arygris 等则提出另一种简单形式，但只有当 $K > 7/9$（或 $\varphi < 22°$）时才能保证屈服面的外凸形：

$$g(\theta_\sigma) = \frac{2K}{(1+K) - (1-K)\sin 3\theta_\sigma} \tag{3.3.13}$$

郑颖人等提出将式（3.3.13）进行修正，以提高精度，采用下式：

$$g(\theta_\sigma) = \frac{2K}{(1+K) - (1-K)\sin 3\theta_\sigma + \alpha\cos^2 3\theta_\sigma} \tag{3.3.14}$$

式中，α 取 $0.2 \sim 0.4$，其值由上式通过计算机作图使其逼近 Mohr-Coulomb 准则的几何图形确定。

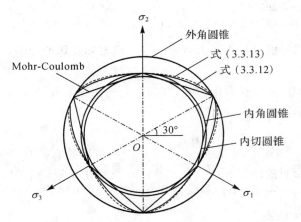

图 3-10　不同屈服准则下 π 平面上的屈服曲线

Zienkiwice-Pande 准则在子午面上采用二次式的屈服曲线，提出如下三种形式：

（1）双曲线式

屈服曲线方程为

$$f = \left(\frac{\sigma_m - d}{a}\right)^2 - \frac{\bar{\sigma}_+^2}{b^2} - 1 = 0 \tag{3.3.15}$$

该曲线以 Mohr-Coulomb 包络线为渐近线，并考虑 Mohr-Coulomb 线在 $\bar{\sigma}_+ \text{-} \sigma_m$ 平面上，如图 3-11(a) 所示，因此可导出式（3.3.11）中的系数：

$$\beta = -\tan^2 \bar{\varphi}$$

$$\alpha_1 = 2\bar{c}\tan \bar{\varphi}$$

$$k = -a^2 \tan^2 \bar{\varphi} + \bar{c}^2$$

$$(3.3.16)$$

式中，$\bar{c} = \dfrac{c\cos \varphi}{\sqrt{3}(3-\sin \varphi)}$，$\tan \bar{\varphi} = \dfrac{6\sin \varphi}{\sqrt{3}(3-\sin \varphi)}$。

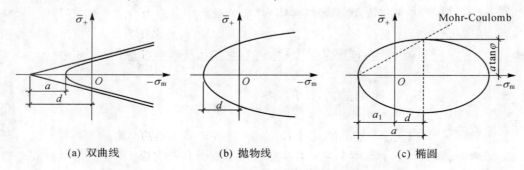

(a) 双曲线　　　　　　(b) 抛物线　　　　　　(c) 椭圆

图 3-11　子午面二次式屈服曲线的三种形式

（2）抛物线式

$$f = (\sigma_m - d) + a\bar{\sigma}_+^2 = 0 \tag{3.3.17}$$

与式（3.3.11）比较，如图 3-11（b）所示，系数为

$$\beta = 0$$

$$\alpha_1 = \frac{1}{a}$$

$$k = \frac{d}{a}$$

$$(3.3.18)$$

对于式中 a、d，只能采用曲线拟合的方法，在实际范围内选取其最佳值。

（3）椭圆式

$$f = \left(\frac{\sigma_m - d}{a}\right)^2 + \frac{\bar{\sigma}_+^2}{b^2} - 1 = 0 \tag{3.3.19}$$

椭圆子午线方程式的特点在于它是"封闭型"曲线，更符合岩土材料的实际。假设椭圆屈服面的两个顶点与 Mohr-Coulomb 线相交，并考虑到 Mohr-Coulomb 线在 $\bar{\sigma}_+$-σ_m 平面上，如图 3-11（c）所示，可求得式（3.3.11）中的系数：

$$\beta = \tan^2 \bar{\varphi}$$

$$\alpha_1 = -2(a - a_1)\tan^2 \bar{\varphi}$$

$$k = \tan \bar{\varphi}(2a - \bar{c}\tan \bar{\varphi})\bar{c}$$

$$(3.3.20)$$

式中，$\bar{c} = \dfrac{6c\cos \varphi}{\sqrt{3}(3-\sin \varphi)}$，$\tan \bar{\varphi} = \dfrac{6\sin \varphi}{\sqrt{3}(3-\sin \varphi)}$。

Zienkiwice-Pande 准则在一定程度上考虑了屈服曲线与静水压力的非线性关系，也考虑了中主应力对屈服和破坏的影响，在子午面上采用的曲线都是光滑曲线，对于岩土材料的适用性较好。

3.4 双剪应力准则

1961 年，俞茂宏提出了双剪应力屈服条件，经过 50 多年来的发展与完善，已经形成了系统的双剪应力强度理论。双剪应力准则除了可以反映最大主剪应力（τ_{13}）对屈服与破坏的影响外，还可以反映次大主剪应力（τ_{23} 或 τ_{12}）或中主应力（σ_2）、静水压力（p）、剪切面的法向应力（σ_{13} 及 σ_{12} 或 σ_{23}）以及材料拉压强度不等对屈服与破坏的影响，适用于岩土类材料。

3.4.1 双剪应力准则的力学模型

正六面体应力单元是研究应力、强度理论和弹塑性计算模型的基本单元体。在作用着主应力的正六面体上，取一个与两个主应力轴等倾且平行于另一主应力轴的斜面（各是 45°）。这样的斜面共有 4 个，相应于 3 个主应力共有 12 个等倾面，它们组成了一个菱形十二面体，如图 3-12(a) 所示。

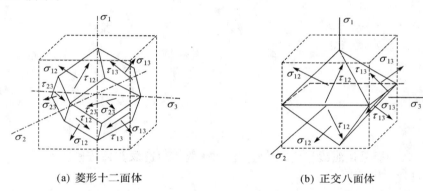

(a) 菱形十二面体　　　　　　　(b) 正交八面体

图 3-12　双剪单元体模型

由于作用在菱形十二面体上的 3 个主剪应力存在着 $\tau_{13}+\tau_{12}+\tau_{23}=0$ 的关系，故只有两个主剪应力是独立的，因而只需研究其中最大的 τ_{13} 和中间主剪应力 τ_{12}（或 τ_{23}）即可。它们对应着双剪应力状态（$\tau_{13}，\tau_{12}，\sigma_{13}，\sigma_{12}$）或（$\tau_{13}，\tau_{23}，\sigma_{13}，\sigma_{23}$）。这些应力分别为

$$\left.\begin{array}{l} \tau_{13} = \dfrac{1}{2}(\sigma_1 - \sigma_3) \\[2mm] \tau_{12} = \dfrac{1}{2}(\sigma_1 - \sigma_2) \\[2mm] \tau_{23} = \dfrac{1}{2}(\sigma_2 - \sigma_3) \end{array}\right\} \qquad (3.4.1)$$

$$\left.\begin{array}{l} \sigma_{13} = \dfrac{1}{2}(\sigma_1 + \sigma_3) \\[2mm] \sigma_{12} = \dfrac{1}{2}(\sigma_1 + \sigma_2) \\[2mm] \sigma_{23} = \dfrac{1}{2}(\sigma_2 + \sigma_3) \end{array}\right\} \tag{3.4.2}$$

双剪应力状态正好对应着菱形十二面体中的两个八面体,如图 3-12(b) 所示,这就是双剪应力单元体模型。这种八面体的每一个面都与两个主应力轴等倾,上下或左右两组斜面相互垂直,因此称为正交八面体。将双剪单元体应力研究应用于强度理论的研究,就建立起了双剪应力屈服与破坏准则。

3.4.2 双剪应力屈服准则

双剪应力屈服准则的理论认为:除了最大主剪应力 τ_{13} 外,其他剪应力也将影响到材料的屈服,认为只有两个较大的主剪应力造成剪切屈服和破坏。即当双剪单元体上的两个较大主剪应力之和达到一定值时,材料开始产生屈服。其屈服函数为

$$F = \tau_{13} + \tau_{12}(\text{或}\ \tau_{23}) - k = 0 \tag{3.4.3}$$

也可写为

$$\left\{\begin{array}{l} F(\tau_{13},\tau_{12}) = \tau_{13} + \tau_{12} = \sigma_1 - \dfrac{1}{2}(\sigma_2 + \sigma_3) = k,\ \tau_{12} \geqslant \tau_{23}\ \text{或}\ \sigma_2 \leqslant \dfrac{1}{2}(\sigma_1 + \sigma_3) \\[3mm] F(\tau_{13},\tau_{23}) = \tau_{13} + \tau_{23} = \dfrac{1}{2}(\sigma_1 + \sigma_2) - \sigma_3 = k,\ \tau_{12} \leqslant \tau_{23}\ \text{或}\ \sigma_2 \geqslant \dfrac{1}{2}(\sigma_1 + \sigma_3) \end{array}\right. \tag{3.4.4}$$

式中:τ_{13}、τ_{12} 和 τ_{23} —— 作用在平行于 σ_2、σ_3 和 σ_1 轴的斜面上的主剪应力;

k —— 材料强度参数,可通过单向拉伸试验来确定。

双剪应力屈服条件还可写成

$$\left\{\begin{array}{l} \left(\dfrac{3}{2}\cos\theta_\sigma - \dfrac{\sqrt{3}}{2}\sin\theta_\sigma\right)\sqrt{J_2} - k = 0,\ (\theta_\sigma \leqslant 0) \\[3mm] \left(\dfrac{3}{2}\cos\theta_\sigma + \dfrac{\sqrt{3}}{2}\sin\theta_\sigma\right)\sqrt{J_2} - k = 0,\ (\theta_\sigma \geqslant 0) \end{array}\right. \tag{3.4.5}$$

由式(3.4.5) 可知,双剪应力条件在主应力空间中的屈服面为一个以空间对角线为轴线的等边六角柱面。在 π 平面上为一等边六角形,与 Tresca 条件不同的是,它的六个顶点不在三个主轴上,而是在三个主轴的平分线上。

双剪应力条件反映了两个较大的主剪应力对屈服破坏的影响,也反映了中主应力和洛德角的影响。当 σ_2 由最小值 $\sigma_2 = \sigma_3$ 开始增加时,材料的屈服极限较不考虑 σ_2 时(Tresca 准则) 有所提高,至 $\sigma_2 = (\sigma_1 + \sigma_3)/2$ 或 $\theta_\sigma = 0$ 时,屈服极限就达到了最大值,如图 3-13 中 M 点所示;随着 σ_2 增大,当 $\sigma_2 > (\sigma_1 + \sigma_3)/2$ 或 $\theta_\sigma < 0$ 时,材料的屈服极限又逐步下降,如图 3-13 所示。由图 3-13 还可看出,双剪应力条件是 Mises 条件和 Tresca 条件的外包络线,说明双剪应力准则可以充分发挥材料的强度性能。

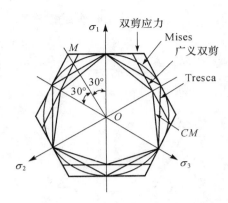

图 3-13　统一双剪屈服准则在 π 平面上的一组曲线

3.4.3　统一双剪应力屈服准则

在上述双剪应力屈服准则中,两个较大主剪应力在屈服时同时全部发挥作用,其权值均为 1.0。实际上,对于不同剪拉比(τ_s/σ_s)的材料而言,最大主剪应力 τ_{13}(其权值为 1.0)是起主导作用的,而中间主剪应力(τ_{12} 或 τ_{23})对屈服应力的贡献程度就可能不同了(权值不为 1.0),这种情况就对应着统一双剪应力屈服准则。统一双剪应力屈服准则定义为:当作用在双剪单元体上的最大主剪应力和不同权值的中间主剪应力达到某一极限值时,材料开始发生屈服。其表达式如下:

$$F = \tau_{13} + b\tau_{12}(或\ b\tau_{23}) - k = 0 \tag{3.4.6}$$

也可写为

$$
\begin{cases}
F(\tau_{13},\tau_{12}) = \tau_{13} + b\tau_{12} = \dfrac{1+b}{2}\sigma_1 - \dfrac{1}{2}(b\sigma_2 + \sigma_3) = k,\ \tau_{12} \geqslant \tau_{23} \\[2mm]
\quad 或\ \sigma_2 \leqslant \dfrac{1}{2}(\sigma_1 + \sigma_3) \\[4mm]
F(\tau_{13},\tau_{23}) = \tau_{13} + b\tau_{23} = \dfrac{1}{2}(\sigma_1 + b\sigma_2) - \dfrac{1+b}{2}\sigma_3 = k,\ \tau_{12} \leqslant \tau_{23} \\[2mm]
\quad 或\ \sigma_2 \geqslant \dfrac{1}{2}(\sigma_1 + \sigma_3)
\end{cases}
\tag{3.4.7}
$$

式中,b 和参数 k 可由单向拉伸屈服条件($\sigma_1 = \sigma_s,\sigma_2 = \sigma_3 = 0$)和剪切屈服条件($\sigma_1 = \tau_s$,$\sigma_2 = 0,\sigma_3 = -\tau_s$)求得,其值为

$$b = \frac{2\tau_s - \sigma_s}{\sigma_s - \tau_s},\ k = \frac{\sigma_s\tau_s}{2(\sigma_s - \tau_s)} \tag{3.4.8}$$

由式(3.4.8)可以看出,中间主剪应力发挥作用程度的权值系数 b 与材料性质有关,对于不同材料,选取不同的 b 值,就可得到不同的屈服准则。对于一般外凸的屈服面,b 值在 $0 \sim 1.0$ 范围变化。对于具有内凹形屈服面的特殊材料,b 值还可能小于零。各种不同 b 值对应的屈服面在 π 平面上的屈服曲线如图 3-14 所示。以下分析几种特殊 b 值对应的屈服准则:

(1)$b = 1$,对应 $\tau_s = \dfrac{2}{3}\sigma_s$ 的材料。此时式(3.4.7)就蜕变为式(3.4.4)的双剪应力屈服

准则。可见双剪应力屈服准则是统一双剪应力屈服准则的一个特例。

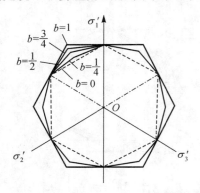

图 3-14　不同 b 值对应的屈服面在 π 平面上的屈服曲线

(2)$b=0$，对应 $\tau_s=\dfrac{1}{2}\sigma_s$ 的材料。这时中间主剪应力 τ_{12}（或 τ_{23} 或中间主应力 σ_2）不起作用，式(3.4.7)就蜕变为 Tresca 准则。

(3)$b=\dfrac{1}{2}$，对应 $\tau_s=0.6\sigma_s$ 的材料。这是一种新的双剪屈服准则。屈服准则的具体形式可将 $b=\dfrac{1}{2}$ 代入式(3.4.7)即得。这种屈服准则在 π 平面的屈服曲线为一个与 Mises 圆相交的十二边形，可以将它作为 Mises 准则的线性逼近。

统一屈服准则只适用于材料拉压强度相等或 $\varphi=0$ 的纯粘性土。

3.4.4　准则评价

双剪应力屈服准则考虑了两个较大主剪应力或中主应力 σ_2 及应力洛德角 θ_σ 对屈服或破坏的影响。统一双剪应力屈服准则进一步考虑了中间主剪应力或中主应力 σ_2 对破坏强度影响不同的权值作用。

双剪应力准则具有明确的力学意义和物理解释，参数易于测定，或者可由 Tresca 准则及 M-C 准则的材料参数换算而得。但是，其屈服和破坏曲面具有棱角，不便于塑性应变增量分析的确定，而且没有考虑岩土类材料在单纯的静水压力条件下可以产生屈服的特性。此外，在使用准则时，需要首先用 σ_2 或 θ_σ 进行判断，以决定使用准则的第一式或第二式。

3.5　Mises 准则与 Drucker-Prager 准则

3.5.1　Mises 准则

Mises 在对金属材料试验资料分析的基础上，于 1913 年提出了同时考虑三个主应力影

响的能量屈服准则,这一准则称为 Mises 准则,其屈服函数可表示为

$$f = \left[(\sigma_1 - \sigma_2)^2 + (\sigma_2 - \sigma_3)^2 + (\sigma_3 - \sigma_1)^2\right]^{\frac{1}{2}} - \sqrt{6}\, k_M = 0 \tag{3.5.1}$$

或

$$f = \sqrt{J_2} - k_M = 0 \tag{3.5.2}$$

$$f = \tau_8 - \sqrt{\frac{2}{3}}\, k_M = 0 \tag{3.5.3}$$

$$f = r_\sigma - \sqrt{2}\, k_M = 0 \tag{3.5.4}$$

式中,k_M 为 Mises 材料屈服常数,由试验确定。当进行单向拉压试验时,$k_M = \sigma_s / \sqrt{3}$;纯剪切试验时,$k_M = \tau_s$。

1. Mises 准则的几何与物理意义

式(3.5.1)说明 Mises 准则与三个主应力均有关。由于 J_2 与材料的形状变化(畸变)比能有关,因此式(3.5.2)说明当材料的形状变化比能达到一定程度时,材料开始屈服,故 Mises 准则是一种能量屈服准则。如果将其视为破坏准则,则 Mises 准则就是材料力学中的第四强度理论 —— 能量强度理论。式(3.5.3)说明八面体剪应力达到一定值时材料开始屈服,而式(3.5.4)说明 Mises 准则与应力张量第一不变量 I_1 及应力偏张量第三不变量 J_3 无关,在 π 平面上为 $r_\sigma = \tau_\sigma$ 不变的常量。因此,在主应力空间,Mises 准则为一个以空间对角线为轴的圆柱体面,圆柱的半径为 $r_\sigma = \tau_\sigma$,如图 3-15(a)、图 3-15(b) 所示;在 $\sigma_2 = 0$ 的平面上为一个以原点为中心的椭圆,如图 3-15(c) 所示。

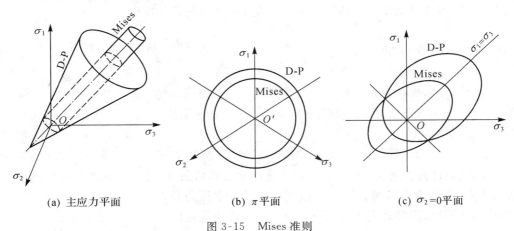

(a) 主应力平面   (b) π 平面   (c) $\sigma_2 = 0$ 平面

图 3-15 Mises 准则

2. 与 Tresca 准则的比较

Tresca 准则属于最大剪应力屈服准则,而 Mises 准则属于能量屈服准则。两者的差别可以通过简单的拉压和纯剪切试验测定的屈服参数进行比较,或通过 π 平面上的屈服曲线进行比较,如表 3-1 和图 3-16 所示。表 3-1 中 σ_s 和 τ_s 分别为材料的抗拉(压)屈服极限和剪切屈服极限,下标 M 和 T 分别表示与 Mises 准则和 Tresca 准则相对应的屈服极限或材料参数。由表 3-1 可看出:当 Mises 准则成立时,有 $\sigma_s = \sqrt{3}\, \tau_s$;当 Tresca 准则成立时,有 $\sigma_s = 2\tau_s$。

金属材料的试验结果表明 Mises 准则更加符合实际。这说明中主应力 σ_2 对屈服是有影响的。如果规定 Mises 准则与 Tresca 准则在单向拉压时拟合,即 $\sigma_{sM} = \sigma_{sT} = \sigma_s$,则 Mises 准则是 Tresca 准则的外接圆,其半径为 $r_\sigma = \sqrt{2}\,k_M = \sqrt{\dfrac{2}{3}}\,\sigma_s$。这时两者剪切屈服极限之比为 $\dfrac{\tau_{sM}}{\tau_{sT}} = \dfrac{2}{\sqrt{3}} = 1.155$。如果规定两者的剪切屈服极限相同,即 $\tau_{sM} = \tau_{sT} = \tau_s$,则 Mises 准则是 Tresca 准则的内切圆,其半径为 $r_\sigma = \sqrt{2}\,\tau_s$,这时两者的单向拉(压)屈服极限之比为 $\dfrac{\sigma_{sM}}{\sigma_{sT}} = \dfrac{\sqrt{3}}{2} = 0.866$,如图 3-16 所示。

表 3-1　Mises 准则与 Tresca 准则比较

	单向拉压	纯剪切	准则成立时
Mises 准则	$k_M = \sigma_s/\sqrt{3}$	$k_M = \tau_s$	$\sigma_s = \sqrt{3}\,\tau_s$
Tresca 准则	$k_T = \sigma_s/2$	$k_T = \tau_s$	$\sigma_s = 2\tau_s$
当取 σ_s 相同时	$k_M = \dfrac{2}{\sqrt{3}}k_T$	—	$\tau_{sM} = \dfrac{2}{\sqrt{3}}\tau_{sT}$
当取 τ_s 相同时	—	$k_M = k_T$	$\sigma_{sM} = \dfrac{\sqrt{3}}{2}\sigma_{sT}$

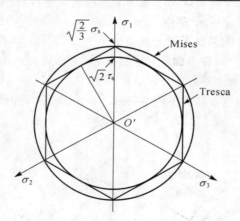

图 3-16　Tresca 准则和 Mises 准则比较

3.5.2　Drucker-Prager 屈服准则

为了克服 Mises 准则没有考虑静水压力对屈服与破坏的影响,Drucker 与 Prager 于 1952 年提出了考虑静水压力影响的广义 Mises 准则,简称 D-P 准则。D-P 准则或广义 Mises 准则的屈服函数为

$$f(I_1, \sqrt{J_2}) = \sqrt{J_2} - \alpha I_1 - k = 0 \tag{3.5.5}$$

$$f(p, q) = q - 3\sqrt{3}\,\alpha p - \sqrt{3}\,k = 0 \tag{3.5.6}$$

$$f(\sigma_\sigma, \tau_\sigma) = \tau_\sigma - \sqrt{6}\,\alpha\sigma_\sigma - \sqrt{2}\,k = 0 \qquad (3.5.7)$$

式中，α 和 k 为 D-P 准则材料常数。按照平面应变条件下的应力和塑性变形条件，Drucker 与 Prager 导出了 α、k 与 M-C 准则的材料常数 φ、c 之间的关系：

$$\alpha = \frac{\sin\varphi}{\sqrt{3}\,\sqrt{3+\sin^2\varphi}} = \frac{\tan\varphi}{\sqrt{9+12\tan^2\varphi}}$$

$$\qquad (3.5.8)$$

$$k = \frac{\sqrt{3}\,c\cdot\cos\varphi}{\sqrt{3+\sin^2\varphi}} = \frac{3c}{\sqrt{9+12\tan^2\varphi}}$$

1. Drucker-Prager 准则的物理与几何意义

式(3.5.5)和式(3.5.6)说明 D-P 准则反映了 I_1 和 J_2 或 p 与 q 对屈服或破坏的影响；式(3.5.7)则说明在 π 平面上（$p = \frac{1}{\sqrt{3}}\rho_\sigma = \text{const}$ 或 π 平面上（$\rho_\sigma = 0$）D-P 准则的屈服曲线为一个以 $r_\sigma = \sqrt{2J_2}$ 为半径的圆。在主应力空间，D-P 准则的屈服曲面为一个以空间对角线为轴的圆锥面；在 $\sigma_2 = 0$ 的平面上，D-P 准则的屈服曲线为一个圆心在 $\sigma_1 = \sigma_3$ 轴上但偏离了原点的椭圆，如图 3-17 所示。当 $\alpha = 0$ 时，D-P 准则就还原为 Mises 准则。因此，D-P 准则是同时考虑了平均应力或体应变能及偏应力第二不变量或形状变化能的能量屈服准则。

2. D-P 准则与 M-C 准则的拟合关系

式(3.5.8)D-P 准则的材料常数 α、k 是按照平面应变条件下与 M-C 准则的屈服极限相同的条件下而导出的。实际上，D-P 准则与 M-C 准则有多种不同的拟合方法。例如，在一般的三维应力条件下，使两者的锥尖位于同一点且使一个锥面子午线相重合可以得到一般三维应力条件下 α、k 与 φ、c 的关系；在平面应力条件下，只要保证在 σ_1-σ_3 平面上的屈服曲线有两点拟合就可得到平面应力条件下 α、k 与 φ、c 的关系。图 3-17(a)、(b) 和表 3-2 分别表示各种不同 D-P 准则与 M-C 准则拟合条件下相应的 α 和 k 值，其中折中圆为 M-C 准则的压缩圆与拉伸圆的平均圆。

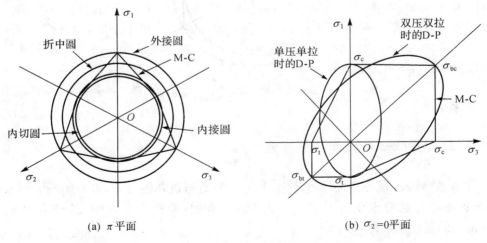

(a) π 平面   (b) $\sigma_2 = 0$ 平面

图 3-17　D-P 准则与 M-C 准则的拟合关系

只要由试验测定了 M-C 准则的材料常数 φ 和 c,就可由表 3-2 求出各种不同拟合条件下 D-P 准则的材料常数 α 和 k 值。当然,也可直接通过真三轴试验直接测定各种不同应力和应变条件下的 α 和 k 值。由表 3-2 和图 3-17(a)可以看出,平面应变条件下 D-P 准则的 α 和 k 值(式 3.5.8)就是当 D-P 准则的圆锥体与 M-C 准则的六边锥体内切时的 α 和 k 值。

表 3-2　D-P 准则与 M-C 准则不同拟合条件下的 α 和 k 值

	拟合条件	应力(应变)条件	α	k
一般三维应力	压缩锥	$\sigma_1 > \sigma_2 = \sigma_3$ $\theta_\sigma = -30°$	$\dfrac{2\sin\varphi}{\sqrt{3}\,(3-\sin\varphi)}$	$\dfrac{6c\cos\varphi}{\sqrt{3}\,(3-\sin\varphi)}$
	拉伸锥	$\sigma_1 = \sigma_2 > \sigma_3$ $\theta_\sigma = +30°$	$\dfrac{2\sin\varphi}{\sqrt{3}\,(3+\sin\varphi)}$	$\dfrac{6c\cos\varphi}{\sqrt{3}\,(3+\sin\varphi)}$
	折中锥	压缩锥与拉伸锥平均值	$\dfrac{2\sqrt{3}\sin\varphi}{3^2-\sin\varphi^2}$	$\dfrac{6\sqrt{3}c\cos\varphi}{3^2-\sin\varphi^2}$
	内切锥 (平面应变)	$\varepsilon_2 = 0$ $\tan\theta_\sigma = -\dfrac{\sin\varphi}{\sqrt{3}}$	$\dfrac{\sin\varphi}{\sqrt{3}\,\sqrt{3+\sin\varphi^2}}$	$\dfrac{\sqrt{3}c\cos\varphi}{\sqrt{3+\sin\varphi^2}}$
平面应力	单压 单拉	$\sigma_1 = \sigma_c,\sigma_2 = \sigma_3 = 0$ $\sigma_3 = \sigma_t,\sigma_2 = \sigma_1 = 0$	$\dfrac{1}{\sqrt{3}}\sin\varphi$	$\dfrac{2}{\sqrt{3}}c\cos\varphi$
	双压 双拉	$\sigma_1 = \sigma_3 = \sigma_c,\sigma_2 = 0$ $\sigma_1 = \sigma_3 = \sigma_t,\sigma_2 = 0$	$\dfrac{1}{2\sqrt{3}}\sin\varphi$	$\dfrac{2}{\sqrt{3}}c\cos\varphi$

3.5.3　准则评价

(1)Mises 准则和广义 Mises 准则或 D-P 屈服准则同属于能量屈服与破坏准则,它们都考虑了中主应力 σ_2 对屈服与破坏的影响;屈服曲面光滑没有棱角,有利于塑性应变增量方向的确定和数值计算。

(2)两者都比较简单,材料参数少,且易于试验测定或由 M-C 准则材料常数换算。

(3)Mises 准则没有考虑静水压力对屈服的影响,因此一般只适用于金属类材料或 $\varphi = 0$ 的软黏土总应力分析;与 Mises 准则不同,D-P 准则考虑了静水压力对屈服与破坏的影响,适用于岩土类材料的本构模型。

(4)两者都没有考虑静水压力 p 可引起岩土类材料屈服的特点,同时没有考虑屈服与破坏的非线性特性。

(5)两者均未考虑岩土类材料在 π 平面上拉压强度不同的特性。

3.6　Lade-Duncan 准则

针对 M-C 单一剪应力屈服或破坏准则,以及 Drucker-Prager 能量屈服或破坏准则存在的缺点,Lade 与 Duncan 针对砂土类材料做了大量的真三轴试验,于 1975 年提出了具有一个屈服面的 Lade-Duncan 准则,简称 L-D 准则,并采用不相关联的流动法则建立了弹塑性模型,其中屈服面、塑性势面和破坏面在形状上是一致的。同时,1977 年两人针对 L-D 准则在理论上的缺陷,提出两个屈服面的 Lade 屈服或破坏准则(或称修正的 L-D 准则)。本节重点从 L-D 准则的屈服函数、L-D 准则的几何与物理意义、修正的 L-D 准则的屈服函数、修正的 L-D 准则的几何与物理意义以及准则参数五个方面说明 L-D 屈服或破坏准则。

3.6.1　Lade-Duncan 准则屈服函数

L-D 准则可以用应力不变量的形式表示,如式(3.6.1)和式(3.6.2)所示。

$$f(I_1, I_3, k) = \frac{I_1^3}{I_3} - k = 0 \tag{3.6.1}$$

或

$$f(I_1, J_2, \theta_\sigma, k) = \frac{2}{3\sqrt{3}} J_2^{3/2} \sin 3\theta_\sigma - \frac{1}{3} I_1 J_2 + \left(\frac{1}{27} - \frac{1}{k}\right) I_1^3 = 0 \tag{3.6.2}$$

$$f(p, q, \theta, k) = -2q^3 \sin 3\theta - 9q^2 p + 27\left(1 - \frac{27}{k}\right) p^3 = 0 \tag{3.6.3}$$

$$f(\alpha, b, k) = \frac{[\alpha(1+b) + (2-b)]^3}{b\alpha^2 + (1-b)\alpha} - k = 0 \tag{3.6.4}$$

式中:I_1、I_3—— 应力第一、三不变量;

　　　k—— 屈服参数或应力水平参数,当破坏时 $f = f_f$,$k = k_f$,k_f 为破坏参数;

　　　α、b——α 为反映大小主应力比值的参数,b 为反映 σ_2 值的参数。

屈服时 $\alpha = \dfrac{\sigma_1}{\sigma_3}$,$b = \dfrac{\sigma_2 - \sigma_3}{\sigma_1 - \sigma_3} = \dfrac{\sigma_2/\sigma_3 - 1}{\alpha - 1} = 2\mu_\sigma - 1$;当破坏时,$\alpha_f$、$b_f$ 分别为 $\alpha_f = \left[\dfrac{\sigma_1}{\sigma_3}\right]_f = \dfrac{1 + \sin\varphi}{1 - \sin\varphi}$,$b_f = \dfrac{(\sigma_2/\sigma_3)_f - 1}{\alpha_f - 1}$。

L-D 准则只有一个材料参数 k 或 k_f,可由三轴固结排水或不排水试验测定。

3.6.2　Lade-Duncan 准则的几何与物理意义

L-D 准则的屈服面在主应力空间为一个顶点在原点,以静水压力线为轴线,随应力水平不断扩张的开口曲边三角锥体。屈服面与破坏面相似,并以破坏面为极限,如图 3-18 所示。

L-D 准则在 π 平面上的投影为一族随静水压力不断扩大的曲边三角形。静水压力增大,曲边三角形曲率变小;静水压力减小,曲边三角形曲率变大并接近圆形。当 $p = 0$ 时曲边三角形收缩为一点 O,如图 3-19 所示。在 σ_1-$\sqrt{2}\sigma_3$ 子午面上,屈服曲线为一族通过原点的射线,如图 3-20 所示。

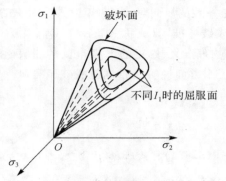

图 3-18 L-D 准则在主应力空间的屈服面

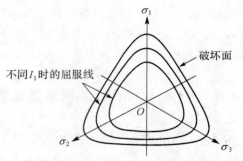

图 3-19 L-D 准则在 π 平面的屈服曲线

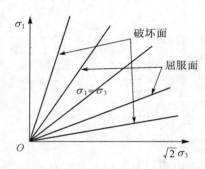

图 3-20 L-D 准则在子午面的屈服面

从式(3.6.2)、式(3.6.3)、式(3.6.4)与图 3-18 可以看出,L-D 准则为应力的三次函数,反映了三个主应力或三个应力不变量对屈服破坏的影响。其中,α_f(或 φ)与 b_f 充分说明了破坏时中主应力对屈服与破坏的影响。

虽然 L-D 准则反映了三个主应力,特别是中主应力 σ_2 对屈服与破坏的影响,但是该准则只适用于砂类土,不适用于岩石和超固结黏土等具有抗拉强度或者粘聚力的岩土类材料,不能反映静水压力和比例加载时产生的屈服现象以及高应力水平作用下屈服曲线与静水压力的非线性关系。因此 Lade 在 1977 年提出了修正的 L-D 准则。

3.6.3 修正的 L-D 准则屈服函数

1977 年 Lade 提出了修正的 L-D 准则,该准则包括剪胀屈服面和压缩屈服面,能反映围压对土强度参数的影响。

含两个参数的剪胀屈服和破坏函数:

$$f_p(I_1, I_3, m, k) = \left(\frac{I_1^3}{I_3} - 27\right)\left(\frac{I_1}{p_a}\right)^m - k = 0 \tag{3.6.5}$$

或

$$f_p(I_1, J_2, \theta_\sigma, m, k) = 9I_1 J_2 + 6\sqrt{3} J_2^{3/2} \sin 3\theta_\sigma \left[\left(\frac{I_1}{p_a}\right)^m + \frac{1}{27}k\right] - \frac{1}{27} k I_1^3 = 0 \tag{3.6.6}$$

压缩屈服面函数:

$$f_c(I_1, I_2, r) = I_1^2 + 2I_2 - r^2 = 0 \qquad (3.6.7)$$

或

$$f_c(\sigma_1, \sigma_2, \sigma_3, r) = \sigma_1^2 + \sigma_2^2 + \sigma_3^2 - r^2 = 0 \qquad (3.6.8)$$

式中：p_a——大气压力；

I_2——第二应力不变量；

k、r——剪胀与压缩的应力水平，破坏时 $f_p = f_f$，$k = k_f$；

m、k_f——材料常数。

对于具有粘聚力或抗拉强度的岩土类材料，在计算应力不变量 I_1、J_2、θ_σ 时采用换算应力或者等效应力计算，考虑抗拉强度的换算应力可按照式(3.6.9)进行计算。

$$\begin{cases} \bar{\sigma}_x = \sigma_x + a p_a \\ \bar{\sigma}_y = \sigma_y + a p_a \\ \bar{\sigma}_z = \sigma_z + a p_a \end{cases} \qquad (3.6.9)$$

式中，a 为反映材料粘聚力或抗拉强度大小的无量纲参数。

3.6.4　修正的 L-D 准则的几何与物理意义

剪胀屈服面反映了三个应力不变量 I_1、J_2、$J_3(\theta_\sigma)$ 对屈服与破坏的影响。在主应力空间中，剪胀屈服面以静水压力线或空间对角线为对称轴，母线为三次曲线且不通过原点的一族开口曲边三角锥体，如图 3-21 所示。k 值增大，剪胀屈服面扩大，以破坏面 k_f 为极限值。在 I_1 为常数的 π 平面上，屈服线为三次曲线，其图形与 L-D 准则的屈服线相似，为一族曲边三角形。在 σ_1-$\sqrt{2}\sigma_3$ 平面上，屈服曲线为一族应力的三次曲线。该准则克服了 M-C 准则及 L-D 准则屈服极限随静水压力直线增大和不能反映比例加载时产生屈服的缺点，在 σ_1-$\sqrt{2}\sigma_3$ 子午面上屈服曲线的曲率取决于材料参数 m 值。m 值变化于 $0 \sim 1.0$ 范围。当 $m = 0$ 时，子午面上的屈服曲线退化为 L-D 屈服面的屈服曲线。

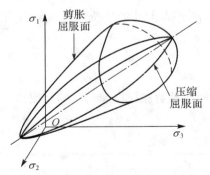

图 3-21　修正 L-D 准则在主应力空间的屈服面

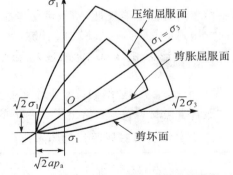

图 3-22　修正 L-D 准则在子午面的屈服面

压缩屈服面在主应力空间是一个以原点为球心，以 $r = \sqrt{\sigma_1^2 + \sigma_2^2 + \sigma_3^2}$ 为半径的一族同心球面，当材料具有抗拉强度时，球心移到 O 点，如图 3-22 所示。球形屈服面反映了材料的剪缩特性和静水压力可以产生的屈服现象。随着固结压力的增加，球面半径增大，在理论上可以无限压缩而不致破坏,这正好反映了岩土类材料单纯承受静水压力不会产生破坏的事实。在 $\sigma_2 = 0$ 的平面上,屈服与破坏曲线的形状如图 3-23 所示。剪胀屈服面与压缩屈服面联合构成了完整的 Lade 双屈服面。从物理意义上讲,剪胀屈服面反映了岩土类材料在剪应力作用下,不仅产生塑性剪应变,而且产生塑性体积膨胀;压缩屈服面反映了剪缩特性和单纯在静水压力下产生的体积变形。

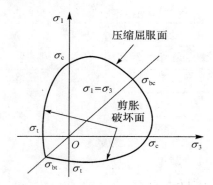

图 3-23　修正 L-D 准则在 $\sigma_2 = 0$ 平面的屈服面

3.6.5　修正的 L-D 准则的材料参数

Lade 双屈服面准则作为屈服准则来说,共有 m、k、a 和 r 四个参数。其中 m 代表 σ_1-$\sqrt{2}\sigma_3$ 平面上剪切屈服曲线的弯曲程度;a 反映了抗拉强度的相对大小;k 和 r 分别为剪切屈服和压缩屈服参数或应力水平参数。由于没有压缩破坏面,如果将 Lade 准则视为破坏准则,则只有 m、k_f 和 a 三个参数。它们可以通过单向拉伸、单向压缩及固结排水或不排水剪切试验测定。其中 a 值稍大于材料的抗拉强度 σ_t。如果已知材料抗拉强度,则可按式(3.6.10)计算 a 值:

$$a = (1.001 - 1.023) \left| \frac{\sigma_t}{p_a} \right| \tag{3.6.10}$$

粘性土的抗拉强度极低,一般可不考虑,如果没有进行材料抗拉强度试验,建议根据材料单向抗压强度 σ_c,按式(3.6.11)计算材料的抗拉强度:

$$\sigma_t = T p_a \left(\frac{\sigma_c}{p_a} \right)^t \tag{3.6.11}$$

式中,T 和 t 分别为无量纲的抗拉强度系数与指数。

对于岩土类材料,Lade 给出了 T 和 t 的值,如表 3-3 所示。

表 3-3　岩土类材料 T 和 t 的值

材料	黏土	岩石		
		火成岩	变质岩	沉积岩
t	0.88	0.7	1.6	0.75
T	−0.37	−0.53	−0.0082	−0.22

m 和 k 可以根据三轴试验的结果,建立 $\lg\left(\dfrac{I_3}{I_1^3}\right)$-$\lg\left(\dfrac{p_a}{I_1}\right)$ 双对数坐标系,如图 3-24 所示。

图中直线的斜率为 m,而该线在 $\dfrac{p_a}{I_1}=1$ 处的纵坐标为 k 值。Lade 统计了大量的岩土材料三轴试验,得出 m、k 和 a 的值,如表 3-4 所示。

表 3-4　岩土类材料的 m、k 和 a

参数	土	岩石	
	一般值	一般值	极端值
a	—	$20\sim300$	$6\sim487$
m	$0\sim0.5$	$0.7\sim1.7$	$0.3\sim2.72$
k	$20\sim280$	$10^4\sim10^8$	$2\times10^3\sim8\times10^{12}$

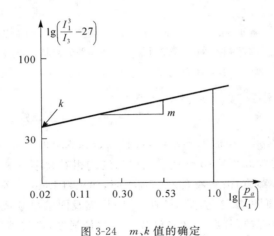

图 3-24　m、k 值的确定

3.6.6　L-D 准则和修正的 L-D 准则的评价

(1)L-D 准则和修正的 L-D 准则考虑了三个主应力或者应力不变量对屈服与破坏的影响,材料参数少(最多 4 个)且容易用常规的三轴试验进行测定,同时考虑了岩土类材料抗拉强度不同的 S-D 效应(即拉压屈服与破坏强度不同)。

(2)L-D 准则和修正的 L-D 准则可以适用于岩石、砂类土及粘性土等各种岩土类材料。L-D 准则没有考虑静水压力作用产生的屈服和剪缩性以及比例加载所产生的屈服现象,没有反映剪胀屈服线与静水压力线的非线性关系。而 Lade 两个屈服面准则克服了这些缺点,在理论上更加完善。

(3)除了修正的 L-D 准则在剪胀屈服面与压缩屈服面的空间交线上具有奇异性或者棱角外,L-D 准则及修正的 L-D 准则在主应力空间、π 平面与子午面上均为光滑曲线(锥体顶点除外),可以很好地应用于数值计算。

综上,L-D 准则及修正的 L-D 准则是一个适用于岩土类材料的屈服与破坏准则,特别是修正的 L-D 准则,理论上比较完善,能够反映岩土类材料的所有屈服与破坏特征,已经受到岩土工程界的普遍重视。

3.7 其他屈服与破坏准则

3.7.1 松冈元-中井照夫(Matsuoka-Nakai)准则

1977 年,日本的松冈元和中井照夫基于空间滑动面(spatial mobilized plane,SMP)的概念,提出三维主应力状态中莫尔圆对于土强度的影响,因而强度理论公式中应该包含三个剪切角。

松冈元和中井照夫认为:在三个不同主应力 (σ_1、σ_2、σ_3) 作用下,可以绘制三个应力莫尔圆,最大剪应力 $\tau_{\max}$ 位于莫尔圆的顶点,而剪应力与垂直应力比值的最大值$(\tau/\sigma)_{\max}$ 位于引自原点的直线与各应力莫尔圆相切的切点处。金属材料的破坏一般由最大剪应力 $\tau_{\max}$ 来表征。但粒状材料的破坏由剪应力与垂直应力比值的最大值$(\tau/\sigma)_{\max}$ 来表征。如果认为破坏线与小主应力的夹角为 α,即 $2\alpha = 90°$,则 $\tau_{\max}$ 的作用面是三个 $45°$ 面。根据 $2\alpha = 90° + \varphi_{moij}(i,j = 1,2,3;i<j)$,可知$(\tau/\sigma)_{\max}$ 的作用面为三个 $45° + \dfrac{\varphi_{moij}}{2}$ 面,如图 3-25 所示。

当 $\sigma_2 = \sigma_3$ 时,空间滑动面的倾角为 $45° + \dfrac{\varphi'}{2}$,$\varphi_{mo23} = 0$,$\varphi_{mo12} = \varphi_{mo13} = \varphi'$,与 Mohr-Coulomb 准则一致。如图 3-25 所示。

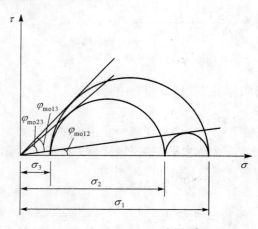

图 3-25 主应力与莫尔圆

以图 3-25 中的三个 $45° + \dfrac{\varphi_{moij}}{2}$ 面为边作图,得到如图 3-26 所示的空间滑动面。

松冈元-中井照夫屈服准则可以表示为

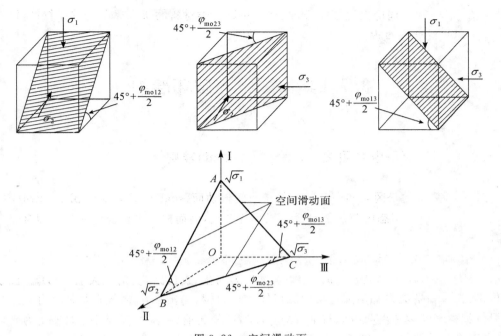

图 3-26　空间滑动面

$$\left(\tau_{\text{SMP}}/\sigma_{\text{SMP}}\right) = \frac{2}{3}\sqrt{\left(\frac{\sigma_1-\sigma_2}{2\sqrt{\sigma_1\sigma_3}}\right)^2 + \left(\frac{\sigma_2-\sigma_3}{2\sqrt{\sigma_2\sigma_3}}\right)^2 + \left(\frac{\sigma_3-\sigma_1}{2\sqrt{\sigma_3\sigma_1}}\right)^2} = \text{const} \tag{3.7.1}$$

或者
$$\frac{I_1 I_2}{I_3} = k_{\text{f}} \tag{3.7.2}$$

或者
$$\frac{(\sigma_1-\sigma_3)^2}{\sigma_1\sigma_3} + \frac{(\sigma_1-\sigma_2)^2}{\sigma_1\sigma_2} + \frac{(\sigma_2-\sigma_3)^2}{\sigma_2\sigma_3} = k_{\text{f}} - 9 \tag{3.7.3}$$

或者
$$\tan^2\varphi_{12} + \tan^2\varphi_{23} + \tan^2\varphi_{13} = \frac{1}{4}(k_{\text{f}}-9) \tag{3.7.4}$$

其中，φ_{12}、φ_{23} 和 φ_{13} 定义为

$$\tan\varphi_{12} = \frac{\sigma_1-\sigma_2}{2\sqrt{\sigma_1\sigma_2}}, \tan\varphi_{23} = \frac{\sigma_2-\sigma_3}{2\sqrt{\sigma_3\sigma_2}}, \tan\varphi_{13} = \frac{\sigma_1-\sigma_3}{2\sqrt{\sigma_1\sigma_3}}$$

这与沈珠江提出的考虑三个应力莫尔圆影响的强度理论相类似：

$$\frac{1}{\sqrt{2}}\left(\sin^2\varphi_{13} + \sin^2\varphi_{12} + \sin^2\varphi_{23}\right)^{\frac{1}{2}} = \sin\varphi \tag{3.7.5}$$

其中，$\sin\varphi_{12} = \dfrac{\sigma_1-\sigma_2}{\sigma_1+\sigma_2}$，$\sin\varphi_{23} = \dfrac{\sigma_2-\sigma_3}{\sigma_2+\sigma_3}$，$\sin\varphi_{13} = \dfrac{\sigma_1-\sigma_3}{\sigma_1+\sigma_3}$

松冈元-中井照夫准则的破坏面在主应力空间为一个圆锥体的表面，在 π 平面轨迹的形状与 L-D 准则相似，如图 3-27 所示。

为了考虑粘性土的破坏准则，Matsuoka 等人在砂土 SMP 准则的基础上，通过引入粘结应力（$\sigma_0 = c\cot\varphi$）提出了广义 SMP 准则，该准则对砂土和黏土均适用。取压应力为正，广义 SMP 准则的应力不变量表达式为

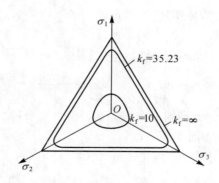

图 3-27　π 平面破坏轨迹

$$\frac{\hat{I}_1 \hat{I}_2}{\hat{I}_3} = 8\tan^2\varphi + 9 \tag{3.7.6}$$

式中，$\hat{I}_1$、$\hat{I}_2$ 和 $\hat{I}_3$ 分别为广义的第一、第二和第三不变量，其表达式为

$$\hat{I}_1 = (\sigma_1 + \sigma_0) + (\sigma_2 + \sigma_0) + (\sigma_3 + \sigma_0)$$

$$\hat{I}_2 = (\sigma_1 + \sigma_0)(\sigma_2 + \sigma_0) + (\sigma_2 + \sigma_0)(\sigma_3 + \sigma_0) + (\sigma_3 + \sigma_0)(\sigma_1 + \sigma_0)$$

$$\hat{I}_3 = (\sigma_1 + \sigma_0)(\sigma_2 + \sigma_0)(\sigma_3 + \sigma_0)$$

对于平面应变状态即中间主应变 $\varepsilon_2 = 0$，由广义 SMP 准则(3.7.6)及相关联的流动法则可得接近破坏状态时主应力之间的关系为

$$\sigma_2 + \sigma_0 = \sqrt{(\sigma_1 + \sigma_0)(\sigma_3 + \sigma_0)} \tag{3.7.7}$$

将式(3.7.7)代入式(3.7.6)，整理得平面应变状态下的广义 SMP 准则为

$$\frac{\sigma_1 + \sigma_0}{\sigma_3 + \sigma_0} = \frac{1}{4}\left[\sqrt{8\tan^2\varphi + 9} - 1 + \sqrt{\left(\sqrt{8\tan^2\varphi + 9} - 1\right)^2 - 4}\right]^2 \tag{3.7.8}$$

将式(3.7.8)进一步用有效主应力 $\sigma'_i = \sigma_i - u$ 来表示(其中，下角标 $i = 1,3$；u 为超静孔隙水压力)。

$$\sigma'_1 = \eta\sigma'_3 + (\eta - 1)\sigma_0 = \eta\sigma'_3 + (\eta - 1)c\cot\varphi \tag{3.7.9}$$

式中，η 为方程常数，$\eta = \dfrac{1}{4}\left[\sqrt{8\tan^2\varphi + 9} - 1 + \sqrt{\left(\sqrt{8\tan^2\varphi + 9} - 1\right)^2 - 4}\right]^2$

式(3.7.9)即为平面应变状态下广义 SMP 准则的有效主应力 σ'_1 和 σ'_3 之间的关系，其表达式简洁、唯一，且通过式(3.7.7)考虑中主应力 σ_2 的影响；同时，式(3.7.9)中的土体强度参数与 M-C 准则相同，可由三轴压缩试验确定。

3.7.2　Hoek-Brown 准则

1985 年，Hoek 和 Brown 提出了一个适用于岩体材料的破坏条件，称为 Hoek-Brown 条件，其表达式为

$$F = \sigma_1 - \sigma_3 - \sqrt{m\sigma_c\sigma_3 + s\sigma_c^2} \tag{3.7.10}$$

式中：σ_c——单轴抗压强度；

m，s——岩体材料常数，取决于岩石性质以及破碎程度。

Hoek-Brown 条件考虑了岩体质量，即考虑了与围压有关的岩石强度，比 M-C 准则更适用于岩体材料。

当以应力不变量表述时，Hoek-Brown 准则可以写成：

$$F = m\sigma_c \frac{I_1}{3} + 4J_2 \cos^2\theta_\sigma + m\sigma_c \sqrt{J_2}\left(\cos\theta_\sigma + \frac{\sin\theta_\sigma}{\sqrt{3}}\right) - s\sigma_c^2 \tag{3.7.11}$$

在应力空间中，Hoek-Brown 准则的屈服面是一个由 6 个抛物面组成的锥形面，在 6 个抛物面的交线上具有奇异性，如图 3-28 所示。

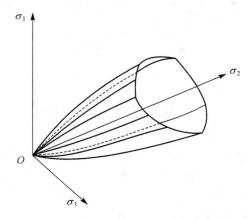

图 3-28　Hoek-Brown 准则在主应力空间的屈服面

为了消除奇异性，用椭圆函数逼近这不规则的六角形，屈服曲线 $g(\theta_\sigma)$ 可表述如下：

$$g(\theta_\sigma) = \frac{4(1-e^2)\cos^2(\frac{\pi}{6}+\theta_\sigma) + (1-2e)^2}{2(1-e^2)} \tag{3.7.12}$$

$g(\theta_\sigma)$ 为 π 平面上屈服曲线随洛德角 θ_σ 变化规律的表达式；$D = \sqrt{4(1-e^2)\cos^2(\frac{\pi}{6}+\theta_\sigma) + 5e^2 - 4e}$；$e = \dfrac{q_1}{q_c}$，其中 q_c、q_1 为受压与受拉时的偏应力。

因而，Hoek-Brown 屈服面成为光滑、连续的凸曲面，并表示为

$$F = q^2 g^2(\theta_\sigma) + \bar{\sigma}_c q g(\theta_\sigma) + 3\bar{\sigma}_c p - s\bar{\sigma}_c^2 = 0 \tag{3.7.13}$$

式中，$\bar{\sigma}_c = m\dfrac{\sigma_c}{3}$；$q = \sqrt{3J_2}$；$p = \dfrac{I_1}{3}$。

1992 年，研究者对 Hoek-Brown 条件做了修正，给出了更一般的表达式：

$$\sigma_1 = \sigma_3 + \sigma_c \left(m\frac{\sigma_3}{\sigma_c} + s\right)^\alpha \tag{3.7.14}$$

大多数岩石采用 $\alpha = \dfrac{1}{2}$，对于质量差的岩体，建议用式(3.7.15)：

$$\sigma_1 = \sigma_3 + \sigma_c \left(m\frac{\sigma_3}{\sigma_c}\right)^\alpha \tag{3.7.15}$$

本章小结

本章针对岩土体常用的屈服条件与破坏准则进行了总结与评价。其中包含了单参数的 Tresca 准则与 Mises 准则。总体来讲,这两条准则并不适用于岩土体,因为其忽略了静水压力对强度的影响,但可以基于总应力分析饱和土在不排水条件下的相关问题。Lade-Ducan 准则适用于一般的三维应力条件下的无粘性土,该准则考虑了静水压力效应、中主应力的影响以及破坏面偏轨迹的非圆性。Mohr-Coulomb 准则具有较强的实用性,其参数 c、φ 具有明确的物理意义,可以很容易地通过标准试验进行测定,但是它的破坏面具有奇点,数学应用不方便,特别是对一些三维问题。

由于 Mohr-Coulomb 准则数学应用不方便,对其破坏面进行圆滑推广,即可得到 Drucker-Prager 准则,但该准则针对确定材料参数 α、k 条件的判断,具有较高的要求。双剪应力系列屈服准则除了可以反映最大主剪应力(τ_{13})对屈服与破坏的影响外,还可以反映次大主剪应力(τ_{23} 或 τ_{12})或中间主应力(σ_2)、静水压力(p)、剪切面的法向应力(σ_{13} 及 σ_{12} 或 σ_{23})以及材料拉压强度不等对屈服与破坏的影响,特别适用于岩土类材料。同时本章也简单介绍了一些其他岩土屈服与破坏准则,如松冈元–中井照夫(Matsuoka-Nakai)准则、Hoek-Brown 准则等。

思考题

1. 什么是材料的屈服?什么是材料的破坏?

2. 什么是 π 平面?什么是子午面?为什么要引入这两个平面?

3. 简述土单元的屈服与破坏的关系。土体中某个土单元发生塑性变形是否意味着土体发生破坏?

4. 对本章所述的岩土材料屈服与破坏准则进行总结,并阐述其各自的优缺点。

5. Mises 准则是如何提出的?

6. 本章所述破坏准则,哪些反映了中主应力 σ_2 对土的强度的影响?

7. M-C 强度准则是否一定是直线?在什么情况下它是弯曲的以及如何表示?

8. 对于粘性土,当存在拉应力时,是否就一定发生拉伸破坏?写出剪切破坏与拉伸破坏联合破坏准则。

习题

1. 在 p'-q' 平面上绘制 Lade-Duncan 原始模型的屈服面和塑性势面的示意图。该模型使用什么流动规则,适用于何种土?

2. 修正的 Lade-Duncan 模型有哪两种屈服面?采用什么流动法则?

3. Lade-Duncan 模型使用的硬化参数包括哪些?

4. 已知某土单元的应力张量为 σ_{ij}(各分量单位为 kPa):

$$\sigma_{ij} = \begin{bmatrix} -7 & -4 & 0 \\ -4 & -1 & 0 \\ 0 & 0 & -4 \end{bmatrix} (i,j = 1,2,3)$$

若考虑土体为理想弹塑性材料,假定其屈服极限为 9kPa,试采用 Mises 准则、Tresca 准则及双剪应力准则判断该点的应变状态。

5. 若某理想土单元的主应力状态满足:$\sigma_1 = \sigma_2 = -2\sigma_3$。假定其屈服极限为 15kPa,问当采用 Mises 准则判别时,主应力达到多少时该点发生屈服?

6. 对于 Lade-Duncan 准则屈服函数,假定 $a = 0, m = 0.4$,试绘制在 σ_1-$\sqrt{2}\sigma_3$ 平面及 $I_1/p_a = 100$ 的 π 平面上当 $k = 50、100、150、200$ 时屈服面的形状。

7. 某岩体材料的 Lade 屈服参数 $\sigma_c = 10^3 p_a, m = 1.5, a = 32, k = 3.6 \times 10^{11}$。设 $\sigma_3 = 500 p_a, I_1 = 2500 p_a$,试绘制 $\sigma_1/p_a - \sqrt{2}\sigma_3/p_a, \sigma_1\sigma_c - \sigma_1/\sigma_c$ 以及 $I_1/p_a = 2500\pi$ 平面上的 Lade 剪切破坏曲线。

8. 绘制如下情况下的 M-C 准则屈服曲线:(1) π 平面上 $\varphi = 0, 30°, 60°$;(2)σ_1-σ_3 平面上 $\varphi = 0, 30°, 60°$。

9. 某无粘性土的 $\varphi = 22°$,应力加载过程中,根据 D-P 准则试判别如下应力状态是否发生屈服?

$$(a) \begin{bmatrix} 1 & 2 & 4 \\ 2 & 3 & 4 \\ 4 & 4 & 0 \end{bmatrix} \quad (b) \begin{bmatrix} 0 & 8 & 1 \\ 8 & 0 & 2 \\ 1 & 2 & 0 \end{bmatrix} \quad (c) \begin{bmatrix} 10 & & \\ & 5 & \\ & & -5 \end{bmatrix}$$

10. 某土样进行直剪试验,在法向压力为 100kPa、200kPa、300kPa、400kPa 时,测得抗剪强度 τ_f 分别为 52kPa、83kPa、115kPa、145kPa。(1)用作图法确定该土样的抗剪强度指标 c 和 φ;(2)如果在途中的某一平面上作用的法向应力为 260kPa,剪应力为 92kPa,该平面是否会剪切破坏? 为什么?

11. 在常规压缩三轴试验中得到砂土的内摩擦角 $\varphi = 35°$。利用折中圆 Mises 强度准则与 L-D 准则计算 $b = 0.5, \sigma_3 = 100$kPa 条件下破坏时 σ_1 为多少。

12. 某粘性土的抗剪强度指标 $c = 8$kPa$, \varphi = 25°$。根据 D-P 准则试判别如下应力状态,土单元是否发生屈服?

$$(a) \begin{bmatrix} 5 & 3 & 2 \\ 3 & 5 & 0 \\ 2 & 0 & 5 \end{bmatrix} \quad (b) \begin{bmatrix} 15 & & \\ & 5 & \\ & & -20 \end{bmatrix} \quad (c) \begin{bmatrix} 0 & 5 & -8 \\ 5 & 0 & 6 \\ -8 & 6 & 0 \end{bmatrix}$$

13. 什么是统一双剪屈服准则? 其屈服函数包含哪些参数? 该准则适用于什么类型岩土材料?

14. 证明应力洛德角 θ_σ 的范围为 $\left[-\dfrac{\pi}{6}, \dfrac{\pi}{6} \right]$。

15. 根据双剪应力强度理论,已知砂土参数 $\beta = -0.5, b = 3.2$。若对其进行常规三轴压缩试验,围压 $\sigma_3 = 150$ kPa,大主应力 σ_1 为多少?若对其进行真三轴试验,$\theta_\sigma = 30°, b = 0.5$,大主应力 σ_1 为多少?

参考文献

[1] 陈晓平,杨光华,杨雪强. 土的本构关系[M]. 北京:中国水利水电出版社,2011.

[2] 龚晓南. 土塑性力学[M]. 杭州:浙江大学出版社,2001.

[3] 李广信. 高等土力学[M]. 北京:清华大学出版社,2006.

[4] 钱家欢. 土工原理与计算[M]. 北京:中国水利水电出版社,1996.

[5] 徐干成,郑颖人. 岩石工程中屈服准则应用的研究[J]. 岩土工程学报,1990,12(2):93-99.

[6] 杨雪强,朱志政,何世秀,等. 对 Lade-Duncan,Matsuoka-Nakai 和 Ottosen 等破坏准则的认识[J]. 岩土工程学报,2006,28(3):337-342.

[7] 张学言,闫澍旺. 岩土塑性力学基础[M]. 天津:天津大学出版社,2004.

[8] 郑颖人,孔亮. 岩土塑性力学[M]. 北京:中国建筑工业出版社,2010.

[9] 郑颖人. 岩土塑性力学原理[M]. 北京:中国建筑工业出版社,2002.

[10] 朱合华,张琦,章连洋. Hoek-Brown 强度准则研究进展与应用综述[J]. 岩石力学与工程学报,2013,32(10):1945-1963.

[11] Chen,W F,Saleeb A F,Dvorak G J. Constitutive equations for engineering materials,Volume I:Elasticity and modeling[J]. Journal of Applied Mechanics,1983,50(3):269-271.

[12] Eberhardt E. The Hoek-Brown failure criterion[J]. Rock Mechanics & Rock Engineering,2012,45(6):981-988.

[13] Hoek E,Carranza-Torres C T,Corkum B,et al. Hoek-Brown failure criterion-2002 Edition[C]. Proceeding of Narms-Tac Conference,Toronto,2002.

[14] Liu M,Gao Y,Liu H. A nonlinear Drucker-Prager and Matsuoka-Nakai unified failure criterion for geomaterials with separated stress invariants[J]. International Journal of Rock Mechanics & Mining Sciences,2012,50(2):1-10.

[15] Matsuoka H,Nakai T. Stress-strain relationship of soil based on the SMP[C]. Proceeding of 9th ICSMFE,Specialty Session 9,1977:153-163.

第4章 岩土的弹性理论

4.1 概述

岩土材料的本构模型包括弹性模型、弹塑性模型、粘弹塑性模型等,其中弹性模型是最简单的一类模型。弹性模型又可以分为线性弹性模型和非线性弹性模型,非线性弹性模型也可以分为三类:Cauchy 弹性模型、超弹性模型和次弹性模型。本章将先介绍线性弹性本构关系和非线性弹性模型,并介绍常用的土非线性弹性模型:Duncan-Chang 弹性模型、Izumi-Kamemura 弹性模型。

4.2 线性弹性本构关系

建立线性弹性本构关系需对材料做出下述假设:

(1)材料是均匀的,可以从宏观统计平均的意义上研究材料的本构关系;

(2)材料的初始应变对应应力与应变具有一一对应的关系;

(3)材料性状与时间、传热过程等无关。

各向同性的理想弹性模型是最简单的力学本构模型,相应的本构方程就是广义胡克定律。其表达式为

$$\varepsilon_{ij} = \frac{1+\nu}{E}\sigma_{ij} - \frac{\nu}{E}\sigma_{kk}\delta_{ij} \tag{4.2.1}$$

式中:E—— 杨氏模量;

ν—— 泊松比。

把应力张量和应变张量分解成球张量和偏张量,则本构方程式为

$$S_{ij} = \frac{E}{1+\nu}e_{ij} = 2Ge_{ij} \tag{4.2.2}$$

$$p = \frac{1}{3}\sigma_{kk} = \frac{E}{3(1-2\nu)}\varepsilon_{kk} = K\varepsilon_{kk} = K\varepsilon_{v} \tag{4.2.3}$$

式中:K—— 体积变形模量;

G—— 剪切模量;

ε_{v}—— 体积应变。

在上述理想弹性模型中,独立的弹性参数只有两个:E 和 ν,或 G 和 K,或 E 和 K。这些弹性参数相互之间的换算关系如表 4-1 所示。

表 4-1　弹性参数间换算关系

弹性参数	E,ν	K,G	E,K
E	E	$\dfrac{9KG}{3K+G}$	E
ν	ν	$\dfrac{3K-2G}{2(3K+G)}$	$\dfrac{3K-E}{6K}$
K	$\dfrac{E}{3(1-2\nu)}$	K	K
G	$\dfrac{E}{2(1+2\nu)}$	G	$\dfrac{3KE}{9K-E}$

线性弹性本构模型的主要特点是主应力方向与主应变方向一致,剪应力不产生体积应变。

4.3　非线性弹性模型

4.3.1　Cauchy 弹性模型

Cauchy 弹性模型一般可用下式表示:

$$\sigma_{ij} = F_{ij}(\varepsilon_{kl}) \tag{4.3.1}$$

式(4.3.1)表示应力是应变的函数,应力-应变关系是可逆的,与应力路径无关。下面举一例加以说明。

材料八面体正应力与八面体应变和八面体剪应力与八面体剪应变关系曲线分别如图 4-1(a)和(b)所示。材料的本构方程可用下式表示:

$$\left.\begin{array}{l} \sigma_{\mathrm{m}} = K_{\mathrm{s}}\varepsilon_{kk} \\ S_{ij} = 2G_{\mathrm{s}}e_{ij} \end{array}\right\} \tag{4.3.2}$$

式中:K_{s}——割线体积变形模量;

　　　G_{s}——割线剪切变形模量。

式(4.3.2)也可改写为

$$\sigma_{ij} = 2G_{\mathrm{s}}e_{ij} + K_{\mathrm{s}}\varepsilon_{kk}\delta_{ij} \tag{4.3.3}$$

或

$$\sigma_{ij} = 2G_{\mathrm{s}}\varepsilon_{ij} + (3K_{\mathrm{s}} - 2G_{\mathrm{s}})\varepsilon_8\delta_{ij} \tag{4.3.4}$$

采用割线模量表示增量形式的应力-应变关系推导过程如下:

K_{s} 和 G_{s} 分别是八面体应变 ε_8 和 γ_8 的函数,即

$$K_s = K_s(\varepsilon_8) \atop G_s = G_s(\gamma_8) \Big\} \tag{4.3.5}$$

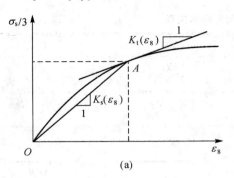

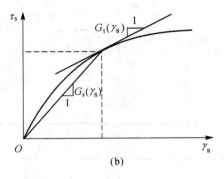

图 4-1 八面体应力-应变关系

由图 4-1 可知

$$\tau_8 = G_s \gamma_8 \atop \sigma_8 = 3K_s \varepsilon_8 \Big\} \tag{4.3.6}$$

对式(4.3.6)微分,得

$$\dot{\tau}_8 = \left(G_s + \gamma_8 \frac{\mathrm{d}G_s}{\mathrm{d}\gamma_8}\right)\dot{\gamma}_8 \atop \dot{\sigma}_8 = 3\left(K_s + \varepsilon_8 \frac{\mathrm{d}K_s}{\mathrm{d}\varepsilon_8}\right)\dot{\varepsilon}_8 \Bigg\} \tag{4.3.7}$$

式(4.3.7)可改写成下列形式:

$$\mathrm{d}\tau_8 = G_t \mathrm{d}\gamma_8 \atop \mathrm{d}\sigma_8 = 3K_t \mathrm{d}\varepsilon_8 \Big\} \tag{4.3.8}$$

式中:K_t—— 切线体积变形模量;

G_t—— 切线剪切变形模量。

$$K_t = K_s + \varepsilon_8 \frac{\mathrm{d}K_s}{\mathrm{d}\varepsilon_8} \atop G_t = G_s + \gamma_8 \frac{\mathrm{d}G_s}{\mathrm{d}\gamma_8} \Bigg\} \tag{4.3.9}$$

应力-应变关系可用矩阵形式表示:

$$\{\mathrm{d}\sigma\} = [D_t]\{\mathrm{d}\varepsilon\} \tag{4.3.10}$$

式中:$[D_t]$—— 材料切线刚度矩阵。

应力张量增量 $\mathrm{d}\sigma_{ij}$ 可分解为应力球张量增量和应力偏张量增量两部分:

$$\mathrm{d}\sigma_{ij} = \mathrm{d}S_{ij} + \delta_{ij}\mathrm{d}\sigma_8 \tag{4.3.11}$$

将式(4.3.8)代入上式,得

$$\mathrm{d}\sigma_{ij} = \mathrm{d}S_{ij} + 3K_t\delta_{ij}\mathrm{d}\varepsilon_8 \tag{4.3.12}$$

八面体正应变增量可表示为

$$\mathrm{d}\varepsilon_8 = \frac{1}{3}\mathrm{d}\varepsilon_{kk} = \frac{1}{3}\delta_{kl}\mathrm{d}\varepsilon_{kl} \tag{4.3.13}$$

结合式(4.3.8)和式(4.3.13),可得

$$\mathrm{d}\sigma_8 = K_\mathrm{t}\delta_{kl}\mathrm{d}\varepsilon_{kl} \tag{4.3.14}$$

结合式(4.3.2)和式(4.3.5),可得

$$S_{ij} = 2(e_{ij}\frac{\mathrm{d}G_\mathrm{s}}{\mathrm{d}\gamma_8} + G_\mathrm{s}e_{ij}) \tag{4.3.15}$$

由式(4.3.9),得

$$\frac{\mathrm{d}G_\mathrm{s}}{\mathrm{d}\gamma_8} = \frac{G_\mathrm{t} - G_\mathrm{s}}{\gamma_8} \tag{4.3.16}$$

由微分关系式 $\gamma_8^2 = \frac{4}{3}e_{rs}e_{rs}$,得

$$\mathrm{d}\gamma_8 = \frac{4}{3}\frac{e_{rs}}{\gamma_8}\mathrm{d}e_{rs} \tag{4.3.17}$$

将式(4.3.16)和式(4.3.17)代入式(4.3.15),得

$$\mathrm{d}S_{ij} = 2(G_\mathrm{s}\delta_{ir}\delta_{js} + \frac{4}{3}\frac{G_\mathrm{t} - G_\mathrm{s}}{\gamma_8^2}e_{ij}e_{rs})\mathrm{d}e_{rs} \tag{4.3.18}$$

应变偏量增量可用下式表示:

$$\mathrm{d}e_{rs} = (\delta_{rk}\delta_{sl} - \frac{1}{3}\delta_{rs}\delta_{kl})\mathrm{d}\varepsilon_{kl} \tag{4.3.19}$$

将式(4.3.19)代入式(4.3.18),并注意到 $e_{kk} = 0$,则有

$$\mathrm{d}S_{ij} = 2(G_\mathrm{s}\delta_{ik}\delta_{jl} - \frac{G_\mathrm{s}}{3}\delta_{ij}\delta_{kl} + \eta e_{ij}e_{kl})\mathrm{d}\varepsilon_{kl} \tag{4.3.20}$$

式中,

$$\eta = \frac{4}{3}\frac{G_\mathrm{t} - G_\mathrm{s}}{\gamma_8^2} \tag{4.3.21}$$

将式(4.3.14)和式(4.3.20)代入式(4.3.11),可得增量形式的应力-应变关系
(Murray,1979)如下:

$$\mathrm{d}\sigma_{ij} = 2[(\frac{K_\mathrm{t}}{2} - \frac{G_\mathrm{s}}{2})\delta_{ij}\delta_{kl} + G_\mathrm{s}\delta_{ik}\delta_{jl} + \eta e_{ij}e_{kl}]\mathrm{d}\varepsilon_{kl} \tag{4.3.22}$$

式(4.3.22)也可表示成矩阵形式,即

$$\{\mathrm{d}\sigma\} = [D]\{\mathrm{d}\varepsilon\} \tag{4.3.23}$$

式中:$\{\mathrm{d}\sigma\}$——应力增量矢量,$[\mathrm{d}\sigma_x \quad \mathrm{d}\sigma_y \quad \mathrm{d}\sigma_z \quad \mathrm{d}\tau_{yz} \quad \mathrm{d}\tau_{zx} \quad \mathrm{d}\tau_{xy}]^\mathrm{T}$;

$\{\mathrm{d}\varepsilon\}$——应变增量矢量,$[\mathrm{d}\varepsilon_x \quad \mathrm{d}\varepsilon_y \quad \mathrm{d}\varepsilon_z \quad \mathrm{d}\gamma_{yz} \quad \mathrm{d}\gamma_{zx} \quad \mathrm{d}\gamma_{xy}]^\mathrm{T}$;

$[D]$——模量矩阵,可用下式表示:

$$[D] = [A] + [B] \tag{4.3.24}$$

其中

$$[A] = \begin{bmatrix} \alpha & \beta & \beta & 0 & 0 & 0 \\ \beta & \alpha & \beta & 0 & 0 & 0 \\ \beta & \beta & \alpha & 0 & 0 & 0 \\ 0 & 0 & 0 & G_\mathrm{s} & 0 & 0 \\ 0 & 0 & 0 & 0 & G_\mathrm{s} & 0 \\ 0 & 0 & 0 & 0 & 0 & G_\mathrm{s} \end{bmatrix} \tag{4.3.25}$$

$$[B] = 2\eta\{e\}\{e\}^{\mathrm{T}} \tag{4.3.26}$$

式中：$\alpha = \left(K_t + \dfrac{4}{3}G_s\right)$；

$$\beta = \left(K_t - \frac{2}{3}G_s\right);$$

$$\eta = \frac{4}{3}\frac{G_t - G_s}{\gamma_8^2};$$

$$\{e\} = \begin{bmatrix} e_x & e_y & e_z & e_{yz} & e_{zx} & e_{xy} \end{bmatrix}^{\mathrm{T}}.$$

Cauchy 弹性模型的应变是可恢复变形，且与应力路径无关。由于 Cauchy 弹性模型不保证存在唯一的应变能，所以对于一定的加载-卸载循环，Cauchy 弹性模型可能产生能量，即可能不满足热力学定律，且无法保证解的唯一性和材料的稳定性。

4.3.2　超弹性模型

超弹性模型又称 Green 超弹性模型，它是通过材料的应变能函数或余能函数建立的一类本构方程。

现考虑一体积为 V、表面积为 A 的物体。物体上作用有体积力 F_i 和面上荷载力 T_i。在荷载作用下物体中产生的应力为 σ_{ij}，相应的位移和应变分别为 u_i 和 ε_{ij}。对弹性材料，应力和应变存在一一对应关系，所以应力可由应变唯一确定，即

$$\sigma_{ij} = \sigma_{ij}(\varepsilon_{kl}) \tag{4.3.27}$$

如果给平衡物体一虚位移 δu_i，相应的应变为 $\delta\varepsilon_{ij}$，由虚功方程可得下式：

$$\int_A T_i \delta u_i \mathrm{d}A + \int_V F_i \delta u_i \mathrm{d}V = \int_V \sigma_{ij} \delta\varepsilon_{ij} \mathrm{d}V \tag{4.3.28}$$

如果 δu_i 和 $\delta\varepsilon_{ij}$ 分别为物体的真实位移增量和应变增量，式（4.3.28）左边表示外力做的功。外功以应变能形式贮藏在物体中，即

$$\int_V \delta W \mathrm{d}V = \int_V \sigma_{ij} \delta\varepsilon_{ij} \mathrm{d}V \tag{4.3.29}$$

于是单位体积应变能增量 δW 可表示为

$$\delta W = \sigma_{ij} \delta\varepsilon_{ij} \tag{4.3.30}$$

应变能函数 W 仅是应变的函数，在此 δW 也可以表示为

$$\delta W = \frac{\partial W}{\partial \varepsilon_{ij}} \delta\varepsilon_{ij} \tag{4.3.31}$$

结合式（4.3.30）和式（4.3.31），可得

$$\sigma_{ij} = \frac{\partial W}{\partial \varepsilon_{ij}} \tag{4.3.32}$$

如果给平衡物体作用一体积力和表面力增量 δF_i 和 δT_i，相应的应力增量为 $\delta\sigma_{ij}$，由虚功方程得

$$\int_A \delta T_i u_i \mathrm{d}A + \int_V \delta F_i u_i \mathrm{d}V = \int_V \delta\sigma_{ij} \varepsilon_{ij} \mathrm{d}V \tag{4.3.33}$$

与式（4.3.32）的推导类似，可以得到

$$\varepsilon_{ij} = \frac{\partial \Omega}{\partial \sigma_{ij}} \tag{4.3.34}$$

式中：Ω—— 单位体积的余能。其表达式为

$$\Omega = \int_0^{\sigma_{ij}} \varepsilon_{ij} \, \mathrm{d}\sigma_{ij} \tag{4.3.35}$$

式（4.3.32）和式（4.3.35）称为 Green 弹性本构方程或超弹性本构方程。对于线性弹性体，Cauchy 弹性本构方程和 Green 弹性本构方程两者是完全相同的。

超弹性模型可以反映土体的非线性和剪胀性等，但不能反映应力路径影响和土体的塑性变形。另外，模型参数较多，没有明确意义，不易确定。

4.3.3 次弹性模型

当应力状态不仅与应变状态有关，还与达到该状态的应力路径有关时，可以用次弹性模型来描述。次弹性模型的本构方程的一般表达式为

$$\dot{\sigma}_{ij} = F_{ij}(\dot{\varepsilon}_{kl}, \sigma_{mn}) \tag{4.3.36}$$

对各向同性材料，式（4.3.36）可表示成下述形式：

$$\begin{aligned}
\dot{\sigma}_{ij} = {}& \alpha_0 \delta_{ij} + \alpha_1 \dot{\varepsilon}_{ij} + \alpha_2 \dot{\varepsilon}_{ik} \dot{\varepsilon}_{kj} + \alpha_3 \sigma_{ij} + \alpha_4 \sigma_{ik}\sigma_{kj} + \alpha_5 (\dot{\varepsilon}_{ik}\sigma_{kj} + \sigma_{ik}\dot{\varepsilon}_{kj}) \\
& + \alpha_6 (\dot{\varepsilon}_{ik}\dot{\varepsilon}_{km}\sigma_{mj} + \sigma_{ik}\dot{\varepsilon}_{km}\dot{\varepsilon}_{mj}) + \alpha_7 (\dot{\varepsilon}_{ik}\sigma_{km}\sigma_{mj} + \sigma_{ik}\sigma_{km}\dot{\varepsilon}_{mj}) \\
& + \alpha_8 (\dot{\varepsilon}_{ik}\dot{\varepsilon}_{km}\sigma_{mn}\sigma_{nj} + \sigma_{ik}\sigma_{km}\dot{\varepsilon}_{mn}\dot{\varepsilon}_{nj})
\end{aligned} \tag{4.3.37}$$

式中，材料系数 $\alpha_0, \alpha_1, \cdots, \alpha_8$ 是应变增量张量和应力张量不变量以及 Q_1、Q_2、Q_3 和 Q_4 的函数。Q_1、Q_2、Q_3 和 Q_4 的表达式如下所示：

$$\left.\begin{aligned}
Q_1 &= \dot{\varepsilon}_{pq}\sigma_{qp} \\
Q_2 &= \dot{\varepsilon}_{pq}\sigma_{qr}\sigma_{rp} \\
Q_3 &= \dot{\varepsilon}_{pq}\dot{\varepsilon}_{qr}\sigma_{rp} \\
Q_4 &= \dot{\varepsilon}_{pq}\dot{\varepsilon}_{qr}\sigma_{rs}\sigma_{sp}
\end{aligned}\right\} \tag{4.3.38}$$

按照 Cayley-Hamilton 定理，式（4.3.37）中不出现应力张量和应变增量张量三次项以及更高的项。

对无时间效应的材料，在本构方程中应不出现应变增量张量二次项以及更高的项。因此，式（4.3.37）中具有系数 α_2、α_6 和 α_8 的三项可以略去。系数 α_1、α_5 和 α_7 必须与 $\dot{\varepsilon}_{mn}$ 无关，α_0、α_3 和 α_4 必须有具有 $\dot{\varepsilon}_{mn}$ 的项。根据这些限制，式（4.3.37）可以改写为

$$\begin{aligned}
\dot{\sigma}_{ij} = {}& \alpha_0 \delta_{ij} + \alpha_1 \dot{\varepsilon}_{ij} + \alpha_3 \sigma_{ij} + \alpha_4 \sigma_{ik}\sigma_{kj} + \alpha_5 (\dot{\varepsilon}_{ik}\sigma_{kj} + \sigma_{ik}\dot{\varepsilon}_{kj}) \\
& + \alpha_7 (\dot{\varepsilon}_{ik}\sigma_{km}\sigma_{mj} + \sigma_{ik}\sigma_{km}\dot{\varepsilon}_{mj})
\end{aligned} \tag{4.3.39}$$

式中，

$$\left.\begin{aligned}
\alpha_0 &= \beta_0 \dot{\varepsilon}_{mn} + \beta_1 Q_1 + \beta_2 Q_2 \\
\alpha_3 &= \beta_3 \dot{\varepsilon}_{mn} + \beta_4 Q_1 + \beta_5 Q_2 \\
\alpha_4 &= \beta_6 \dot{\varepsilon}_{mn} + \beta_7 Q_1 + \beta_8 Q_2
\end{aligned}\right\} \tag{4.3.40}$$

系数 $\beta_0, \beta_1, \cdots, \beta_8$ 与系数 α_1、α_5 和 α_7 一样与 $\dot{\varepsilon}_{mn}$ 无关，仅仅是应力不变量的函数。将式（4.3.40）代入式（4.3.39），得

$$\dot{\sigma}_{ij} = (\beta_0 \dot{\varepsilon}_{mn} + \beta_1 Q_1 + \beta_2 Q_2)\delta_{ij} + \alpha_1 \dot{\varepsilon}_{ij}$$
$$+ (\beta_3 \dot{\varepsilon}_{mn} + \beta_4 Q_1 + \beta_5 Q_2)\sigma_{ij} + (\beta_6 \dot{\varepsilon}_{mn} + \beta_7 Q_1 + \beta_8 Q_2)\sigma_{ik}\sigma_{kj}$$
$$+ \alpha_5(\dot{\varepsilon}_{ik}\sigma_{kj} + \sigma_{ik}\dot{\varepsilon}_{kj}) + \alpha_7(\dot{\varepsilon}_{ik}\sigma_{km}\sigma_{mj} + \sigma_{ik}\sigma_{km}\dot{\varepsilon}_{mj}) \tag{4.3.41}$$

式(4.3.41)中每一项含有以时间的微分 $\mathrm{d}/\mathrm{d}t$，方程式两边同乘以 $\mathrm{d}t$，得

$$\mathrm{d}\sigma_{ij} = (\beta_0 \mathrm{d}\varepsilon_{mn} + \beta_1 \mathrm{d}\varepsilon_{pq}\sigma_{qp} + \beta_2 \mathrm{d}\varepsilon_{pq}\sigma_{qr}\sigma_{rp})\delta_{ij}$$
$$+ (\beta_3 \mathrm{d}\varepsilon_{mn} + \beta_4 \mathrm{d}\varepsilon_{pq}\sigma_{qp} + \beta_5 \mathrm{d}\varepsilon_{pq}\sigma_{qr}\sigma_{rp})\sigma_{ij}$$
$$+ (\beta_6 \mathrm{d}\varepsilon_{mn} + \beta_7 \mathrm{d}\varepsilon_{pq}\sigma_{qp} + \beta_8 \mathrm{d}\varepsilon_{pq}\sigma_{qr}\sigma_{rp})\sigma_{ik}\sigma_{kj}$$
$$+ \alpha_1 \mathrm{d}\varepsilon_{ij} + \alpha_5(\mathrm{d}\varepsilon_{ik}\sigma_{kj} + \sigma_{ik}\mathrm{d}\varepsilon_{kj})$$
$$+ \alpha_7(\mathrm{d}\varepsilon_{ik}\sigma_{km}\sigma_{mj} + \sigma_{ik}\sigma_{km}\mathrm{d}\varepsilon_{mj}) \tag{4.3.42}$$

式(4.3.42)是与时间效应无关的各向同性材料的最一般的增量形式的本构方程。

式(4.3.42)右边是应变增量张量 $\mathrm{d}\varepsilon_{kl}$ 的线性函数，因此，式(4.3.42)可以改写成下述形式：

$$\mathrm{d}\sigma_{ij} = D_{ijkl} \mathrm{d}\varepsilon_{kl} \tag{4.3.43}$$

式中，D_{ijkl} 为材料的切线模量张量，D_{ijkl} 是应力张量 σ_{mn} 的函数。

次弹性模型可反映应力路径的影响和土体的剪胀性，但材料参数较多，而且没有明确的物理意义，因而不易方便地确定。另外，模量矩阵一般不对称，所以不能保证解的唯一性和稳定性。

4.4　Duncan-Chang 弹性模型

Duncan 和 Chang(1970) 根据 Kondner(1963) 的建议采用下述双曲线方程表示由三轴试验得到的土体应力-应变曲线(图 4-2)：

$$\sigma_1 - \sigma_3 = \frac{\varepsilon_1}{a + b\varepsilon_1} \tag{4.4.1}$$

式中：$(\sigma_1 - \sigma_3)$——主应力差；

ε_1——轴向应变；

a、b——试验参数。

式(4.4.1)可改写为

$$\frac{\varepsilon_1}{\sigma_1 - \sigma_3} = a + b\varepsilon_1 \tag{4.4.2}$$

若以 $\dfrac{\varepsilon_1}{\sigma_1 - \sigma_3}$ 为纵坐标，ε_1 为横坐标，构成新的坐标系，则双曲线转换成直线，如图 4-3 所示，其斜率为 b，截距为 a。

Duncan 和 Chang 利用上述关系推导出切线模量公式。在 σ_3 不变的条件下，切线模量为

$$E_t = \frac{\mathrm{d}\sigma_1}{\mathrm{d}\varepsilon_1} = \frac{\mathrm{d}(\sigma_1 - \sigma_3)}{\mathrm{d}\varepsilon_1} \tag{4.4.3}$$

将式(4.4.1)代入式(4.4.3)，得

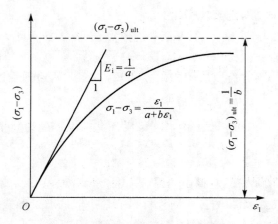

图 4-2 双曲线 $(\sigma_1 - \sigma_3)$-ε_1 关系曲线

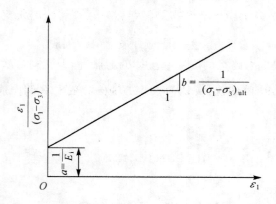

图 4-3 $\dfrac{\varepsilon_1}{\sigma_1 - \sigma_3}$-$\varepsilon_1$ 关系曲线

$$E_t = \frac{a}{(a + b\varepsilon_1)^2} \tag{4.4.4}$$

由图 4-2,当 $\varepsilon_1 = 0$ 时,土样处于固结阶段结束、剪切阶段开始的状态,此时式(4.4.4)所定义的切线模量为初始切线模量 E_i,即

$$E_i = \frac{1}{a} \tag{4.4.5}$$

根据 Janbu(1963)的建议,土体初始切线模量可表示为

$$E_i = Kp_a\left(\frac{\sigma_3}{p_a}\right)^n \tag{4.4.6}$$

式中:K、n——试验参数;

p_a——大气压力。

当 $\varepsilon_1 \to \infty$ 时,图 4-2 中的 $(\sigma_1 - \sigma_3)$ 趋于渐近值 $(\sigma_1 - \sigma_3)_{\mathrm{ult}}$,代入式(4.4.1)有

$$(\sigma_1 - \sigma_3)_{\mathrm{ult}} = \frac{1}{b} \tag{4.4.7}$$

实际上,ε_1 不可能趋向无穷大,在达到一定值后试样就破坏了,这时的主应力差为 $(\sigma_1 -$

$\sigma_3)_f$，它总是小于$(\sigma_1-\sigma_3)_{ult}$，定义破坏比 R_f 为

$$R_f = \frac{(\sigma_1-\sigma_3)_f}{(\sigma_1-\sigma_3)_{ult}} \tag{4.4.8}$$

根据 Mohr-Coulomb 破坏准则可以得到下式：

$$(\sigma_1-\sigma_3)_f = \frac{2c\cos\varphi + 2\sigma_3\sin\varphi}{1-\sin\varphi} \tag{4.4.9}$$

结合式(4.4.5)～式(4.4.9)，由式(4.4.4)可得加荷情况下的切线模量计算公式：

$$E_t = Kp_a\left(\frac{\sigma_3}{p_a}\right)^n\left[1 - \frac{R_f(1-\sin\varphi)(\sigma_1-\sigma_3)}{2c\cos\varphi + 2\sigma_3\sin\varphi}\right]^2 \tag{4.4.10}$$

对卸荷和重复加荷的情况，应该由回弹试样测定回弹模量 E_{ur}，表达式为

$$E_{ur} = K_{ur}p_a\left(\frac{\sigma_3}{p_a}\right)^n \tag{4.4.11}$$

式中：K_{ur}、n—— 试验参数，n 与加荷时基本一致，而 $K_{ur} = (1.2\sim3.0)K$。

Duncan-Chang 弹性模型中另一个重要的计算参数是切线泊松比 ν_t，其定义为

$$\nu_t = -\frac{d\varepsilon_3}{d\varepsilon_1} \tag{4.4.12}$$

式中：ε_3—— 侧向应变。

根据 Kulhawy(1969) 的建议，可认为土体的轴向应变 ε_1 和侧向应变 ε_3 之间也存在双曲线关系(图 4-4)，表达式为

$$\varepsilon_1 = \frac{-\varepsilon_3}{f + D(-\varepsilon_3)} \tag{4.4.13}$$

或

$$\frac{-\varepsilon_3}{\varepsilon_1} = f + D(-\varepsilon_3) \tag{4.4.14}$$

式中：f、D—— 试验参数。

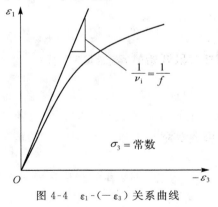

图 4-4　ε_1-$(-\varepsilon_3)$ 关系曲线

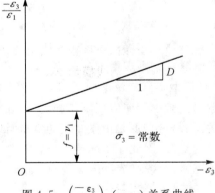

图 4-5　$\left(\dfrac{-\varepsilon_3}{\varepsilon_1}\right)$-$(-\varepsilon_3)$ 关系曲线

式(4.4.14)实际描述了图 4-5 所示的直线关系，一般可作为试验成果中式(4.4.13)所示的双曲线是否存在的一种检验。根据不同围压 σ_3 的三轴试验，可以求出不同的 f、D。求出的 D 值一般变化较小，可取平均值作为模型参数。下面求 f。

式(4.4.13)可改写成：

$$-\varepsilon_3 = \frac{f\varepsilon_1}{1 - D\varepsilon_1} \tag{4.4.15}$$

将式(4.4.15)代入切线泊松比 ν_t 的定义式(4.4.12),可得

$$\nu_t = \frac{f}{(1 - D\varepsilon_1)^2} \tag{4.4.16}$$

当 $\varepsilon_1 = 0$ 时,有

$$\nu_i = f \tag{4.4.17}$$

式中:ν_i—— 初始切线泊松比。

根据试验成果,ν_i 与 σ_3 有下述关系:

$$\nu_i = G - F\lg\left(\frac{\sigma_3}{p_a}\right) \tag{4.4.18}$$

式中:G、F—— 试验参数;

p_a—— 大气压力。

将式(4.4.5) ~ 式(4.4.9)代入式(4.4.1),得到轴向应变 ε_1 与应力的关系式:

$$\varepsilon_1 = \frac{\sigma_1 - \sigma_3}{Kp_a\left(\dfrac{\sigma_3}{p_a}\right)^n\left[1 - \dfrac{R_f(1 - \sin\varphi)(\sigma_1 - \sigma_3)}{2c\cos\varphi + 2\sigma_3\sin\varphi}\right]} \tag{4.4.19}$$

将式(4.4.17)、式(4.4.18)、式(4.4.19)代入式(4.4.16),整理得到切线泊松比的计算公式为

$$\nu_t = \frac{G - F\lg\left(\dfrac{\sigma_3}{p_a}\right)}{(1 - A)^2} \tag{4.4.20}$$

其中:

$$A = \frac{D(\sigma_1 - \sigma_3)}{Kp_a\left(\dfrac{\sigma_3}{p_a}\right)^n\left[1 - \dfrac{R_f(1 - \sin\varphi)(\sigma_1 - \sigma_3)}{2c\cos\varphi + 2\sigma_3\sin\varphi}\right]} \tag{4.4.21}$$

式(4.4.10)和式(4.4.20)为 Duncan 和 Chang(1970)提出的 E-ν 模型的两个基本公式,涉及 c、φ、K、n、R_f、F、G、D 共 8 个参数,它们均可通过常规三轴排水剪切试验得到。如考虑卸荷-再加载情况,则需增加参数 K_{ur}。

E-ν 模型得到广泛的应用,但是切线泊松比的确定与应用存在两方面问题:一方面是在三轴剪切试验中侧向应变不易测定,且往往得不到完全符合双曲线规律的轴向应变和侧向应变关系;另一方面是由于劲度矩阵的计算中有一分母项 $(1 - 2\nu)$,对于 $\nu \geqslant 0.5$ 的情况会使计算出现异常,因此在实际计算中,当 $\nu > 0.49$ 时,取 $\nu = 0.49$。

为回避这些缺陷,Duncan 和 Chang(1980)提出 E-B 模型,即采用切线体积模量 B_t 来替代 E-ν 模型的 ν_t。

E-B 模型中的切线模量 E_t 的确定方法仍然和前述相同,按式(4.4.10)计算。下面计算切线体积模量。

在三轴剪切试验中,$\mathrm{d}\sigma_2 = \mathrm{d}\sigma_3 = 0$,平均正应力的增量:

$$\mathrm{d}p = \frac{1}{3}(\mathrm{d}\sigma_1 + \mathrm{d}\sigma_2 + \mathrm{d}\sigma_3) = \frac{\mathrm{d}(\sigma_1 - \sigma_3)}{3} \tag{4.4.22}$$

因此切线体积模量为

$$B_t = \frac{\mathrm{d}p}{\mathrm{d}\varepsilon_v} = \frac{1}{3}\frac{\mathrm{d}(\sigma_1 - \sigma_3)}{\mathrm{d}\varepsilon_v} \tag{4.4.23}$$

Duncan 和 Chang(1980) 假定,切线体积模量 B_t 与应力水平无关,或者说与偏应力无关,它仅随围压而变,对于同一个围压 σ_3,B_t 为常量。根据这个假定,对于同一围压 σ_3,如果点绘 $\left(\dfrac{\sigma_1 - \sigma_3}{3}\right)$-$\varepsilon_v$ 关系曲线,应为一直线。事实上,它常不是直线,Duncan 和 Chang(1980) 建议取 $\left(\dfrac{\sigma_1 - \sigma_3}{3}\right)$-$\varepsilon_v$ 关系曲线上相应于应力水平为 0.7 的点与坐标原点的连线的斜率作为切线体积模量 B_t,即

$$B_t = \frac{(\sigma_1 - \sigma_3)_{s=0.7}}{3(\varepsilon_v)_{s=0.7}} \tag{4.4.24}$$

切线体积模量 B_t 与围压 σ_3 的关系,按下式计算:

$$B_t = K_b p_a \left(\frac{\sigma_3}{p_a}\right)^m \tag{4.4.25}$$

式中:K_b、m —— 试验参数;

p_a —— 大气压力。

E-B 模型的模型参数共有 7 个:c、φ、K、n、R_f、K_b、m,如考虑卸荷再加载情况,则需增加参数 K_{ur}。

Duncan 和 Chang 弹性模型是建立在广义胡克定律基础上的,因此它只适用于土体破坏以前,不能反映软化特性;不能反映土的剪胀性,也不能反映中主应力对模量的影响。但该模型简单易懂,涉及参数较少,可依据常规三轴剪切试验获得模型参数,且在工程实践中积累了较丰富的经验,在中国工程界得到了广泛应用。

4.5　Izumi-Kamemura 弹性模型

1976 年 Izumi 与 Kamemura 等提出了考虑岩土剪胀性的次弹性变模量模型。

定义切线体积模量 K_t、切线剪切模量 G_t 和切线剪胀模量 H_t 分别为

$$K_t = \frac{\mathrm{d}\sigma_m}{3\mathrm{d}\varepsilon_{m1}} \tag{4.5.1}$$

$$G_t = \frac{\mathrm{d}\tau_8}{\mathrm{d}\gamma_8} \tag{4.5.2}$$

$$H_t = \frac{\mathrm{d}\tau_8}{\mathrm{d}\varepsilon_{m2}} \tag{4.5.3}$$

式中,$\mathrm{d}\varepsilon_{m1}$ 和 $\mathrm{d}\varepsilon_{m2}$ 分别为八面体正应力增量 $\mathrm{d}\sigma_m(= \mathrm{d}\sigma_8)$ 和剪应力增量 $\mathrm{d}\tau_8$ 产生的体应变;$\mathrm{d}\gamma_8$ 为由 $\mathrm{d}\tau_8$ 产生的剪应变增量。

K_t、G_t 和 H_t 可以由以下方法决定:由静水压力试验可以得到 σ_m-ε_{m1} 关系曲线;由常规三轴排水剪试验可以得到 τ_8-ε_{m2} 和 τ_8-γ_8 关系曲线。

按照考虑剪应力与体应变的耦合作用模式,应变增量可以表示为

$$\mathrm{d}\varepsilon_{ij} = (\mathrm{d}\varepsilon_{\mathrm{m}1} + \mathrm{d}\varepsilon_{\mathrm{m}2})\delta_{ij} + \mathrm{d}e_{ij} \tag{4.5.4}$$

将式(4.5.1)~式(4.5.3)求出的 $\mathrm{d}\varepsilon_{\mathrm{m}1}$、$\mathrm{d}\varepsilon_{\mathrm{m}2}$ 及 $\mathrm{d}e_{ij}$ 或 $\mathrm{d}\gamma_8$ 代入式(4.5.4),可得

$$\mathrm{d}\varepsilon_{ij} = \frac{1}{3}\left(\frac{\mathrm{d}\sigma_{\mathrm{m}}}{K_{\mathrm{t}}} + \frac{\mathrm{d}\tau_8}{H_{\mathrm{t}}}\right)\delta_{ij} + \frac{1}{2G_{\mathrm{t}}}s_{ij} \tag{4.5.5}$$

式中 $\mathrm{d}\tau_8$ 可以表示为

$$\mathrm{d}\tau_8 = \frac{\partial\tau_8}{\partial\sigma_{mn}}\mathrm{d}\sigma_{mn} \tag{4.5.6}$$

将 $\tau_8 = \sqrt{\dfrac{2}{3}J_2}$ 代入式(4.5.6)可得

$$\mathrm{d}\tau_8 = \sqrt{\frac{2}{3}}\frac{\partial\sqrt{J_2}}{\partial J_2}\frac{\partial J_2}{\partial\sigma_{mn}}\mathrm{d}\sigma_{mn} = \frac{1}{3\tau_8}s_{mn}\mathrm{d}\sigma_{mn} \tag{4.5.7}$$

将式(4.5.7)及 $\mathrm{d}s_{ij} = \mathrm{d}\sigma_{ij} - \mathrm{d}\sigma_{\mathrm{m}}\delta_{ij}$ 和 $\mathrm{d}\sigma_{\mathrm{m}} = \dfrac{1}{3}\mathrm{d}\sigma_{kk}$ 代入式(4.5.5)后可得到考虑剪胀性的增量本构关系的张量下标表示式为

$$\mathrm{d}\varepsilon_{ij} = \frac{1}{2G_{\mathrm{t}}}\mathrm{d}\sigma_{ij} + \left(\frac{1}{9K_{\mathrm{t}}} - \frac{1}{6G_{\mathrm{t}}}\right)\mathrm{d}\sigma_{kk}\delta_{ij} + \frac{s_{mn}\mathrm{d}\sigma_{mn}}{9H_{\mathrm{t}}\tau_8}\delta_{ij} \tag{4.5.8}$$

如果表示成矩阵形式,则有

$$\{\mathrm{d}\varepsilon\} = [C^{*\prime}]\{\mathrm{d}\sigma\} \tag{4.5.9}$$

其中弹性切线柔度矩阵 $[C^{*\prime}]$ 可以分解为

$$[C^{*\prime}] = [A] + [B] \tag{4.5.10}$$

其中矩阵 $[A]$ 为 $[C^{*\prime}]$ 的对称部分,$[B]$ 为 $[C^{*\prime}]$ 的不对称部分。它们分别为

$$[A] = \begin{bmatrix} \alpha & \beta & \beta & 0 & 0 & 0 \\ & \alpha & \beta & 0 & 0 & 0 \\ & & \alpha & 0 & 0 & 0 \\ & & & \dfrac{1}{G_{\mathrm{t}}} & 0 & 0 \\ & SYM & & & \dfrac{1}{G_{\mathrm{t}}} & 0 \\ & & & & & \dfrac{1}{G_{\mathrm{t}}} \end{bmatrix} \tag{4.5.11}$$

$$[B] = \frac{1}{9H_{\mathrm{t}}\tau_8}\begin{bmatrix} s_x & s_y & s_z & 2\tau_{xy} & 2\tau_{yz} & 2\tau_{xz} \\ s_x & s_y & s_z & 2\tau_{xy} & 2\tau_{yz} & 2\tau_{xz} \\ s_x & s_y & s_z & 2\tau_{xy} & 2\tau_{yz} & 2\tau_{xz} \\ 0 & 0 & 0 & 0 & 0 & 0 \\ 0 & 0 & 0 & 0 & 0 & 0 \\ 0 & 0 & 0 & 0 & 0 & 0 \end{bmatrix} \tag{4.5.12}$$

其中:

$$\alpha = \frac{1}{9K_{\mathrm{t}}} + \frac{1}{3G_{\mathrm{t}}} \tag{4.5.13}$$

$$\beta = \frac{1}{9K_t} - \frac{1}{6G_t}$$

(4.5.14)

Izumi-Kamemura 弹性理论的特点是：特别考虑了剪胀性这一对岩土材料来说重要的特性，忽略了相对不重要的压硬性；应力增量与应变增量主轴共轴；可反映各向异性。

本章小结

掌握线弹性应力-应变关系是学习土本构关系的基础。基于不同的假设条件，非线性弹性理论模型可分为 Cauchy 弹性模型、超弹性模型、次弹性模型。常用的土非线性弹性模型有 Duncan-Chang 弹性模型、Izumi-Kamemura 弹性模型；Duncan-Chang 弹性模型包括 E-ν 模型与 E-B 模型，均不能反映土的剪胀性，但模型参数可依据常规三轴剪切试验确定，在工程实践中积累了较丰富的经验；Izumi-Kamemura 弹性模型考虑了岩土材料的剪胀性。

习题与思考题

1. 简述各类弹性模型之间的关系。
2. Cauchy 弹性模型、超弹性模型和次弹性模型各有什么特征？
3. 试推导 Duncan-Chang 弹性模型的切线模量、切线泊松比、切线体积模量的表达式。
4. 岩土材料的试验曲线反映了材料的本构特性，为什么说建立在常规三轴剪切试验基础上的 Duncan-Chang 弹性模型仍然没有考虑材料的剪胀性？
5. Izumi-Kamemura 弹性理论是怎么考虑材料的剪胀性的？其弹性切线柔度矩阵 $[C^{*t}]$ 有什么特点？

参考文献

［1］陈晓平，杨光华，杨雪强. 土的本构关系［M］. 北京：中国水利水电出版社，2011.
［2］龚晓南. 土塑性力学［M］. 杭州：浙江大学出版社，1999.
［3］殷宗泽，等. 土工原理［M］. 北京：中国水利水电出版社，2007.
［4］张学言. 岩土塑性力学［M］. 北京：人民交通出版社，1993.
［5］Duncan J M，Chang C Y. Nonlinear analysis of stress and strain in soils［J］. Journal of Soil Mechanic and Foundation Engineering Division ASCE，1970，(SM5)：1629-1653.

第 5 章　岩土的塑性理论

5.1　概述

在 20 世纪 50 年代,经典塑性力学理论得到了极大发展。经典塑性力学理论源于金属材料,一般认为金属塑性破坏过程是由晶体滑移或错位引起的,因而塑性变形与剪切变形有密切关系。在金属材料变形过程中,塑性变形不引起体积变化,且拉伸和压缩条件下的塑性特征性状一致。对于岩土体、混凝土等工程材料而言,其内部发生的微观特性变化与金属材料有很大区别。然而,这些工程材料在受到荷载作用下(如饱和软黏土不排水加载),应力应变关系表现出与金属弹塑性材料相似的特征。因此,通过某些修正,基于金属材料建立的塑性力学理论可用于描述这些工程材料的本构特性。将经典塑性力学理论用于岩土材料的主要优点在于模型有逻辑性、简明,且不失数学上的严密性。

本章主要介绍岩土塑性力学的理论基础,共分三节进行介绍。5.2 节为弹塑性模型理论,主要涉及加载条件、加卸载准则、Drucker 公设、流动法则。5.3 节为理想弹塑性模型,主要涉及普遍的塑性本构关系、弹塑性刚度矩阵的几何意义与物理意义。5.4 节为塑性增量理论,主要涉及塑性增量模型的一般形式。

5.2　弹塑性模型理论

5.2.1　加载条件与加卸载准则

1. 加载条件

塑性加载条件是保证新的塑性变形产生或使得应力继续保持在屈服面(后续屈服曲面)上的条件。对于理想塑性材料,加载条件即为屈服条件:

$$F(\sigma_{ij}) = 0 \tag{5.2.1}$$

对应变硬化材料,加载条件为

$$\phi(\sigma_{ij}, H_\alpha)(\alpha = 1, 2, 3, \cdots) \tag{5.2.2}$$

式中，H_a 是度量材料由于塑性变形引起内部微观结构变化的参量，称为应变硬化参量。H_a 与塑性应变或加载历史有关，可以是塑性应变的各种分量、塑性功或代表热力学状态的内变量函数。在力学中，内变量是不能直接观察和测量的量，如塑性变形、塑性功等；能直接观测与测量的量则为外变量，如应力、应变、温度和时间等。

满足上述加载条件的应力变化条件或应变变化条件称为加载准则，而不满足加载条件时就称为卸载或中性变载。对于单向拉、压的简单应力状态，只需看其应力增大或减小即可判断加卸载，为消除应力正负影响，一维条件下的加卸载准则可表示为

$$\text{理想塑性}\begin{cases} \text{加载} & \sigma d\sigma = 0 \\ \text{卸载} & \sigma d\sigma < 0 \end{cases} \tag{5.2.3}$$

$$\text{硬化塑性}\begin{cases} \text{加载} & \sigma d\sigma > 0 \\ \text{卸载} & \sigma d\sigma < 0 \end{cases} \tag{5.2.4}$$

对于复杂应力状态，加卸载时六个应力分量有增有减，此时不能简单地由应力增减来判断加、卸载，需要建立与复杂应力状态相对应的加卸载准则。

2. 理想塑性材料的加卸载准则

(1) 正则屈服面的加卸载准则

当屈服面处处连续可微时，相应的屈服面称为正则屈服面。由于理想塑性材料的屈服面在应力空间中形状、大小与位置均不发生变化，因此，保证应力变化不脱离屈服面的条件即为加载准则，否则就是卸载，其数学表达式为

$$F(\sigma_{ij}) = 0 \begin{cases} \text{当 } dF = \dfrac{\partial F}{\partial \sigma_{ij}} d\sigma_{ij} = 0 \text{ 时加载} \\ \text{当 } dF = \dfrac{\partial F}{\partial \sigma_{ij}} d\sigma_{ij} < 0 \text{ 时卸载} \end{cases} \tag{5.2.5}$$

理想塑性材料无硬化，屈服面不会扩大，故不可能出现 $dF > 0$ 的情况。

若将式(5.2.5)的加卸载条件表示在应力空间中则更为直观。数学上，$\dfrac{\partial F}{\partial \sigma_{ij}}$ 代表屈服面 F 在点 σ_{ij} 的梯度矢量方向或 F 面的外法线方向。故 $dF = \dfrac{\partial F}{\partial \sigma_{ij}} d\sigma_{ij} = 0$ 即表示方向 $d\sigma_{ij}$ 与 F 的外法线方向或梯度方向 n 正交。而 $dF = \dfrac{\partial F}{\partial \sigma_{ij}} d\sigma_{ij} = 0$ 表示 $d\sigma_{ij}$ 指向 F 屈服面内，如图 5-1(a) 所示。故在应力空间中，正则加载面或屈服面的加卸载条件又可以表示为

$$F(\sigma_{ij}) = 0 \begin{cases} \text{当 } nd\sigma = 0 \text{ 时加载} \\ \text{当 } nd\sigma < 0 \text{ 时卸载} \end{cases} \tag{5.2.6}$$

(2) 非正则屈服面的加卸载准则

当屈服函数不是处处连续可微或屈服面具有棱角或奇异点时，称为非正则屈服面。在正则点上，式(5.2.6)仍然适用，但当应力点落在两个屈服面 F_l 与 F_m 交点上时，其加卸载准则表示为

$$F_l = F_m = 0 \begin{cases} \text{当 } \max(dF_l, dF_m) = 0 \text{ 时加载} \\ \text{当 } dF_l < 0 \text{ 且 } dF_m < 0 \text{ 时卸载} \end{cases} \tag{5.2.7}$$

非正则点在应力空间中的加卸载准则如图 5-1(b) 中 B 点所示。

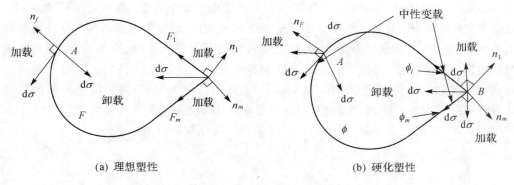

(a) 理想塑性　　　　　　　　　　(b) 硬化塑性

图 5-1　加卸载准则

5.2.2　Drucker 公设

Drucker 于 1951 年提出关于稳定性材料在弹塑性加卸载应力循环过程中塑性功不可逆的 Drucker 公设。

在具体介绍 Drucker 公设前,首先定义稳定性材料和不稳定性材料。若将弹塑性材料进行简单压缩试验,可得到如图 5-2 所示的两种类型试验曲线。在图 5-2(a) 中,当 $\Delta\sigma \geqslant 0$ 时, $\Delta\varepsilon \geqslant 0$;这时附加应力 $\Delta\sigma$ 对附加应变 $\Delta\varepsilon$ 做功非负,即 $\Delta\varepsilon\Delta\sigma \geqslant 0$。Drucker 称这种材料为稳定性材料。显然,应变硬化材料是一种稳定性材料。对于理想塑性材料,当屈服后,$\Delta\sigma = 0$,$\Delta\varepsilon > 0$,故 $\Delta\varepsilon\Delta\sigma = 0$,也应属于一种稳定性材料。另一种试验曲线如图 5-2(b) 所示,当应力点达到 P 点后,附加应力 $\Delta\sigma < 0$,而附加应变 $\Delta\varepsilon > 0$,故附加应力对附加应变做负功,即 $\Delta\varepsilon\Delta\sigma < 0$,这种材料称为不稳定性材料。显然,具有应变软化性质的材料在应变软化阶段就属于不稳定性材料。

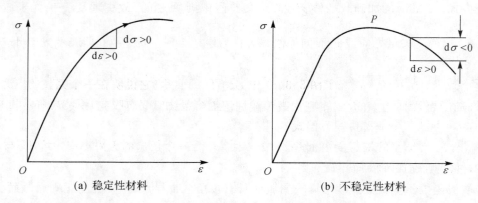

(a) 稳定性材料　　　　　　　　　　(b) 不稳定性材料

图 5-2　稳定与不稳定材料

将稳定性材料的概念推广到复杂应力状态和一个完整的弹塑性加卸载循环过程,就可以得到 Drucker 公设。Drucker 公设可叙述为,对于稳定性材料而言,在常温和缓慢加卸载条件下,一个完整的加卸载循环过程有:

（1）在加载过程中，附加应力做功非负。

（2）若加载产生塑性变形，则在整个加卸载循环过程中，附加应力做功非负；若加载不产生塑性变形（即纯弹性应力循环），附加应力做功为零。

Drucker 公设的第一条实际上就是关于稳定性材料的定义，说明 Drucker 公设是针对稳定性材料而言的。以下进一步针对第二条进行说明。图 5-3（a）所示为稳定性材料的加卸载循环过程，图 5-3（b）所示为主应力空间的加载面与应力循环过程。

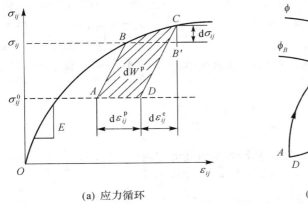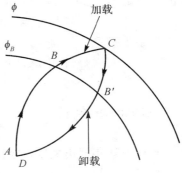

（a）应力循环　　　　　　　　　　　　　（b）应力空间加卸载过程

图 5-3　Drucker 公设

设某材料单元在加载前处于 A 点，相应初始应力为弹性应力 σ_{ij}^0，当加载至截面上的 B 点时，相应的应力为 σ_{ij}，在由 A 至 B 的弹性加载过程中，只产生弹性变形。在加载应力为 σ_{ij} 基础上，再增加一个微小应力增量 $\mathrm{d}\sigma_{ij}$ 至 C 点。由 B 至 C 为塑性加载，相应地将产生弹性与塑性应变增量。然后再由 C 点弹性卸载至原来的应力状态 A 点，这样就完成了一个完整的应力循环过程。若假设在这一应力循环中产生的弹性应变为 $\mathrm{d}\varepsilon_{ij}^e$，塑性应变为 $\mathrm{d}\varepsilon_{ij}^p$，则总应变增量为 $\mathrm{d}\varepsilon_{ij}=\mathrm{d}\varepsilon_{ij}^e+\mathrm{d}\varepsilon_{ij}^p$。由于在应力循环过程中，弹性功是可逆的，故弹性功变化为零。因此，Drucker 公设的第二条就可通过数学形式表达为

$$\mathrm{d}W^p=\left(\sigma_{ij}+\frac{1}{2}\mathrm{d}\sigma_{ij}-\sigma_{ij}^0\right)\mathrm{d}\varepsilon_{ij}^p\geqslant 0 \tag{5.2.8}$$

式（5.2.8）在几何上代表了图 5-3（a）中 $ABCD$ 的面积。它说明在一个完整的应力循环中，塑性功不可逆，即外力所做的塑性功被材料产生的塑性应变所吸收，不能再释放出来，从上式可推导出以下两个重要的不等式。

（1）若 σ_{ij}^0 在原来的加载面内，即 $\sigma_{ij}^0<\sigma_{ij}$，且 $\mathrm{d}\sigma_{ij}^0$ 为一个任选的无限小应力增量，与 σ_{ij} 相比可忽略不计，故式（5.2.8）有

$$\left(\sigma_{ij}-\sigma_{ij}^0\right)\mathrm{d}\varepsilon_{ij}^p\geqslant 0 \tag{5.2.9}$$

式中，σ_{ij} 为产生 $\mathrm{d}\varepsilon_{ij}^p$ 时的加载应力。

式（5.2.9）也是 Drucker 公设第二条的数学表达式。如图 5-3 所示。

（2）当 σ_{ij}^0 位于原来的加载面 B 点时，即 $\sigma_{ij}^0=\sigma_{ij}$，由式（5.2.8）有

$$\mathrm{d}\sigma_{ij}\mathrm{d}\varepsilon_{ij}^p\geqslant 0 \tag{5.2.10}$$

上式对应变硬化材料，大于符号表示塑性加载，等号表示中性变载；对于理想塑性材料，

等号表示加载,大于符号无实际意义。如果考虑加载过程中产生的弹性变形,则弹塑性功增量为

$$\mathrm{d}\sigma_{ij}\,\mathrm{d}\varepsilon_{ij} \geqslant 0 \tag{5.2.11}$$

式(5.2.11)就是 Drucker 公设第一条关于稳定性定义的数学表达式。

对于不稳定性材料,例如应变软化材料,Drucker 公设不是绝对成立,而是有条件成立的。现以图 5-4 为例进行说明。在应力应变曲线的 P 点以后,当 σ_{ij}^0 点 A 远离屈服曲线时,式(5.2.9)仍然成立,但(5.2.11)式不成立。这说明在一个大的应力循环中,Drucker 公设的第二条仍成立。当 σ_{ij}^0 点 A 取得非常接近屈服曲线时,由于应变软化作用,不能完成应力循环过程(只有加载,没有卸载),从而式(5.2.9)及式(5.2.11)均不成立。这种情况说明 Drucker 公设并不适应于不稳定性材料。因此,对于应变软化材料而言,只有在完成加卸载循环条件下,Drucker 公设的第二条才能成立。

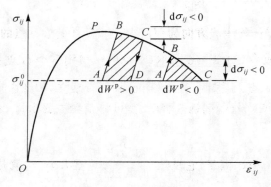

图 5-4　应变软化材料

进一步地,通过由 Drucker 公设可推出以下几条重要的结论。

(1)屈服面或加载面处处外凸

如果将应力空间与塑性应变空间重合,并使相应的 σ_{ij} 与 ε_{ij} 轴重合,如图 5-5 所示。同时 σ_{ij}^0 及 σ_{ij} 分别以矢量 $\boldsymbol{OA}$ 和 $\boldsymbol{OB}$ 表示,将 $\mathrm{d}\sigma_{ij}$ 及 $\mathrm{d}\varepsilon_{ij}^{\mathrm{p}}$ 分别以矢量 $\mathrm{d}\boldsymbol{\sigma}$ 和 $\mathrm{d}\boldsymbol{\varepsilon}^{\mathrm{p}}$ 表示。这时式(5.2.11)就可以矢量点积的形式表示为

$$\boldsymbol{AB} \cdot \mathrm{d}\boldsymbol{\varepsilon}^{\mathrm{p}} \geqslant 0 \tag{5.2.12}$$

这说明 $(\sigma_{ij} - \sigma_{ij}^0)$ 与 $\mathrm{d}\varepsilon_{ij}$ 之间的夹角 $\theta \leqslant \dfrac{\pi}{2}$。如果过应力空间的 B 点作一个加载面的切平面 T,由于 $\mathrm{d}\boldsymbol{\varepsilon}^{\mathrm{p}}$ 永远指向加载面外侧,且沿着加载面的外法线方向。因此,要使式(5.2.11)或式(5.2.9)成立,A 点必位于与 $\mathrm{d}\boldsymbol{\varepsilon}^{\mathrm{p}}$ 相反的切平面的另一侧,这只有加载面处处外凸或没有拐点的情况下才能成立。如果加载面是内凹的或具有拐点,如图 5-5(b)所示,A 点就可能选在切平面 T 与 $\mathrm{d}\boldsymbol{\varepsilon}^{\mathrm{p}}$ 同一侧,使得 $\boldsymbol{AB}$ 与 $\mathrm{d}\boldsymbol{\varepsilon}^{\mathrm{p}}$ 之夹角 $\theta > \dfrac{\pi}{2}$,从而导致式(5.2.9)和式(5.2.11)或 Drucker 公设不能成立。因此,只要材料满足 Drucker 公设,屈服面或加载面就处处外凸。

(2)塑性应变增量矢量的正交性

塑性应变增量矢量的正交性指的是塑性应变增量的方向与加载面正交并指向其外法线

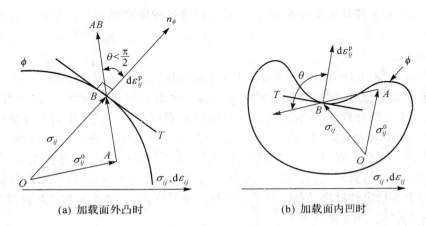

(a) 加载面外凸时   (b) 加载面内凹时

图 5-5 加载面的外凸性

方向。设光滑加载面 B 点的外法线方向为 H_ϕ，则它必垂直于过 B 点的切平面 T，如图 5-5(a) 所示。如果 $\mathrm{d}\boldsymbol{\varepsilon}^{\mathrm{p}}$ 与 n_ϕ 不重合，如图 5-6 所示，则总可以找到一个 A 点使得 $\theta > \dfrac{\pi}{2}$，从而使式 (5.2.9) 或式 (5.2.11) 不成立。因此，只要 Drucker 公设成立，塑性应变增量的方向就一定指向加载面的外法线方向或加载面的梯度方向。故可将塑性应变增量 $\mathrm{d}\varepsilon_{ij}^{\mathrm{p}}$ 表示为

$$\mathrm{d}\varepsilon_{ij}^{\mathrm{p}} = \mathrm{d}\lambda\,\frac{\partial\phi}{\partial\sigma_{ij}} \tag{5.2.13}$$

式中，$\mathrm{d}\lambda$—— 非负的标量塑性因子。它反映 $\mathrm{d}\varepsilon_{ij}^{\mathrm{p}}$ 的绝对值大小，这就是下面要介绍的正交流动法则。

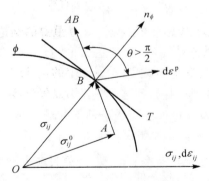

图 5-6 正交性证明

(3) $\mathrm{d}\varepsilon_{ij}^{\mathrm{p}}$ 与 $\mathrm{d}\varepsilon_{ij}$ 的线性相关性

式 (5.2.13) 说明 $\mathrm{d}\varepsilon_{ij}^{\mathrm{p}}$ 各分量之间的比值或大小与 $\mathrm{d}\lambda$ 有关。而 $\mathrm{d}\varepsilon_{ij}^{\mathrm{p}}$ 或 $\mathrm{d}\lambda$ 的大小又是由于应力增量而产生的，故可以假设

$$\mathrm{d}\lambda = h\partial\phi = h\,\frac{\partial\phi}{\partial\sigma_{ij}}\mathrm{d}\sigma_{ij} \tag{5.2.14}$$

将式 (5.2.14) 代入 (5.2.13) 式后得

$$\mathrm{d}\varepsilon_{ij}^{\mathrm{p}} = h\,\frac{\partial\phi}{\partial\sigma_{ij}}\left(\frac{\partial\phi}{\partial\sigma_{mn}}\mathrm{d}\sigma_{mn}\right) \tag{5.2.15}$$

式中:h——硬化模量或硬化函数,其取决于当前的 σ_{ij}、ε_{ij} 与加载历史,但是 h 与 $\mathrm{d}\sigma_{ij}$ 无关。

因此,式(5.2.13)及式(5.2.14)说明 $\mathrm{d}\varepsilon_{ij}^{\mathrm{p}}$ 或 $\mathrm{d}\lambda$ 与 $\mathrm{d}\sigma_{ij}$ 线性相关。这样的硬化就称为线性硬化。

除上述结论外,从 Drucker 公设还可以推论出加载面的连续性、边值问题解的唯一性和塑性最大功原理等重要结论,这里不再赘述。

5.2.3　流动法则

1. 正则加载面的塑性位势理论

由弹性理论已知,通过弹性势函数可以得出弹性本构关系。Mises 将弹性势概念推广到塑性理论中。假设塑性流动状态也存在着某种塑性势函数 Q,并假设塑性势函数是应力或应力不变量的标量函数,即 $Q(\sigma_{ij})$ 或 $Q(I_1,\sqrt{J_2},J_3)$,则塑性流动的方向与塑性势函数 $Q(\sigma_{ij})$ 的梯度或外法线方向相同。这就是 Mises 塑性位势理论。由于塑性势函数 $Q(\sigma_{ij})$ 代表材料在塑性变形过程中的某种位能或势能,故称为塑性位势流动理论。Mises 塑性位势流动理论可以用数学公式表示为

$$\mathrm{d}\varepsilon_{ij}^{\mathrm{p}} = \mathrm{d}\lambda\,\frac{\partial Q}{\partial\sigma_{ij}} \tag{5.2.16}$$

式中,$\mathrm{d}\lambda$ 亦为非负的塑性标量因子,表示塑性应变增量的大小。

在应力空间中,塑性势函数的图形就是塑性势面。式(5.2.16)说明 $\mathrm{d}\varepsilon_{ij}^{\mathrm{p}}$ 的方向与塑性势函数的梯度方向或塑性势面的外法线方向一致。在流体力学中,由于流体的流动速度方向总是沿着速度等势面的梯度方向,因此,类比流体流动,塑性位势理论又称为塑性流动规律。

塑性位势理论是对塑性应变方向的一种假设。为保证满足正交流动法则,塑性势函数可以假设为各种不同的形式。对于服从 Drucker 公设的稳定性材料而言,如果假设塑性势函数等于屈服函数或加载函数,即 $Q=F$ 或 $Q=\phi$,如图 5-7 中 A 点所示,这时式(5.2.16)与 Drucker 公设的推论式(5.2.13)相同,称这种流动规律为与屈服条件或加载条件相关联的流动法则。由此而得的本构关系称为与屈服条件或加载条件相关联的本构关系。如果假设 $Q\neq F$ 或 $Q\neq\phi$,则塑性流动方向与屈服面或加载面不正交,但仍与塑性势面正交,如图 5-7 中的 B 点所示,称这种流动为与屈服条件或加载条件非相关联的流动法则或非正交流动法则,相应的本构关系为与屈服或加载条件非相关联的塑性本构模型。

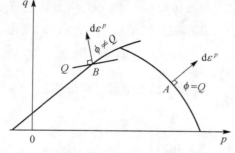

图 5-7　相关联与非相关联塑性流动

2. 流动法则的分解

式(5.2.16)表示的流动法则可分解为体积流动法则与剪切流动法则,现证明如下。

(1) 塑性势函数 Q 与 θ_σ 无关时

设 $Q = Q(p,q)$,这时式(5.2.16)可以改写为

$$d\varepsilon_{ij}^p = d\lambda \left(\frac{\partial Q}{\partial p} \frac{\partial p}{\partial \sigma_{ij}} + \frac{\partial Q}{\partial q} \frac{\partial q}{\partial \sigma_{ij}} \right) \tag{5.2.17}$$

因为

$$\frac{\partial p}{\partial \sigma_{ij}} = \frac{1}{3}\delta_{ij} \tag{5.2.18a}$$

$$\frac{\partial q}{\partial \sigma_{ij}} = \sqrt{3}\,\frac{\partial(\sqrt{J_2})}{\partial J_2}\frac{\partial J_2}{\partial \sigma_{ij}} = \frac{\sqrt{3}}{2\sqrt{J_2}}S_{mn}\frac{\partial S_{mn}}{\partial \sigma_{ij}} = \frac{\sqrt{3}}{2\sqrt{J_2}}S_{ij} \tag{5.2.18b}$$

将上两式代入式(5.2.17)后可得

$$d\varepsilon_{ij}^p = d\lambda \left[\frac{1}{3}\frac{\partial Q}{\partial p}\sigma\delta_{ij} + \frac{\sqrt{3}}{2\sqrt{J_2}}S_{ij}\frac{\partial Q}{\partial q} \right] \tag{5.2.19}$$

由此可得

$$d\varepsilon_v^p = d\varepsilon_{ij}^p = d\lambda \frac{\partial Q}{\partial p} \tag{5.2.20}$$

$$de_{ij}^p = d\varepsilon_{ij}^p - \frac{1}{3}d\varepsilon_v^p\delta_{ij} = d\lambda \frac{\sqrt{3}}{2\sqrt{J_2}}S_{ij}\frac{\partial Q}{\partial q} \tag{5.2.21}$$

按照增量广义剪应变 $d\gamma^p$ 的定义有

$$d\gamma^p = \left(\frac{2}{3}de_{ij}^p de_{ij}^p \right)^{\frac{1}{2}} \tag{5.2.22}$$

所以

$$d\gamma^p = d\lambda \frac{\partial Q}{\partial q} \tag{5.2.23}$$

故可得

$$\begin{cases} d\varepsilon_v^p = d\lambda \dfrac{\partial Q}{\partial p} \\[2mm] d\gamma^p = d\lambda \dfrac{\partial Q}{\partial p} \end{cases} \tag{5.2.24}$$

这就证明了流动法则式(5.2.17)可以分解为体积流动法则与剪切流动法则。体积流动法则说明平均应力变化只引起塑性体应变增量的变化;剪切流动法则说明纯剪切应力(这里以广义剪应力代表)只引起剪应变增量(这里以 $d\gamma^p$ 表示)的变化。流动法则在 p-q 平面的分解如图 5-8(a) 所示。

(2) 塑性势函数 Q 与 θ_σ 有关时

此时设 $Q = Q(p,q,\theta_\sigma)$,通过如上的类似推导可证明:

$$\begin{cases} d\varepsilon_v^p = d\lambda \dfrac{\partial Q}{\partial p} \\[2mm] d\gamma^p = d\lambda \left[\left(\dfrac{\partial Q}{\partial p} \right)^2 + \left(\dfrac{1}{q}\dfrac{\partial Q}{\partial \theta_\sigma} \right)^2 \right]^{\frac{1}{2}} \end{cases} \tag{5.2.25}$$

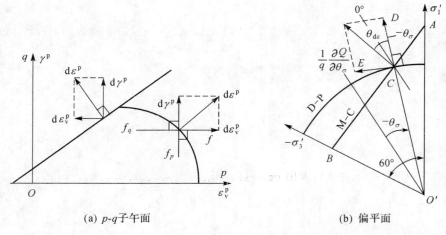

(a) p-q子午面   (b) 偏平面

图 5-8　流动法则的分解

式(5.2.25)说明 θ_σ 对偏平面上的塑性流动方向有影响,如图 5-8(b) 所示。图中绘出了通过 C 点且与 Mises 或 D-P 准则相关联的势函数 $Q = f = f(p,q)$ 与 Mohr-Coulomb 准则相关联的势函数 $Q = f = f(p,q,\theta_\sigma)$ 的屈服面或塑性势面。按照塑性位势理论,与 θ_σ 无关的塑性流动方向沿 CD 方向,而与 θ_σ 有关的塑性流动方向沿着 CE 方向。如果定义 $\mathrm{d}\gamma^p$ 在 π 平面上的应变增量洛德角为 $\theta_{\mathrm{d}\varepsilon}$,如图 5-8(b) 所示。由图中 $\theta_{\mathrm{d}\varepsilon}$ 与 θ_σ 角的关系可以得出

$$\frac{1}{q}\frac{\partial Q}{\partial \theta_\sigma} = \frac{\partial Q}{\partial q}\tan(\theta_{\mathrm{d}\varepsilon} - \theta_\sigma) \tag{5.2.26}$$

由此可得

$$\mathrm{d}\gamma^p \sin(\theta_{\mathrm{d}\varepsilon} - \theta_\sigma) = \mathrm{d}\lambda\,\frac{1}{q}\frac{\partial Q}{\partial \theta_\sigma} \tag{5.2.27}$$

式(5.2.27)与式(5.2.25)的第二项是同一个公式的不同表示形式。当 $\theta_{\mathrm{d}\varepsilon} = \theta_\sigma$ 时,两式就都简化为与 θ_σ 无关的式(5.2.17)的第二项了。

5.3　理想弹塑性模型

5.3.1　普遍的塑性本构关系

对于各向同性的硬化材料,已知加载函数 ϕ、塑性势函数 Q、塑性标量因子 $\mathrm{d}\lambda$ 及硬化模量 A 分别为

$$\phi(\sigma_{ij}, H) = 0 \tag{5.3.1}$$

$$Q(\sigma_{ij}, H) = 0 \tag{5.3.2}$$

$$\mathrm{d}\lambda = \frac{1}{q}\frac{\partial \phi}{\partial \sigma_{kl}}\mathrm{d}\sigma_{kl} \tag{5.3.3}$$

$$A = (-1) \frac{\partial \phi}{\partial H} \frac{\partial H}{\partial \varepsilon_{ij}} \frac{\partial Q}{\partial \sigma_{ij}} \tag{5.3.4}$$

则加载产生的总的应变增量可以分解为

$$d\varepsilon_{ij} = d\varepsilon_{ij}^{e} + d\varepsilon_{ij}^{p} \tag{5.3.5}$$

其中弹性应变增量由广义胡克定律确定,即

$$d\varepsilon_{ij}^{e} = D_{ijkl}^{e-1} d\sigma_{kl} \tag{5.3.6}$$

而塑性应变增量由塑性位势理论确定:

$$d\varepsilon_{ij}^{p} = d\lambda \frac{\partial Q}{\partial \sigma_{ij}} \tag{5.3.7}$$

将式(5.3.7)代入式(5.3.5),求出 $d\varepsilon_{ij}$ 后再将结果代入式(5.3.6),就可得到

$$d\sigma_{ij} = D_{ijkl}^{e} \left(d\varepsilon_{kl} - d\lambda \frac{\partial Q}{\partial \sigma_{kl}} \right) \tag{5.3.8}$$

式中,D_{ijkl}^{e} 由弹性常数决定。

下面推导 $d\lambda$ 的具体表达式。对于各向同性材料,由式(5.3.1)可得相容条件为

$$d\phi = \frac{\partial \phi}{\partial \sigma_{kl}} d\sigma_{kl} + \frac{\partial \phi}{\partial H} \frac{\partial H}{\varepsilon_{kl}^{p}} d\varepsilon_{kl}^{p} \tag{5.3.9}$$

将式(5.3.8)、式(5.3.7)及式(5.3.4)代入式(5.3.9)后可得

$$\frac{\partial \phi}{\partial \sigma_{ij}} D_{ijkl}^{e} d\varepsilon_{kl} - \frac{\partial \phi}{\partial \sigma_{mn}} D_{mnpq}^{e} d\lambda \frac{\partial Q}{\partial \sigma_{pq}} - A d\lambda = 0 \tag{5.3.10}$$

所以

$$d\lambda = \frac{\dfrac{\partial \phi}{\partial \sigma_{ij}} D_{ijkl}^{e} d\varepsilon_{kl}}{A + \dfrac{\partial \phi}{\partial \sigma_{mn}} D_{mnpq}^{e} \dfrac{\partial Q}{\partial \sigma_{pq}}} \tag{5.3.11}$$

这就是各向同性硬化时 $d\lambda$ 的一般表示式,式(5.3.11)的求和下标说明 $d\lambda$ 为一个标量。当 $A = 0$ 时,式(5.3.11)就是理想塑性材料的 $d\lambda$ 表达式。将式(5.3.11)的 $d\lambda$ 代回到式(5.3.8),即可得到各向同性硬化材料普遍的弹塑性本构关系式:

$$d\sigma_{ij} = \left[D_{ijkl}^{e} - \frac{D_{ijab}^{e} \dfrac{\partial Q}{\partial \sigma_{ab}} \dfrac{\partial \phi}{\partial \sigma_{cd}} D_{cdkl}^{e}}{A + \dfrac{\partial \phi}{\partial \sigma_{mn}} D_{mnpq}^{e} \dfrac{\partial Q}{\partial \sigma_{pq}}} \right] d\varepsilon_{kl} = (D_{ijkl}^{e} - D_{ijkl}^{p}) d\varepsilon_{kl} = D_{ijkl}^{ep} d\varepsilon_{kl} \tag{5.3.12}$$

式中

$$D_{ijkl}^{p} = \frac{D_{ijab}^{e} \dfrac{\partial Q}{\partial \sigma_{ab}} \dfrac{\partial \phi}{\partial \sigma_{cd}} D_{cdkl}^{e}}{A + \dfrac{\partial \phi}{\partial \sigma_{mn}} D_{mnpq}^{e} \dfrac{\partial Q}{\partial \sigma_{pq}}} \tag{5.3.13}$$

称为塑性刚度张量,而

$$D_{ijkl}^{ep} = D_{ijkl}^{e} - D_{ijkl}^{p} \tag{5.3.14}$$

称为弹塑性刚度张量或弹塑性刚度矩阵。

以上三式都可以改写为便于数值计算的矩阵形式:

$$\{d\sigma\} = \left[D^{e} - \frac{D^{e} \left\{\frac{\partial Q}{\partial \sigma}\right\} \left\{\frac{\partial \phi}{\partial \sigma}\right\}^{T} D^{e}}{A + \left\{\frac{\partial \phi}{\partial \sigma}\right\}^{T} D^{e} \left\{\frac{\partial Q}{\partial \sigma}\right\}} \right] \{d\varepsilon\} \tag{5.3.15}$$

$$D^{p} = \frac{D^{e} \left\{\frac{\partial Q}{\partial \sigma}\right\} \left\{\frac{\partial \phi}{\partial \sigma}\right\}^{T} D^{e}}{A + \left\{\frac{\partial \phi}{\partial \sigma}\right\}^{T} D^{e} \left\{\frac{\partial Q}{\partial \sigma}\right\}} \tag{5.3.16}$$

$$D^{ep} = D^{e} - D^{p} \tag{5.3.17}$$

式(5.3.12)不仅适用于各向同性硬化或软化材料,还适用于理想塑性材料($A = 0$)。经过类似上述的推导可以证明,式(5.3.12)同样适用于非等向的机动与混合硬化材料。只不过其中的 ϕ、Q 及 A 应当使用与机动硬化和混合硬化规律相应的 ϕ、Q 及 A。例如,机动硬化时 $A = A_2$;混合硬化时 $A = A_1 + A_2$。

分析式(5.3.13)和式(5.3.14)中的 D_{ijkl}^{p} 和 D_{ijkl}^{ep} 可知,它们与弹性常数 E、μ 或 K、G,加载函数 ϕ 及塑性势函数 Q,硬化模量 A 以及应力 σ_{ij} 都有关系。不仅不同的材料其 D_{ijkl}^{ep} 不同,即使是同一材料,在不同的应力水平及假设不同的 ϕ、Q 及 A 时,其 D_{ijkl}^{ep} 也不相同。因此弹塑性本构关系理论的关键问题之一就是在选定了模型的 ϕ、Q 及 A 之后,如何具体地确定相应的弹塑性矩阵 D_{ijkl}^{ep}。一般地,要通过试验来确定有关的常数或函数:

① 通过三轴压缩与剪切试验求出材料的弹性常数 E、μ 或 K、G,以确定 D_{ijkl}^{e};

② 假定适当的加载函数 ϕ 及塑性势函数 Q,并通过试验确定相应的材料常数;

③ 通过试验确定加工硬化定律的具体形式,进一步确定硬化模量 A。

当确定了弹塑性矩阵 D_{ijkl}^{ep} 之后,就可以进行弹塑性应力-应变增量关系的分析与计算了。

5.3.2 弹塑性刚度矩阵的几何意义与物理意义

复杂 σ_{ij}-ε_{ij} 关系难以在三维空间或二维空间表示,故采用单向受压的 $\sigma\varepsilon$ 关系说明 D_{ijkl}^{e}、D_{ijkl}^{p} 以及 D_{ijkl}^{ep} 的几何意义与物理意义。单向应力时,它们分别简化为 D^{e}、D^{p} 及 D^{ep}。图5-9为单向受力时的 $\sigma\varepsilon$ 关系曲线。当材料进入塑性阶段后,施加应力增量 $d\sigma$ 后将产生相应的应变增量 $d\varepsilon$。利用普遍的塑性本构关系式(5.3.15),此时该式简化为

$$d\sigma = D^{e}(d\varepsilon - d\varepsilon^{p}) = (D^{e} - D^{p})d\varepsilon = D^{ep}d\varepsilon \tag{5.3.18}$$

式中

$$\left. \begin{array}{l} D^{e} = E \\ D^{p} = E^{p} = E^{\frac{d\varepsilon^{p}}{d\varepsilon}} \\ D^{ep} = E^{ep} = E - E^{p} = E - E^{\frac{d\varepsilon^{p}}{d\varepsilon}} \end{array} \right\} \tag{5.3.19}$$

这说明在单向受力时,D^{e} 简化为杨氏拉压弹性模量 E,D^{p} 简化为拉压塑性模量 E^{p},D^{ep} 简化为弹塑性模量 E^{ep}。几何上,D^{e} 就代表 $\sigma\varepsilon$ 关系曲线弹性阶段的斜率 E;D^{p} 代表塑性应力增量($= d\sigma - d\sigma^{e}$)与 $d\varepsilon$ 对应的斜线 GC 的斜率 E^{p};而 D^{ep} 代表实际的应力增量 $d\sigma$ 与应变增量 $d\varepsilon$ 之比 E^{ep}。在复杂应力状态下,D^{e}、D^{p}、D^{ep} 与 E、E^{p}、E^{ep} 的几何意义和物理意义相似。

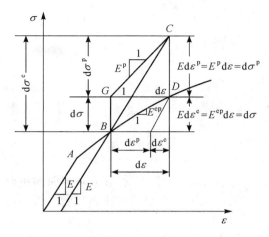

图 5-9　D^e、D^p、D^{ep} 的几何意义与物理意义

5.4　塑性增量理论

理想塑性材料的加载准则要求应力增量矢量 $\mathrm{d}\boldsymbol{\sigma}_{ij}$ 相切于屈服面,而流动法则要求塑性应力增量矢量 $\mathrm{d}\boldsymbol{\sigma}_{ij}^p$ 是在塑性势面的法线方向。接着确定 $\mathrm{d}\varepsilon_{ij}^p$ 的大小,一旦 $\mathrm{d}\lambda$ 确定,就能建立 $\mathrm{d}\sigma_{ij}$ 和 $\mathrm{d}\varepsilon_{ij}^p$ 之间的关系。下面着重讲述这个问题。

设主应变增量为弹性应变增量与塑性应变增量之和,即

$$\mathrm{d}\varepsilon_{ij} = \mathrm{d}\varepsilon_{ij}^e + \mathrm{d}\varepsilon_{ij}^p \tag{5.4.1}$$

弹性应力增量与应变增量的关系通过胡克定律确定:

$$\mathrm{d}\sigma_{ij} = D_{ijkl}\,\mathrm{d}\varepsilon_{kl}^e \tag{5.4.2}$$

式中,D_{ijkl} 是弹性刚度张量。

塑性应变从式(5.2.13)中的流动法则可以得到。对理想弹塑性材料来说,应力-应变关系可以表示为

$$\mathrm{d}\sigma_{ij} = D_{ijkl}\left(\mathrm{d}\varepsilon_{kl} - \mathrm{d}\lambda\frac{\partial Q}{\partial\sigma_{kl}}\right) \tag{5.4.3}$$

式中,$\mathrm{d}\lambda$ 是一个特定的非负标量。

在塑性变形时,应力点停留在屈服面上,这个补充的条件就叫一致性条件。用数学式子表示成

$$F(\sigma_{ij}) = 0, F(\sigma_{ij} + \mathrm{d}\sigma_{ij}) = F(\sigma_{ij}) + \mathrm{d}F(\sigma_{ij}) = 0 \tag{5.4.4}$$

或者用增量形式可写成

$$\mathrm{d}F = \frac{\partial F}{\partial\sigma_{ij}}\mathrm{d}\sigma_{ij} = 0 \tag{5.4.5}$$

正如式(5.2.5)所见,在加载或中性变载时式(5.4.5)是满足的。

把弹性应力-应变关系式(5.4.3)代入式(5.4.5)中解出 $\mathrm{d}\lambda$ 为

$$d\lambda = \frac{1}{H}\frac{\partial F}{\partial \sigma_{ij}}D_{ijkl}\,d\varepsilon_{kl} \tag{5.4.6}$$

其中

$$H = \frac{\partial F}{\partial \sigma_{ij}}D_{ijkl}\frac{\partial g}{\partial \sigma_{kl}} \tag{5.4.7}$$

这个等式表明,即使当应力增量 $d\sigma_{ij}$ 在屈服面上移动,$\left(\dfrac{\partial F}{\partial \sigma_{ij}}\right)d\sigma_{ij} = 0$,$d\lambda$ 仍能为零,也就是说,只要 $\left(\dfrac{\partial F}{\partial \sigma_{ij}}\right)D_{ijkl} = 0$,就不会产生塑性应变,这是理想塑性材料的中性加载过程。

对于一个给定的应变增量 $d\varepsilon_{ij}$,可以利用式(5.4.3)、式(5.4.6)计算出应力增量 $d\sigma_{ij}$,联立式(5.4.3)和(5.4.6)可以用数学方法推导出 $d\sigma_{ij}$ 和 $d\varepsilon_{ij}$ 之间的关系。

$$d\sigma_{ij} = D_{ijkl}^{\mathrm{ep}}\,d\varepsilon_{kl} \tag{5.4.8}$$

这里,D_{ijkl}^{ep} 是弹塑性刚度张量,表示为

$$D_{ijkl}^{\mathrm{ep}} = D_{ijkl} - \frac{1}{H}H_{ij}^{*}H_{kl} \tag{5.4.9}$$

其中

$$H_{ij}^{*} = D_{ijmn}\frac{\partial g}{\partial \sigma_{mn}}H_{kl} = \frac{\partial F}{\partial \sigma_{pq}}D_{qpkl} \tag{5.4.10}$$

注意到 $\dfrac{F}{\partial \sigma_{ij}}$ 与 $d\varepsilon_{ij}$ 和 $d\sigma_{ij}$ 无关,我们可以从式(5.4.5)中发现,应力增量 $d\sigma_{ij}$ 的分量之间存在线性关系,这是因为最终应力状态必须在屈服面上。利用式(5.4.8)中应力增量 $d\sigma_{ij}$ 可由应变增量 $d\varepsilon_{ij}$ 唯一确定。然而,我们不能唯一地建立逆关系,对于一个给定的应力增量 $d\sigma_{ij}$,只是在待定因子 $d\lambda$ 范围内才能定义应变增量 $d\varepsilon_{ij}$。这一点可以通过图5-10(a)中所示的单轴材料特性很好地解释。

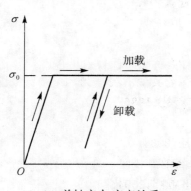

(a) 单轴应力-应变关系

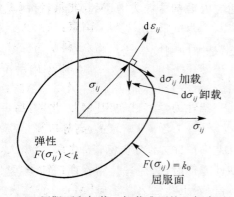

(b) 屈服面和加载、卸载准则的几何表示

图 5-10　理想弹塑性材料

本章小结

本章主要介绍了岩土塑性力学的理论基础和本构关系的建立。首先介绍了建立弹塑性模型的基本理论,即加载条件与加卸载准则、Drucker 公设、相关联和非关联流动法则。进一步地,介绍了理想弹塑性模型的建立思路,包括普遍的弹塑性本构关系以及弹塑性刚度矩阵的几何意义和物理意义。最后介绍了建立增量塑性理论的基本框架,建立了塑性应变增量和应力增量的关系并确定了弹塑性刚度张量。

习题与思考题

1. 土的塑性力学与金属材料的塑性力学有什么区别?

2. 说明塑性理论中的屈服准则、流动准则、加工硬化理论。相关联和不相关联流动准则有什么区别?

3. 对于软化材料,Drucker 公设是否满足? 为什么? Drucker 公设是否是绝对无误的?

4. 分别求下列两种情况下塑性应变增量 $d\varepsilon_1^p$、$d\varepsilon_2^p$、$d\varepsilon_3^p$ 的比值。

（1）单向拉伸;（2）纯剪切。

5. 按照 5.3 节所介绍的本构关系推导方法,分别推导任一理想弹塑性本构关系及硬化弹塑性本构关系的弹塑性矩阵,并写出它们的硬化模量 A。

参考文献

[1] 陈惠发. 弹性与塑性力学[M]. 北京:建筑工业出版社,2004.

[2] 丁大钧. 工程塑性力学[M]. 南京:东南大学出版社,2007.

[3] 王仁. 塑性力学基础[M]. 北京:科学出版社,1982.

[4] 王仁. 塑性力学引论[M]. 北京:北京大学出版社,1992.

[5] 王仲仁. 弹性与塑性力学基础[M]. 哈尔滨:哈尔滨工业大学出版社,2004.

[6] 熊祝华. 塑性力学基础知识[M]. 北京:高等教育出版社,1986.

[7] 徐秉业. 塑性力学[M]. 北京:高等教育出版社,1990.

[8] 杨桂通. 弹塑性力学引论[M]. 北京:清华大学出版社,2004.

[9] 余同希. 工程塑性力学[M]. 北京:高等教育出版社,2010.

[10] 张学言. 岩土塑性力学基础[M]. 天津:天津大学出版社,2004.

[11] 郑颖人,龚晓南. 岩土塑性力学[M]. 北京:中国建筑工业出版社,1989.

第6章 岩土的塑性模型

6.1 引言

塑性理论可以分为两种：塑性增量理论以及塑性全量理论。绝大部分岩土塑性模型是根据塑性增量理论建立的。塑性增量理论主要包含三部分内容：屈服函数、塑性流动法则和硬化规律。根据屈服函数、流动法则以及硬化参数形式的不同，可以得到不同的岩土塑性本构模型。

在增量弹塑性理论中，可以将总应变增量分成弹性应变增量与塑性应变增量两部分：

$$d\varepsilon_{ij} = d\varepsilon_{ij}^{e} + d\varepsilon_{ij}^{p} \tag{6.1.1}$$

弹性应变可以利用广义胡克定律计算：

$$d\varepsilon_{ij}^{e} = D_{ijkl}^{-1} d\sigma_{kl} \tag{6.1.2}$$

式中：D_{ijkl} —— 弹性模量张量。

根据塑性流动法则，塑性应变可以表示为

$$d\varepsilon_{ij}^{p} = d\lambda \frac{\partial g}{\partial \sigma_{ij}} \tag{6.1.3}$$

式中：g —— 塑性势函数；

$d\lambda$ —— 非负的比例因子。

在计算塑性应变时，需要已知材料屈服函数、流动规则和硬化函数的具体形式，若采用不相关联的流动规则，还需要已知材料的塑性势函数。弹塑性本构方程的一般形式可以写为

$$d\sigma_{ij} = D_{ijkl}^{ep} d\varepsilon_{kl} \tag{6.1.4}$$

式中：D_{ijkl}^{ep} —— 弹塑性模量张量。其一般表达式为

$$D_{ijkl}^{ep} = D_{ijkl} - \frac{D_{ijpq} \dfrac{\partial g}{\partial \sigma_{pq}} \dfrac{\partial f}{\partial \sigma_{rs}} D_{rskl}}{A + \dfrac{\partial f}{\partial \sigma_{mn}} D_{mnuv} \dfrac{\partial g}{\partial \sigma_{uv}}} \tag{6.1.5}$$

式中：f —— 屈服函数；

A —— 硬化参数。

目前，各国学者所提出的岩土塑性本构模型种类非常多，大致可以分为理想塑性模型、应变硬化（或软化）塑性模型与塑性内时理论模型等。本章主要介绍理想塑性的

Prandtl-Reuss 模型、Drucker-Prager 模型和 Mohr-Coulomb 模型，应变硬化塑性的 Cambridge 模型和 Lade-Duncan 模型以及边界面模型和塑性内时理论模型。

6.2　理想塑性模型

对于理想塑性材料，屈服准测一般可以写为

$$f(\sigma_{ij}) = f(I_1, J_2) = 0 \tag{6.2.1}$$

式中：I_1—— 应力张量第一不变量；

J_2—— 应力偏张量第二不变量。

理想塑性材料在应力空间中屈服面的位置和形状是不变的。当应力状态从屈服面上改变到屈服面内时称为卸载，而当应力状态在屈服面上移动时称为加载。上述加卸载准则可以表示为

$$\begin{cases} f(\sigma_{ij}) < 0 & \text{弹性状态} \\ f(\sigma_{ij}) = 0, \mathrm{d}f = 0 & \text{加载} \\ f(\sigma_{ij}) = 0, \mathrm{d}f < 0 & \text{卸载} \end{cases} \tag{6.2.2}$$

当材料处于弹性或卸载状态，对应的应力应变关系服从广义胡克定律，其增量形式可以写成

$$\mathrm{d}\varepsilon_{ij}^{e} = \frac{1}{E}\left[(1+\nu)\mathrm{d}\sigma_{ij} - \nu\delta_{ij}\mathrm{d}\sigma_{kk}\right] \tag{6.2.3}$$

或

$$\mathrm{d}\varepsilon_{ij}^{e} = \frac{\mathrm{d}I_1}{9K}\delta_{ij} + \frac{\mathrm{d}S_{ij}}{2G} \tag{6.2.4}$$

式中：S_{ij}—— 应力偏张量；

K、G—— 材料体积弹性模量和剪切弹性模量。

将弹性应变分量进行分解可得

$$\mathrm{d}\varepsilon_{ij}^{e} = \frac{1}{3}\mathrm{d}\varepsilon_{kk}^{e}\delta_{ij} + \mathrm{d}e_{ij}^{e} \tag{6.2.5}$$

式中：e_{ij}—— 应变偏张量。

结合式（6.2.4）与式（6.2.5）可得

$$\mathrm{d}I_1 = 3K\mathrm{d}\varepsilon_{kk}^{e} \quad \mathrm{d}S_{ij} = 2G\mathrm{d}e_{ij}^{e} \tag{6.2.6}$$

一般而言，理想塑性材料的屈服函数 f 和塑性势函数 g 相同，即采用相适应的流动法则。

结合式（6.2.5）及式（6.1.3）将塑性应变进行分解可得

$$\mathrm{d}\varepsilon_{kk}^{p} = 3\mathrm{d}\lambda\frac{\partial f}{\partial I_1} \quad \mathrm{d}e_{ij}^{p} = \mathrm{d}\lambda\frac{\partial f}{\partial S_{ij}} \tag{6.2.7}$$

考虑到式（6.2.2）中的加载状态，可以得到

$$\mathrm{d}f = \frac{\partial f}{\partial \sigma_{ij}}\mathrm{d}\sigma_{ij} = \frac{\partial f}{\partial I_1}\mathrm{d}I_1 + \frac{\partial f}{\partial S_{ij}}\mathrm{d}S_{ij} = 0 \tag{6.2.8}$$

将式(6.2.6)代入式(6.2.8),同时注意到式(6.1.1),可以得到

$$3K\frac{\partial f}{\partial I_1}(\mathrm{d}\varepsilon_{kk} - \mathrm{d}\varepsilon_{kk}^{\mathrm{p}}) + 2G\frac{\partial f}{\partial S_{ij}}(\mathrm{d}e_{ij} - \mathrm{d}e_{ij}^{\mathrm{p}}) = 0 \tag{6.2.9}$$

将式(6.2.7)代入式(6.2.9)后化简可得 $\mathrm{d}\lambda$ 的表达式:

$$\mathrm{d}\lambda = \frac{3K\dfrac{\partial f}{\partial I_1}\mathrm{d}\varepsilon_{kk} + 2G\dfrac{\partial f}{\partial S_{ij}}\mathrm{d}e_{ij}}{9K\dfrac{\partial f}{\partial I_1}\dfrac{\partial f}{\partial I_1} + 2G\dfrac{\partial f}{\partial S_{ij}}\dfrac{\partial f}{\partial S_{ij}}} \tag{6.2.10}$$

注意到 $\mathrm{d}\sigma_{ij} = \dfrac{1}{3}\mathrm{d}I_1\delta_{ij} + \mathrm{d}S_{ij}$,代入式(6.2.6)、式(6.2.8)及式(6.2.10)后最终可得理想塑性本构模型的一般表达式:

$$\mathrm{d}\sigma_{ij} = K\mathrm{d}\varepsilon_{kk}\delta_{ij} + 2G\mathrm{d}e_{ij} - \mathrm{d}\lambda\left(3K\frac{\partial f}{\partial I_1}\delta_{ij} + 2G\frac{\partial f}{\partial S_{ij}}\right) \tag{6.2.11}$$

或

$$\mathrm{d}\varepsilon_{ij} = \frac{\mathrm{d}I_1}{9K}\delta_{ij} + \frac{\mathrm{d}S_{ij}}{2G} + \mathrm{d}\lambda\left(\frac{\partial f}{\partial I_1}\delta_{ij} + \frac{\partial f}{\partial S_{ij}}\right) \tag{6.2.12}$$

6.2.1 Prandtl-Reuss 模型

Prandtl-Reuss 模型采用 Von Mises 屈服函数作为材料屈服准则,即

$$f = \sqrt{J_2} - k = 0 \tag{6.2.13}$$

式中:k—— 材料屈服常数,可由试验确定。

Von Mises 屈服准则在主应力空间为一圆柱面,在 π 平面形状为一圆形,如图 6-1 所示。

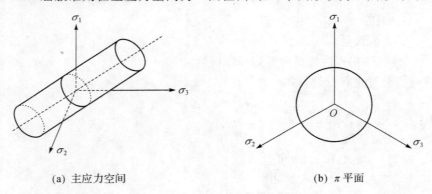

(a) 主应力空间   (b) π 平面

图 6-1　Von Mises 屈服面

Prandtl-Reuss 模型中当 $f < 0$ 时,材料处于弹性阶段;或者 $f = 0$,且 $\mathrm{d}f < 0$ 时,材料处于卸载阶段;此时应力应变采用式(6.2.3) 或式(6.2.4)进行计算。

当材料处于加载阶段,即 $f = 0$,且 $\mathrm{d}f = 0$ 时,由式(6.2.13)可得

$$\frac{\partial f}{\partial I_1} = 0 \qquad \frac{\partial f}{\partial S_{ij}} = \frac{S_{ij}}{2\sqrt{J_2}} = \frac{S_{ij}}{2k} \tag{6.2.14}$$

将式(6.2.14)代入式(6.2.10)可以得到 Prandtl-Reuss 模型中 $\mathrm{d}\lambda$ 的具体表达式如下:

$$\mathrm{d}\lambda = \frac{S_{ij}}{k}de_{ij} \tag{6.2.15}$$

将式(6.2.13)、式(6.2.14)代入式(6.2.11)及式(6.2.12)可得 Prandtl-Reuss 模型的本构方程:

$$\mathrm{d}\sigma_{ij} = K\mathrm{d}\varepsilon_{kk}\delta_{ij} + 2Gde_{ij} - G\frac{S_{mn}de_{mn}}{k^2}S_{ij} \tag{6.2.16}$$

或

$$\mathrm{d}\varepsilon_{ij} = \frac{\mathrm{d}I_1}{9K}\delta_{ij} + \frac{\mathrm{d}S_{ij}}{2G} + \frac{S_{mn}de_{mn}}{2k^2}S_{ij} \tag{6.2.17}$$

Prandtl-Reuss 模型采用了 Von Mises 屈服准则,由式(6.2.7)与式(6.2.14)可以得到

$$\mathrm{d}\varepsilon_{kk}^{\mathrm{p}} = 0 \qquad de_{ij}^{\mathrm{p}} = \mathrm{d}\lambda\frac{S_{ij}}{2k} \tag{6.2.18}$$

从式(6.2.18)中可以看出,对于 Prandtl-Reuss 模型,塑性是不可压缩的,即塑性体应变为 0。同时,塑性应变增量方向与应力偏张量 S_{ij} 的主轴重合。

当材料的弹性变形与塑性变形相比可以忽略不计时,即为理想刚塑性材料,Prandtl-Reuss 模型可以退化为 Levy-Mises 模型。

6.2.2 Drucker-Prager 模型

Drucker-Prager 模型改进了 Von Mises 屈服准则中材料屈服与静水压力无关的不足,以考虑静水压力的广义 Von Mises 屈服准则为基础上而建立起来的,其屈服函数表达式为

$$f = \sqrt{J_2} - \alpha I_1 - k = 0 \tag{6.2.19}$$

式中:α、k——材料常数。

广义 Von Mises 屈服准则在主应力空间中,屈服面形状为一圆锥面,在 π 平面上为一圆,如图 6-2 所示。

与 Prandtl-Reuss 模型类似,Drucker-Prager 模型中当 $f < 0$ 时,材料处于弹性阶段;当 $f = 0$,且 $\mathrm{d}f < 0$ 时,材料处于卸载阶段;此时应力应变仍采用广义胡克定律(6.2.3)或式(6.2.4)进行计算。

当材料处于加载阶段,即 $f = 0$,且 $\mathrm{d}f = 0$ 时,由式(6.2.10)与式(6.2.19)可得

$$\mathrm{d}\lambda = \frac{-3\alpha K\mathrm{d}\varepsilon_{kk} + \dfrac{G}{\sqrt{J_2}}S_{ij}de_{ij}}{9\alpha^2 K + G} \tag{6.2.20}$$

进一步利用式(6.2.11)与式(6.2.12)可以得到 Drucker-Prager 模型对应的应力应变关系为

$$\mathrm{d}\sigma_{ij} = K\mathrm{d}\varepsilon_{kk}\delta_{ij} + 2Gde_{ij} - \mathrm{d}\lambda\left(-3\alpha K\delta_{ij} + \frac{G}{\sqrt{J_2}}S_{ij}\right) \tag{6.2.21}$$

或

$$\mathrm{d}\varepsilon_{ij} = \frac{\mathrm{d}I_1}{9K}\delta_{ij} + \frac{\mathrm{d}S_{ij}}{2G} + \mathrm{d}\lambda\left(-\alpha\delta_{ij} + \frac{S_{ij}}{2\sqrt{J_2}}\right) \tag{6.2.22}$$

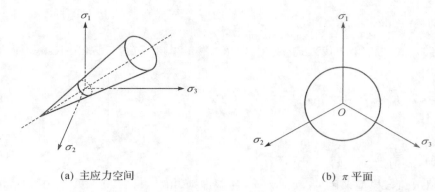

(a) 主应力空间　　　　　　　　　(b) π 平面

图 6-2　广义 Von Mises 屈服面

Drucker-Prager 模型共有 4 个材料参数，K、G 与 Prandtl-Reuss 模型相同，为弹性常数，可由卸载试验确定。塑性参数 α、k 采用与 Mohr-Coulomb 准则拟合的方法，可由土的粘聚力 c 以及内摩擦角 φ 来表示：

$$\alpha = \frac{\sin\varphi}{\sqrt{3}\sqrt{3+\sin^2\varphi}} = \frac{\tan\varphi}{\sqrt{9+12\tan^2\varphi}} \tag{6.2.23}$$

$$k = \frac{\sqrt{3}\,c\cos\varphi}{\sqrt{3+\sin^2\varphi}} = \frac{3c}{\sqrt{9+12\tan^2\varphi}} \tag{6.2.24}$$

关系式(6.2.23)、式(6.2.24)最早由 Drucker 与 Prager 提出，所以式(6.2.19)也称为 Drucker-Prager 屈服准则，事实上是一种广义的 Mises 准则。材料参数 α、k 与 Mohr-Coulomb 准则也有多种不同的拟合方法，式(6.2.23)、式(6.2.24)只是其中的一种。

Drucker-Prager 模型是较早提出的适用于岩土类材料的弹塑性本构模型，它的最大优点就是考虑了静水压力对于屈服与强度的影响，因此在 Drucker-Prager 模型中塑性体应变是不为零的。整个模型参数少，计算相对比较简单。

6.2.3　Mohr-Coulomb 模型

土力学或岩石力学中，岩土的极限抗剪强度通常可以用 Mohr-Coulomb 准则表示：

$$f = \tau_n - \sigma_n \tan\varphi - c = 0 \tag{6.2.25}$$

式中：τ_n——岩土的极限抗剪强度；

σ_n——受剪切面上的法向应力；

c、φ——土的粘聚力、内摩擦角。

如果将岩土材料视为理想塑性，根据剪切面屈服面与破坏面相似的假设，可以将 Mohr-Coulomb 准则视为屈服准则。

式(6.2.25)可以用应力不变量表示成如下形式：

$$f(I_1, J_2, \theta) = \frac{1}{3}I_1\sin\varphi + \left(\cos\theta - \frac{1}{\sqrt{3}}\sin\theta\sin\varphi\right)\sqrt{J_2} - c\cos\varphi = 0 \tag{6.2.26}$$

式中：θ 可由 $\sin 3\theta = \dfrac{-3\sqrt{3}}{2}\dfrac{J_3}{\sqrt{J_2^3}}$ 确定。

在主应力空间中,Mohr-Coulomb 屈服面是一个不规则的六角形截面的角锥体,如图 6-3 所示。在 π 平面上的屈服曲线为一个不等边的六角形。

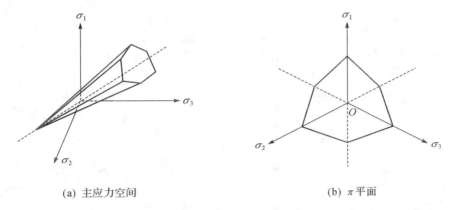

(a) 主应力空间　　　　　　　　　　　(b) π 平面

图 6-3　Mohr-Coulomb 屈服条件

模型采用相适应的流动法则,将式(6.2.26)代入式(6.2.11)即可得到 Mohr-Coulomb 模型的本构方程。Mohr-Coulomb 模型能够反映静水压力对于屈服强度的影响,且简单实用,材料参数 c、φ 可以通过各种不同的常规试验仪器和方法测定。因此,在岩土力学中得到广泛应用。但是该模型无法体现中间主应力 σ_2 对于屈服和破坏的影响,同时屈服面具有棱角,给数值计算带来了一定的困难。

6.3　应变硬化模型

6.3.1　剑桥模型

剑桥模型是由英国剑桥大学 Roscoe 教授及其同事于 1963 年提出的。剑桥模型基于正常固结黏土和超固结黏土试样的排水与不排水三轴试验,提出土体临界状态的概念。模型假定土体是加工硬化材料,并采用相适应的流动法则,根据能量方程建立本构模型。该模型从试验和理论上较好地阐明了土体弹塑性变形特征,尤其是考虑了土的塑性体积变形。剑桥模型的问世,标志着土的本构理论发展新阶段的开始。

1. 临界状态线(CSL)

Roscoe 等人对于剑桥重塑黏土所做的大量排水与不排水常规三轴试验结果表明,在各向等压固结过程中,比容 $v(v = 1 + e)$ 与有效平均主应力 p' 关系可表示为

$$v = N - \lambda \ln p' \tag{6.3.1}$$

式中:N——$p' = 1$ 时的比容。

在 v-$\ln p'$ 平面上,式(6.3.1)为一条直线,称为正常固结线(NCL),如图 6-4 所示。

排水及不排水试验的试样在破坏时试验参量 p'、q(等效剪应力)、v 存在唯一对应关系,

在三维空间 $p'\text{-}q\text{-}v$ 中可用一条曲线表示,这条线就是破坏线在三维空间的运动轨迹,称为临界状态线,简称 CSL。临界状态线在 $v\text{-}\ln p'$ 平面上的投影为一条平行于正常固结线的直线,可以表示为

$$v_{\text{cs}} = \varGamma - \lambda \ln p' \tag{6.3.2}$$

在 $p'\text{-}q$ 平面上,CSL 的投影是一条过原点的直线,可以表示为

$$q_{\text{cs}} = M p'_{\text{cs}} \tag{6.3.3}$$

式中:下标 cs—— 表示临界状态;

M—— $p'\text{-}q$ 平面上临界状态线的斜率。

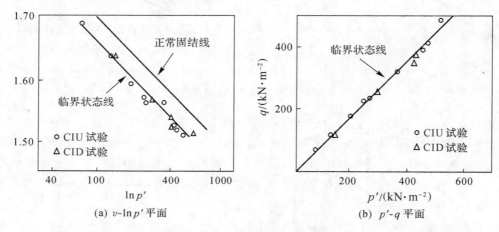

(a) $v\text{-}\ln p'$ 平面 (b) $p'\text{-}q$ 平面

图 6-4　临界状态线与正常固结线

临界状态线的存在说明剪切破坏时,p'、q、v 之间存在唯一对应关系,即破坏时的强度取决于破坏时的平均应力和比容,而与应力历史和应力路径无关。当材料处于临界状态时,只发生剪切变形,不产生体积变化,此时材料表现出塑性流动状态。临界状态线同时也是应变硬化和应变软化的分界线。

2. Roscoe 面和 Hvorslev 面

对于饱和黏土的大量试验结果可以发现,CID 试验应力路径族和 CIU 试验应力路径族都落在同一曲面上,也就是说所有的正常固结三轴试验的应力路径都在这个面上,这就说明饱和黏土不仅在破坏时 p'、q、v 之间存在唯一对应关系,而且无论在何种剪切试验过程中三者之间也存在唯一对应关系,反映在三维空间中就是所有的应力路径都必然落在一个统一的曲面上,该曲面称为 Roscoe 面或状态边界面,如图 6-5 所示。

图 6-6 中 AB 为一个 CID 试验在 $p'\text{-}q\text{-}v$ 空间中的应力路径,当 $\sigma_3' = 0$ 时,AB 在 $p'\text{-}q$ 平面上对应的应力路径为斜率为 3 的斜线 A_1B_1。可以看到 AB、A_1B_1 均落在平行于轴的"排水平面"AA_1B_1C 上。

CIU 试验应力路径如图 6-7 中 AB 所示,在剪切过程中试样处于不排水状态,体积不变,因此应力路径一定落在比容为常数的"不排水平面"上。

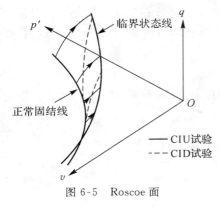

图 6-5　Roscoe 面

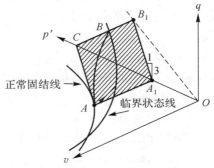

图 6-6　正常固结黏土 CID 试验应力路径

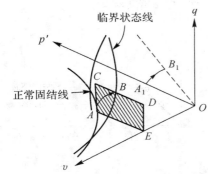

图 6-7　正常固结黏土 CIU 试验应力路径

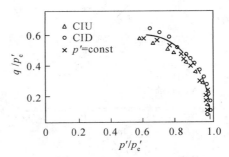

图 6-8　q/p'_e-p'/p'_e 平面中 Roscoe 面

为了论证 Roscoe 面的唯一性,可以借助等效应力 p_e' 将 Roscoe 面进行归一化,对于任意比容 v,定义等效应力 p'_e 为各向等压正常固结达到给定比容时的固结压力:

$$p'_e = \exp[(N-v)/\lambda] \tag{6.3.4}$$

在 q/p'_e-p'/p'_e 平面上,Roscoe 曲面被归一为一条曲线,如图 6-8 所示。

Roscoe 面是联系正常固结曲线与临界状态线的一个唯一的空间曲面,试样的试验面与 Roscoe 面的交线即确定了试样的应力路径。Roscoe 面将 p'-q-v 空间分成两部分:在 Roscoe 面以内或其面上为可能应力状态区;Roscoe 面以外为不可能应力状态区。当材料进入塑性阶段时,都要沿着 Roscoe 面进入临界状态,一切应力路线不可能逾越 Roscoe 面。

由上可知,Roscoe 面具有一定屈服面或加载面的性质,但又不是完全意义上的屈服面。按照塑性理论,对于有硬化或软化的岩土材料来说,应力状态在屈服面上变化不会产生新的塑性变形,而在 Roscoe 面上的移动却有可能产生新的塑性变形。事实上,p'-q 平面上的 Roscoe 面可以近似视作体积屈服面,当应力状态在其上移动时,虽然仍将产生新的塑性剪应变,但不会产生新的塑性体应变。

Roscoe 面是体现正常固结土和弱超固结土的特性的,这类土基本都属于硬化材料。而对于具有应变软化特征的超固结黏土,其试验应力路径在 p'-q 平面内达到临界状态线上方破坏点之后再沿着同一路线退回临界状态线。

根据 Weald 黏土重塑制成的超固结土样的排水与不排水三轴试验结果,将试验破坏点在归一化坐标平面 q/p'_e-p'/p'_e 上表示出来,可以发现破坏点的轨迹近似为一条直线,如

图 6-9 所示。

通常将图中破坏点的轨迹称为 Hvorslev 面,如图 6-10 所示,在上述平面内可以表示为

$$q/p'_e = g + h(p'/p'_e) \tag{6.3.5}$$

式中:g、h—— 截距和斜率。

此直线右边以临界状态线和 Roscoe 面为限。而左边,由于粘性土无法承受有效拉应力,因此以相应于拉伸破坏时的斜率为 3 的直线 OA 为限,称为无拉力墙。

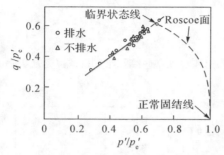

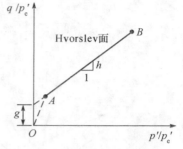

图 6-9　超固结土样排水和不排水三轴试验结果

图 6-10　Hvorslev 面

3. 土的完全状态边界面

在归一化坐标平面中,无拉力墙、Hvorslev 面、Roscoe 面构成了完整的归一化的状态边界线,称为土的完全状态边界面,如图 6-11 所示。

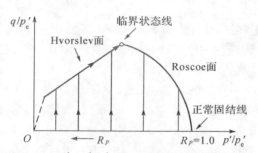

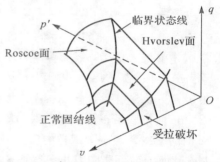

图 6-11　q/p'_e-p'/p'_e 平面上土的完全状态边界面　　图 6-12　p'-q-v 空间中的完全状态边界面

在 p'-q-v 空间中,完全状态面形式如图 6-12 所示,正常固结土和超固结土样的应力路径不能超过完全状态边界面。正常固结土应力路径都在 Roscoe 面上,超固结状态用位于该面下面的点表示,该面以上是不可能有点来表示应力状态的。超固结土样的应力路径在破坏时到达 Hvorslev 面,破坏后应变增大时趋向临界状态。

4. 剑桥模型的能量方程

剑桥模型基于传统塑性位势理论,采用单一屈服面。屈服面形式依据能量方程推导得到。根据能量原理,土体在外力作用下,产生体积应变增量 $d\varepsilon_v$ 和剪切应变增量 $d\varepsilon_s$,同时体积应变与剪切应变分别都由弹性变形与塑性变形两部分构成,可表示为

$$d\varepsilon = d\varepsilon_v + d\varepsilon_s \tag{6.3.6}$$

$$d\varepsilon_v = d\varepsilon_v^e + d\varepsilon_v^p \tag{6.3.7}$$

$$d\varepsilon_s = d\varepsilon_s^e + d\varepsilon_s^p \tag{6.3.8}$$

相应地,外力所做功 dW 转化为弹性能 dW^e 和塑性能 dW^p,则有

$$dW = dW^e + dW^p \tag{6.3.9}$$

$$dW^e = p'd\varepsilon_v^e + qd\varepsilon_s^e \tag{6.3.10}$$

$$dW^p = p'd\varepsilon_v^p + qd\varepsilon_s^p \tag{6.3.11}$$

对于弹性体积变形,可由等向固结试验中回弹曲线确定:

$$d\varepsilon_v^e = \frac{-dv}{v} = \frac{\kappa}{1+e}\frac{dp'}{p'} \tag{6.3.12}$$

式中:κ—— 等向固结试验回弹曲线在 $v-\ln p'$ 坐标下的斜率。

剑桥模型进一步假设弹性剪切变形为 0,也就是说所有的剪切变形均为塑性剪切变形,则有

$$d\varepsilon_s^e = 0 \qquad d\varepsilon_s = d\varepsilon_s^p \tag{6.3.13}$$

将式(6.3.12)、式(6.3.13)代入式(6.3.10)可得

$$dW^e = \frac{\kappa}{1+e}dp' \tag{6.3.14}$$

剑桥模型还假设,所有的塑性能均等于由摩擦产生的能量耗散,则有

$$dW^p = p'd\varepsilon_v^p + qd\varepsilon_s^p = Mp'd\varepsilon_s \tag{6.3.15}$$

结合式(6.3.9)、式(6.3.13)、式(6.3.15)可得剑桥模型对应的能量方程如下:

$$p'd\varepsilon_v + qd\varepsilon_s = \frac{\kappa}{1+e}dp' + Mp'd\varepsilon_s \tag{6.3.16}$$

5. 屈服面方程

剑桥模型假设材料服从相适应的流动法则。因此,塑性势面与屈服面重合,塑性应变增量应与屈服面正交,如图 6-13 所示,有

$$dp'd\varepsilon_v^p + dqd\varepsilon_s^p = 0 \tag{6.3.17}$$

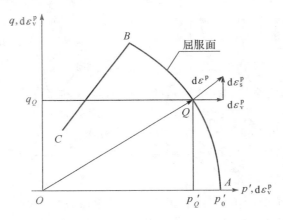

图 6-13　剑桥模型屈服面

将式(6.3.7)、式(6.3.17)代入式(6.3.16)可得屈服面控制方程

$$\frac{dq}{dp'} = \frac{q}{p'} - M \qquad (6.3.18)$$

对式(6.3.18)进行积分可得

$$\frac{q}{Mp'} + \ln p' = C \qquad (6.3.19)$$

式中,C 为常数。

考虑到屈服面轨迹经过正常固结线上一点 $A(p'_0, 0, v_0)$,则

$$C = \ln p'_0 \qquad (6.3.20)$$

代入式(6.3.19)可得

$$\frac{q}{Mp'} - \ln \frac{p'_0}{p'} = 0 \qquad (6.3.21)$$

式中:p'_0 即为硬化参量,由 ε_v^p 确定,即

$$H = p'_0 = H(\varepsilon_v^p) \qquad (6.3.22)$$

由于 $A(p'_0, 0, v_0)$ 同时位于正常固结线及回弹曲线上,因此满足

$$\begin{cases} v_0 = N - \lambda \ln p'_0 \\ v_0 = N_\kappa - \kappa \ln p'_0 \end{cases} \qquad (6.3.23)$$

可得

$$\ln p'_0 = \frac{N - N_\kappa}{\lambda - \kappa} \qquad (6.3.24)$$

考虑到屈服面上的点在 $v\text{-}\ln p'$ 平面内满足回弹曲线,因此

$$N_\kappa = v + \kappa \ln p' \qquad (6.3.25)$$

结合式(6.3.24)、式(6.3.25)及式(6.3.21)可得剑桥模型的屈服面方程

$$q = \frac{Mp'}{\lambda - \kappa}(N - v - \lambda \ln p') \qquad (6.3.26)$$

在主应力空间,剑桥模型的屈服面形式如图 6-14 所示,形状为弹头形。

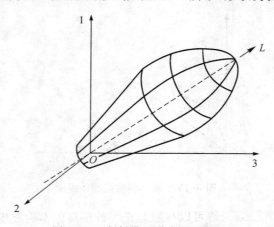

图 6-14　剑桥模型弹头形屈服面

6. 剑桥模型本构方程

对式(6.3.26)进行微分可得

$$\mathrm{d}v = -\left[\frac{\lambda-\kappa}{Mp'}(\mathrm{d}q - \eta\mathrm{d}p') + \frac{\lambda}{p'}\mathrm{d}p'\right] \tag{6.3.27}$$

式中:$\eta = q/p'$,称为剪压比。由于 $\mathrm{d}\varepsilon_{\mathrm{v}} = -\dfrac{\mathrm{d}v}{v} = -\dfrac{\mathrm{d}v}{1+e}$,则有

$$\mathrm{d}\varepsilon_{\mathrm{v}} = \frac{\lambda-\kappa}{(1+e)Mp'}\left[\left(\frac{M\lambda}{\lambda-\kappa} - \eta\right)\mathrm{d}p' + \mathrm{d}q\right] \tag{6.3.28}$$

将式(6.3.28)代入能量方程式(6.3.16),可得

$$\mathrm{d}\varepsilon_{\mathrm{s}} = \frac{\lambda-\kappa}{(1+e)Mp'}\left(\mathrm{d}p' + \frac{1}{M-\eta}\mathrm{d}q\right) \tag{6.3.29}$$

综合式(6.3.28)和式(6.3.29),剑桥模型的弹塑性矩阵可表示为

$$\begin{Bmatrix} \mathrm{d}\varepsilon_{\mathrm{v}} \\ \mathrm{d}\varepsilon_{\mathrm{s}} \end{Bmatrix} = \frac{\lambda-\kappa}{(1+e)Mp'}\begin{bmatrix} \dfrac{M\lambda}{\lambda-\kappa} - \eta & 1 \\ 1 & \dfrac{1}{M-\eta} \end{bmatrix}\begin{Bmatrix} \mathrm{d}p' \\ \mathrm{d}q \end{Bmatrix} \tag{6.3.30}$$

7. 修正剑桥模型

Burland(1965)提出了对剑桥模型的修正,考虑到屈服曲线与临界状态线以及正常固结线交点的变形情况,对式(6.3.15)做如下修正:

$$\mathrm{d}W^{\mathrm{p}} = p'\sqrt{(\mathrm{d}\varepsilon_{\mathrm{v}}^{\mathrm{p}})^2 + (M\mathrm{d}\varepsilon_{\mathrm{s}}^{\mathrm{p}})^2} \tag{6.3.31}$$

结合式(6.3.11)可以得到

$$\frac{\mathrm{d}\varepsilon_{\mathrm{v}}^{\mathrm{p}}}{\mathrm{d}\varepsilon_{\mathrm{s}}^{\mathrm{p}}} = \frac{M^2 - (q/p')^2}{2q/p'} = \frac{M^2 - \eta^2}{2\eta} \tag{6.3.32}$$

代入式(6.3.17)并积分可以得到修正剑桥模型的屈服面方程为

$$\left(\frac{p' - p_0/2}{p_0/2}\right)^2 + \left(\frac{q}{Mp_0/2}\right)^2 = 1 \tag{6.3.33}$$

该屈服曲线在 $p'\text{-}q$ 平面上为一椭圆,如图 6-15 所示。

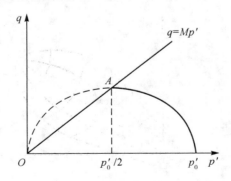

图 6-15　修正剑桥模型屈服面

结合相关联的流动法则,最终可以得到修正剑桥模型的本构方程为

$$\begin{Bmatrix} \mathrm{d}\varepsilon_{\mathrm{v}} \\ \mathrm{d}\varepsilon_{\mathrm{s}} \end{Bmatrix} = \frac{\lambda-\kappa}{v}\frac{2\eta}{M^2+\eta^2}\begin{bmatrix} \dfrac{\kappa}{\lambda-\kappa}\dfrac{M^2+\eta^2}{2\eta} & 1 \\ 1 & \dfrac{2\eta}{M^2+\eta^2} \end{bmatrix}\begin{Bmatrix} \dfrac{\mathrm{d}p'}{p'} \\ \mathrm{d}\eta \end{Bmatrix} \tag{6.3.34}$$

剑桥模型除了弹性参数以外,只有 λ、κ、M 三个模型参数,均可由常规三轴试验测定。λ、κ 的值可以利用不同 σ_3 的等向压缩与膨胀试验得到。M 值可以通过三轴排水剪或不排水剪试验得出。

剑桥模型是当前应用最为广泛的模型之一,是将应变硬化塑性理论用于正常固结黏土和弱超固结黏土而建立的较为完善的塑性模型。其具有充分的实验依据、物理概念及几何意义,同时模型考虑了岩土类材料的静水压力屈服特性、剪缩性及剪胀性,因而受到国内外岩土工程界的普遍重视。

6.3.2 Lade-Duncan 模型

Lade 与 Duncan(1975)根据对砂土的真三轴试验结果,提出了一种适用于砂类土的弹塑性模型。该模型采用 Lade 屈服准则,表达式如下:

$$f(I_1, I_3, k) = I_1^3 - kI_3 = 0 \tag{6.3.35}$$

式中:k——材料硬化参数,当土体破坏时 $k = k_{\mathrm{f}}$。

Lade-Duncan 屈服准则由试验资料拟合得到,在应力空间中屈服面是开口曲边三角锥面,如图 6-16 所示。1979 年,Lade 对屈服面函数进行了修正和完善,在开口曲边三角锥面上加了一个球形屈服面,成了又一种帽子模型,使其能适用于粘性土地基分析。

Lade-Duncan 模型假设土体为加工硬化材料,随着塑性应变的发展,屈服面持续扩大,直至达到破坏面。

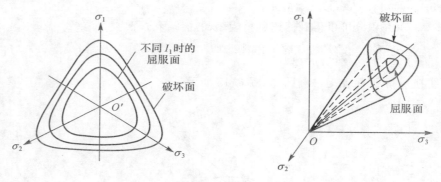

图 6-16 Lade-Duncan 模型屈服面

模型认为材料服从不相关的流动法则,即塑性势函数 g 与屈服函数 f 不同但取相同形式:

$$g = I_1^3 - k_1 I_3 = 0 \tag{6.3.36}$$

式中:k_1——塑性势函数参数,由试验确定。

该模型采用塑性功为硬化参数,即

$$k = H(W_{\mathrm{p}}) = H\left(\int \sigma_{ij}\,\mathrm{d}\varepsilon_{ij}^{\mathrm{p}}\right) \tag{6.3.37}$$

试验结果表明,当 k 值处于小于 27 的某一范围内时,塑性功很小,可以忽略不计。当塑性功超过某一 k_{t} 值(k_{t} 为一稍大于 27 的值)时,$k - k_{\mathrm{t}}$ 与塑性功 W_{p} 的关系可近似用双曲线函数表示如下：

$$k - k_\mathrm{t} = \frac{W_\mathrm{p}}{a + bW_\mathrm{p}}$$ (6.3.38)

式中：a、b—— 双曲线参数，由试验确定。

将式(6.3.36)代入塑性流动法则式(6.1.3)可得

$$\begin{Bmatrix} \mathrm{d}\varepsilon_{xx}^\mathrm{p} \\ \mathrm{d}\varepsilon_{yy}^\mathrm{p} \\ \mathrm{d}\varepsilon_{zz}^\mathrm{p} \\ \mathrm{d}\varepsilon_{xy}^\mathrm{p} \\ \mathrm{d}\varepsilon_{yz}^\mathrm{p} \\ \mathrm{d}\varepsilon_{zx}^\mathrm{p} \end{Bmatrix} = \mathrm{d}\lambda \begin{Bmatrix} 3I_1^2 - k_1\sigma_{yy}\sigma_{zz} + k_1\tau_{yz}^2 \\ 3I_1^2 - k_1\sigma_{zz}\sigma_{xx} + k_1\tau_{zx}^2 \\ 3I_1^2 - k_1\sigma_{xx}\sigma_{yy} + k_1\tau_{xy}^2 \\ 2k_1\sigma_{zz}\tau_{xy} - 2k_1\tau_{yz}\tau_{zx} \\ 2k_1\sigma_{xx}\tau_{yz} - 2k_1\tau_{xy}\tau_{zx} \\ 2k_1\sigma_{yy}\tau_{zx} - 2\tau_{xy}\tau_{yz} \end{Bmatrix}$$ (6.3.39)

上式即为 Lade-Duncan 模型塑性应变增量表达式。弹性应变则采用广义胡克定律计算。

在 Lade-Duncan 模型中，直接出现的材料参数有塑性参数 k、k_1、$\mathrm{d}\lambda$ 及弹性参数 E_ur、v 等 5 个，均可通过三轴试验确定。其中，弹性常数 v 变化范围不大，根据经验假设即可。弹性模量 E_ur 采用 Janbu 公式计算：

$$E_\mathrm{ur} = k_\mathrm{ur} p_\mathrm{a} \left(\frac{\sigma_3}{p_\mathrm{a}}\right)^n$$ (6.3.40)

式中：p_a—— 大气压强；

n—— 材料常数；

k_ur—— 卸载再加载土体的模量。

硬化参数 k 与塑性功的关系由式(6.3.38)给出，如图 6-17 所示。类似于 Duncan-Change 模型，式(6.3.38)中的 a、b 分别代表双曲线的初始斜率之倒数以及当 W_p 很大时，$k - k_\mathrm{t}$ 的渐近线的倒数。参照 D-C 模型，有

$$a = m p_\mathrm{a} \left(\frac{\sigma_3}{p_\mathrm{a}}\right)^l$$ (6.3.41)

$$b = \frac{1}{(k - k_\mathrm{t})_\mathrm{ult}} = \frac{R_\mathrm{f}}{(k_\mathrm{f} - k_\mathrm{t})}$$ (6.3.42)

式中：m、l—— 无量纲数。

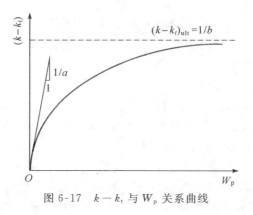

图 6-17　$k - k_\mathrm{t}$ 与 W_p 关系曲线

R_f——破坏比，$R_f = \dfrac{k_f - k_t}{(k - k_t)_{ult}}$，$(k - k_t)_{ult}$ 表示硬化参数的极限值，k_f 为破坏时的硬化参数。

塑性势参数 k_1 可以通过三轴试验测定，如果定义塑性泊松比为

$$\nu^p = \frac{d\varepsilon_3^p}{d\varepsilon_1^p} = \frac{3I_1^2 - k_1\sigma_1\sigma_3}{3I_1^2 - k_1\sigma_3^2} \tag{6.3.43}$$

则有

$$k_1 = \frac{3I_1^2(1 + \nu^p)}{\sigma_3(\sigma_1 + \nu^p\sigma_3)} \tag{6.3.44}$$

试验结果表明利用式(6.3.44)计算得到的 k_1 与硬化参数 k 存在下列关系：

$$k_1 = Ak + 27(1 - A) \tag{6.3.45}$$

式中：A——常数。

塑性因子 $d\lambda$ 可以根据塑性势函数式(6.3.36)及硬化函数式(6.3.37)求出：

$$d\lambda = \frac{a\,dk}{3(I_1^3 - k_1I_3)\left(1 - R_f\dfrac{k - k_t}{k_f - k_t}\right)^2} \tag{6.3.46}$$

Lade-Duncan 模型较好地考虑了剪切屈服，反映了三个主应力对于土体屈服与破坏的影响，即考虑了应力洛德角的影响。模型共计 9 个参数，均可通过三轴试验确定，采用不相关的流动法则，更接近于试验值，但弹塑性矩阵不对称，不利于计算。Lade-Duncan 只适用砂土，还不能用于黏土和岩石类材料。

6.4 边界面模型

6.4.1 边界面模型的基本概念

在一般的弹塑性模型中，通常认为当应力路径落在屈服面内时，土体只产生弹性变形。事实上，当应力点在屈服面内时，随着应力状态的变化，仍然可能产生不可恢复的塑性变形。尤其是对于周期荷载和反向大卸载情况，考虑应力路径在屈服面内时可能产生的塑性变形具有更重要的意义。为了描述这种特征，Morz(1967)最早提出了多环套叠屈服面模型，该模型由边界固结面、起始屈服面及一系列套叠屈服面组成，它们随应力应变的变化发生相应的移动和胀缩。

边界面模型则是多环套叠屈服面模型的进一步发展。在边界面模型中，相应于一应力状态通常存在一边界面和一屈服面，如图 6-18 所示。在加载历史中，相应于最大加载应力的屈服面为边界面。卸载再加载过程，或在周期荷载作用下，应力点落在边界面内时，与该点相应还存在一屈服面 f_i，屈服面 f_i 不仅与该点应力状态有关，还与应力路径有关。应力状态改变时，应力点和相应的屈服面 f_i 只能在边界面内运动。若应力点达到边界面时，继续加载则边界面扩大，屈服面 f_i 总不能超过边界面。屈服面 f_i 的位置和形状随着塑性应变的产生和发

展在边界面范围内移动和胀缩。边界面则随着加载过程中最大应力状态的增大而扩大。不同的边界面模型对边界面的变化规律和屈服面 f_i 的变化规律有不同的规定。有些模型把屈服面 f_i 上的应力点和边界面上的应力点联系起来，两点的应力-应变关系之间也建立一定的联系。于是，各应力状态下的变形可以通过该点与边界面的关系，通过变界面上的应力-应变关系来求解。边界面模型适用于单调和重复加载情况。

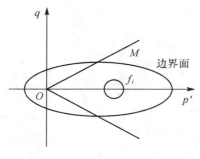

图 6-18　边界面模型

6.4.2　Dafalias-Hermann 边界面模型

Dafalias 和 Herrmann 采用的边界面在 p'-q 平面内由两段椭圆曲线和一段双曲线组成，如图 6-19 所示。根据剪压比 η 的不同取值，边界面方程可分为以下三种情况。

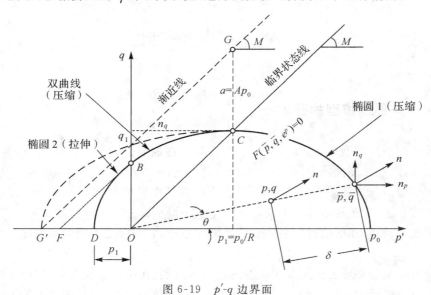

图 6-19　p'-q 边界面

（1）$0 \leqslant \eta < M$

此段边界面取椭圆形状，临界点 C 的坐标为 (p_1, q_1)，p_1 可用下式表达：

$$p_1 = p_0/R \tag{6.4.1}$$

式中：R—— 材料常数，剑桥模型中取 $R = e = 2.72$，修正剑桥模型取 $R = 2$，也可由试验确定；

p_0—— 椭圆与 p' 轴交点处平均有效应力值。

该部分边界面(椭圆 1)方程可表示为

$$f = \left(\frac{\bar{p}}{p_0}\right)^2 + (R-1)^2 \left(\frac{\bar{q}/p_0}{M}\right)^2 - \frac{2}{R}\frac{\bar{p}}{p_0} + \frac{2-R}{R} = 0 \tag{6.4.2}$$

式中：M—— 临界状态线斜率；

$\bar{p}$、$\bar{q}$—— 边界面上应力。

(2) $M \leqslant \eta \leqslant +\infty$

此时边界面建议采用双曲线，双曲线顶点 C 距中心点 G 的距离为 $a = Ap_0$。双曲线的渐近线 GG' 平行于临界状态线 OC。于是双曲线方程可表示为

$$f = \left(\frac{\bar{p}}{p_0}\right)^2 - \frac{2}{R}\frac{\bar{p}}{p_0} - \left(\frac{\bar{q}/p_0}{M}\right)^2 + 2\left(\frac{1}{R} + \frac{A}{M}\right)\frac{\bar{q}/p_0}{M} - \frac{2}{R}\frac{A}{M} = 0 \tag{6.4.3}$$

(3) $-\infty < \eta \leqslant 0$

BD 为材料在拉伸时的边界面，Dafalias 和 Hermann 也建议采用椭圆形状。在 B 点与双曲线有共同的切线，与 p' 轴相交于 D(p_t 为抗拉强度)。记 $p_t = Tp_0$，且令

$$y = RA/M \tag{6.4.4}$$

边界面方程可表示为

$$f = \left(\frac{\bar{p}}{p_{0t}}\right)^2 + (R_t-1)^2 \frac{(\bar{q}/p_{0t})^2}{M_t} - \frac{2}{R_t}\frac{\bar{p}}{p_{0t}} + \frac{2-R_t}{R_t} = 0 \tag{6.4.5}$$

式中
$$M_t = \frac{Y-RT}{R^2 T^2}\left(\frac{Y(Y-2RT)}{1+Y^2}\right)^{1/2} M$$

$$R_t = Y/RT$$

$$p_{0t} = \frac{TY}{Y-2RT} p_0$$

$$Y = (1+y)(1+y^2)^{1/2} + (1+y^2)$$

式(6.4.2)、式(6.4.3)和式(6.4.5)确定了边界面形状，参数为 R、M、T、A 和 p_0。

边界面确定后，采用下述方式确定边界面内应力点 p、q 与边界面上应力点 $\bar{p}$、$\bar{q}$ 之间的关系。延长原点与应力点 p、q 连线交边界面于 $\bar{p}$、$\bar{q}$ 点，两应力点之间距离记为 δ，这样就建立了边界面内应力点和边界面上应力点的关系。

边界面方程统一记为

$$f(\bar{\sigma}_{ij}, e^p) = 0 \tag{6.4.6}$$

式中：e^p—— 塑性孔隙比，定义边界面硬化性状的塑性内变量；

$\bar{\sigma}_{ij}$—— 边界面上应力。

在边界面模型中，式(6.1.1)中弹性部分本构关系可以表示为

$$d\varepsilon_{ij}^e = C_{ijkl} d\sigma_{kl} \tag{6.4.7}$$

式中：C_{ijkl}—— 柔度张量。

塑性部分本构关系可表示为

$$d\varepsilon_{ij}^p = \langle L \rangle n_{ij} \tag{6.4.8}$$

$$L = \frac{1}{K} d\sigma_{ij} n_{kl} = \frac{1}{K_b} d\bar{\sigma}_{ij} n_{kl} \tag{6.4.9}$$

式中：n_{ij}—— 边界面上 $\bar{\sigma}_{ij}$ 点的单位法线；

K—— 应力状态 σ_{ij} 对应的塑性模量；

K_b—— 与应力状态 $\bar{\sigma}_{ij}$ 关联的塑性模量；

$\langle\rangle$—— 括号 $\langle\rangle$ 定义运算 $\langle z\rangle = zh(z)$，h 为阶梯函数。

K 和 K_b 的关系可表示为

$$K = K_b + H(\sigma_{ij}, e^{\mathrm{p}}) \frac{\delta}{\delta_0(\sigma_{ij}, e^{\mathrm{p}}) - \delta} \tag{6.4.10}$$

式中：H—— 硬化参数；

$\delta_0(\sigma_{ij}, e^{\mathrm{p}})$—— 参考应力，例如可取最大等向应力 p_0。

塑性孔隙比增量可用下式表示：

$$\mathrm{d}\varepsilon^{\mathrm{p}} = -(1 + e_0)\mathrm{d}\varepsilon^{\mathrm{p}}_{kk} \tag{6.4.11}$$

式中：e_0—— 初始孔隙比。

结合式(6.4.8)、式(6.4.9)、式(6.4.11)和 $\mathrm{d}f = 0$，可得

$$K_b = \frac{1 + e_0}{\left[\dfrac{\partial f}{\partial \sigma_{ij}} \dfrac{\partial f}{\partial \sigma_{ij}}\right]} \frac{\partial f}{\partial e^{\mathrm{p}}} \frac{\partial f}{\partial \sigma_{kk}} \tag{6.4.12}$$

当 $\delta = 0$ 时，应力状态 σ_{ij} 在边界面上，σ_{ij} 与 $\bar{\sigma}_{ij}$ 重合且 $K = K_b$。在加载时($L > 0$)，$K_b > 0$ 时，边界面扩大，$K_b < 0$，边界面缩小，$K_b = 0$，不产生硬化。由式(6.4.10)不难看出，当 δ 较小时，可以得到 K_b 和 K 均小于零的情况，这样可以描述超固结土的加工软化现象。

结合式(6.4.7)、式(6.4.8)和式(6.4.9)，得本构关系为

$$\mathrm{d}\sigma_{kl} = E_{klij}(\mathrm{d}\varepsilon_{ij} - \langle L\rangle n_{ij}) \tag{6.4.13}$$

$$L = \frac{E_{rspq}n_{rs}\mathrm{d}\varepsilon_{pq}}{K + E_{abcd}n_{ab}n_{cd}} \tag{6.4.14}$$

式中：E_{klij}—— 弹性模量张量，等于 C_{ijkl}^{-1}。

Dafalias 和 Hermann 边界面模型弹性本构方程为

$$\mathrm{d}\varepsilon^{\mathrm{e}}_v = \mathrm{d}p'/B \tag{6.4.15}$$

$$\mathrm{d}\varepsilon^{\mathrm{e}}_s = \mathrm{d}q/3G \tag{6.4.16}$$

式中：G—— 剪切模量；

B—— 体积模量。

体积模量 B 用下式表示：

$$B = (1 + e_0)p/k \tag{6.4.17}$$

式中：k—— $e\text{-}\ln p'$ 回弹曲线斜率。

由式(6.4.8)和正常固结线，可得

$$\mathrm{d}p_0 = \frac{(1 + e_0)p}{\lambda - k}\mathrm{d}\varepsilon^{\mathrm{p}}_v \tag{6.4.18}$$

式中：λ—— $e\text{-}\ln p'$ 固结曲线斜率。

塑性本构方程可表示为

$$\mathrm{d}\varepsilon^{\mathrm{p}}_v = \langle L\rangle n_p \tag{6.4.19}$$

$$\mathrm{d}\varepsilon^{\mathrm{p}}_s = \langle L\rangle n_q \tag{6.4.20}$$

$$L = \frac{1}{K}(\mathrm{d}pn_p + \mathrm{d}qn_q) = \frac{1}{K_b}(\mathrm{d}\bar{p}n_p + \mathrm{d}\bar{q}n_q) \tag{6.4.21}$$

式中：n_p、n_q—— 边界面上 $\bar{p}$、$\bar{q}$ 应力点的单位法线在 p、q 方向的分量；

K—— 应力状态 p、q 对应的塑性模量；

K_b—— 应力状态 $\bar{p}$、$\bar{q}$ 关联的塑性模量；

$\langle\,\rangle$—— 括号 $\langle\,\rangle$ 定义运算 $\langle z\rangle = zh(z)$，h 为阶梯函数。

式(6.4.21) 中 n_p、n_q 和 L 的表达式分以下三种情况表示：

(1) $0 \leqslant \eta < M$（椭圆 1）

$$n_p = \frac{1}{g}\left(f(\eta) - \frac{1}{R}\right) \tag{6.4.22}$$

$$n_q = \frac{1}{g}\eta f(\eta)'\left(\frac{R-1}{M}\right)^2 \tag{6.4.23}$$

其中

$$f(\eta) = \frac{1 \pm (R-1)(1 + R(R-2)x^2)^{1/2}}{R(1 + x^2 + R(R-2)x^2)} \ (\text{取 + 号}) \tag{6.4.24}$$

$$g = \left[\left(f(\eta) - \frac{1}{R}\right)^2 + \eta^2 f^2(\eta)\left(\frac{R-1}{M}\right)^4\right]^{1/2} \tag{6.4.25}$$

式中：$x = \eta/M$。

由式(6.4.18)、式(6.4.2)、式(6.4.19)、式(6.4.22) 和式(6.4.23)，可得

$$K_b = \frac{1+e_0}{\lambda-k}\frac{p_0}{R}\frac{1}{g^2}\left(f(\eta) - \frac{1}{R}\right)(f(\eta) + R - 2) \tag{6.4.26}$$

(2) $M \leqslant \eta \leqslant +\infty$（双曲线）

$$n_p = \frac{1}{g}\left(f(\eta) - \frac{1}{R}\right) \tag{6.4.27}$$

$$n_q = \frac{1}{g}\frac{A + (M/R) - \eta f(\eta)}{M} \tag{6.4.28}$$

其中

$$f(\eta) = \frac{x - 1 + xy - \left[(x-1)^2 - 2(x-1)y + x^2 y^2\right]^{1/2}}{R(x^2 - 1)} \tag{6.4.29}$$

$$g = \left[\left(f - \frac{1}{R}\right)^2 + \left(\frac{A + (M/R) - \eta f}{M^2}\right)^2\right]^{1/2} \tag{6.4.30}$$

式中：$x = \eta/M$。

由式(6.4.18)、式(6.4.3)、式(6.4.19)、式(6.4.27) 和式(6.4.12)，可得

$$K_b = \frac{1+e_0}{\lambda-k}\frac{p_0}{R}\frac{1}{g^2}\left(f(\eta) - \frac{1}{R}\right) - \left\{[1 - x(1+y)]f(\eta) + \frac{2A}{M}\right\} \tag{6.4.31}$$

(3) $-\infty < \eta \leqslant 0$（椭圆 2）

用 M_t、R_t 代替 M 和 R，式(6.4.24) 中 $\pm$ 处取 $-$ 号，则椭圆 1 部分的式(6.4.22) 至式(6.4.25) 均可运用于椭圆 2。

对上述三种情况，取 $\delta_0 = p_0$。同时，硬化函数 $H(p,q,e^p)$ 取下述形式：

$$H(p,q,e^p) = \frac{1+e_0}{\lambda-k}\left(1 + \left|\frac{m}{\eta}\right|^n\right)h \tag{6.4.32}$$

式中：m—— 形状硬化因子；

h—— 材料常数。

于是,式(6.4.10) 的具体表达式为

$$K = K_b + \frac{1+e_0}{\lambda-k}\left(1+\left|\frac{m}{\eta}\right|^n\right)h\frac{\delta}{p_0-\delta} \tag{6.4.33}$$

δ 可表示为

$$\delta = (f(\eta)p_0 - p)(1+\eta^2)^{1/2} \tag{6.4.34}$$

归一化 K_b 值与 θ 值的关系(取 $R = 2.72, M = 1.05$ 和 $A = 0.3$)。

本构方程的表达式为

$$\mathrm{d}p = B(\mathrm{d}\varepsilon_v - \langle L \rangle n_v) \tag{6.4.35}$$

$$\mathrm{d}q = 3G(\mathrm{d}\varepsilon_s - \langle L \rangle n_q) \tag{6.4.36}$$

$$L = \frac{Bn_p\mathrm{d}\varepsilon_v + 3Gn_q\mathrm{d}\varepsilon_s}{K + Bn_p^2 + 3Gn_q^2} \tag{6.4.37}$$

6.5 内时塑性理论

内蕴时间塑性理论(简称内时理论) 最初是由 K.C. Valanis 于 1971 年提出的,该理论的最基本概念可以表述为:塑性和粘塑性材料内任意一点的现时应力状态,是该点邻域内整个变形和温度历史的泛函;而特别重要的是变形历史用一个取决于变形中材料特性和变形程度的内蕴时间来量度。采用内蕴时间 z 而不用牛顿时间 t 去量度不可逆变性的历史,就把材料性质及其内部结构变化对于本构关系的重要影响突出到用一个基本变量加以描述的程度。内时理论不以屈服面的概念作为其理论发展的基本前提,也不把确定屈服面作为其计算的依据。屈服面的概念及运动硬化和等向硬化规则等可以作为内时理论的特殊情况,通过理想化和简化而得到。

塑性变形是一个不可逆的变形过程,一个经受塑性变形的物体应当考虑成为一个不可逆的热力学系统。不可逆的热力学状态可以由一个基本状态变量和内变量的完整集合唯一地确定。热力学系统的状态变量是一个可测量的(直接的或间接的)物理实体。如果这个状态变量不是其他以前发现的状态变量的函数,则称为基本的状态变量。应变张量(其分量记为 x_i)和物理量温度 T 是基本的状态变量。内变量是与基本状态变量现时值的一个集合一起去唯一地决定不可逆系统状态的、附加的、不一定能观察的,但是独立的变量。通常记为 $q_\alpha(\alpha = 1,2,\cdots,m)$。内变量的具体物理含义可能是非常广泛的,它取决于具体材料在具体条件下的内部结构与组织状况。

于是,可以用一个由应变 $x_i(i=1,2,\cdots,6)$、温度 T 和内变量 $q_\alpha(\alpha = 1,2,\cdots,m)$ 所组成的 $m+7$ 维状态空间唯一地描述不可逆系统的不可逆热力学状态。设 P 是该空间中的一点,则内能 E 表示成下述形式:

$$E = E(P) \tag{6.5.1}$$

展开上式得

$$E = E(x_i, T, q_\alpha), i=1,2,\cdots,6;\alpha = 1,2,\cdots,m \tag{6.5.2}$$

式(6.5.2) 表明对不可逆系统,内能在 t 时间的值 $E(t)$ 由应变、温度和内变量的当时值

$x_i(t)$、$T(t)$ 和 $q_a(t)$ 所完全决定。

对任何一个经历热力学过程的不可逆系统，存在着一个成为"熵"的状态函数 $\eta(x_i, \theta, q_a)$，其中 $\theta = \theta(x_i, T)$，也具有温度的含义，以及由它得出的自由能状态函数 $\psi(x_i, \theta, q_a)$。自由能状态函数 ψ 起着一个势的作用，应力 X_i 和熵的数值可以由它对应的应变分量和温度求偏导数而求出，即

$$X_i = \frac{\partial \psi}{\partial x_i}\bigg|_\theta \tag{6.5.3}$$

$$\eta = -\frac{\partial \psi}{\partial \theta}\bigg|_{x_i} \tag{6.5.4}$$

自由能状态函数的表达式为

$$\psi = E - \theta\eta \tag{6.5.5}$$

且有

$$\dot{\psi} = X_i \dot{x}_i + \frac{\partial \dot{\psi}}{\partial q_a} \dot{q}_a - \eta\dot{\theta} \tag{6.5.6}$$

在等温及 $\dot{q}_a = 0$ 的条件下，系统从应变状态 x_i^1 改变至 x_i^2，则系统自由能增加量为

$$\Delta\psi = \int_{x_i^1}^{x_i^2} X_i \, \mathrm{d}x_i \tag{6.5.7}$$

在经典热力学中，我们有极为重要的 Kelvin 假设，将此假设与自由能概念联系起来则可陈述如下：

在等温条件下，如果无搅动时，带有稳定边界的自由能不能增加。

根据这一公设，可得到

$$\dot{\psi}\big|_{x,\theta} = \frac{\partial \psi}{\partial q_a} \dot{q}_a \leqslant 0 \tag{6.5.8}$$

即

$$-\frac{\partial \psi}{\partial q_a} \mathrm{d}q_a \geqslant 0 \tag{6.5.9}$$

式(6.5.8)和式(6.5.9)对每个内变量 q_a 的变化都成立。引进相应于第 α 个内变量 $\mathrm{d}q_a$ 的广义摩擦力 $Q^{(a)}$，则有

$$Q^{(a)} = -\frac{\partial \psi}{\partial q_a} \tag{6.5.10}$$

及

$$Q^{(a)} \mathrm{d}q_a \geqslant 0 \tag{6.5.11}$$

将内变量及广义内摩擦力表示成二阶张量的形式，得

$$Q_{ij}^{(a)} \mathrm{d}q_{ij}^a \geqslant 0 \tag{6.5.12}$$

及

$$Q_{ij}^{(a)} = -\frac{\partial \psi}{\partial q_{ij}^a} \tag{6.5.13}$$

内时理论通过对由内变量表征的材料内部组织结构不可逆变化时所必须满足的热力学约束条件的研究，得出了内变量变化所必须满足的规律，从而给出了具体材料在具体条件下的一条特定的不可逆热力学变量的演变途径，由此规定了所研究的材料的本构特性，最后能

以显式的本构方程形式表达出来。内时理论的基础比较深广,模型较接近于实际,方法上又特别注重于具体材料在特定条件下的响应特性,因而具有较大的理论意义和实用价值。它可以为许多类材料(金属、岩土、混凝土等)的各种不同力学问题的分析在不同程度上提供新的思路和更现实、更便于分析的模型和方法。

6.5.1 基本概念

为研究图 6-20 所示的一维力学模型的塑性响应特性,提出两种数学模式来描述,分别称为模式 1 和模式 2。首先来说明它们在理想情况下是等价的。

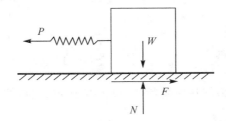

图 6-20 塑性流动简化模型

1. 理想情况

为简化起见,先假设摩擦系数是常数,设 F_y 是临界摩擦力,U^p 表示滑块的位移,U^e 表示弹簧的伸长,U 表示总位移。于是有 $U = U^e + U^p$。按照下述方法构造描述这种理想化滑块运动的两种数学模式。

模式 1:(1) 假定 $|F| < F_y$,$U^p = 0$;

(2) 如果 $|F| = F_y$,且 $\dot{F} = 0$,则 $U^p \neq 0$;

(3) 如果 $|F| = F_y$,且 $\dot{F} < 0$,则 $U^p = 0$。

模式 2:在这一数学模型中引入一个单调增加的参数 ζ,且用 $\mathrm{d}\zeta$ 表示滑块位移增量的绝对值,即

$$\mathrm{d}\zeta = |\mathrm{d}U^p| \tag{6.5.14}$$

该力学模型的响应特性是由下式描述的,即

$$F = F_y \mathrm{d}U^p / \mathrm{d}\zeta, \quad |F| \leqslant F_y \tag{6.5.15}$$

显然,对所述的理想情况,这两个模型是等价的。它们给出了同样的力的响应,所不同的是模式 1 采用力作为独立变量,而模式 2 以位移为独立变量。不过这并不是经典弹塑性模型与内时模型的根本区别。

2. 模式 2 的推广

将模式 2 推广,使式(6.5.15)成为更广泛和更现实的数学模式的一种特殊情况。将式(6.5.15)改写成:

$$F = F_y \int_0^\zeta \delta(\zeta - \zeta') \frac{\mathrm{d}U^p}{\mathrm{d}\zeta'} \mathrm{d}\zeta' \tag{6.5.16}$$

式中:$\delta(\zeta)$ —— 脉冲函数。

脉冲函数可以记为

$$\delta(\zeta) = \lim_{\beta \to 0^+} \beta \zeta^{\beta-1} \tag{6.5.17}$$

将式(6.5.17)代入式(6.5.16),得

$$F = \lim_{\alpha \to 1} \int_0^\zeta \frac{K}{(\zeta - \zeta')^\alpha} \frac{dU^p}{d\zeta} d\zeta' \tag{6.5.18}$$

式中:$\alpha = 1 - \beta$;

　　　$K = F_y(1-\alpha)$。

式(6.5.18)中的核心函数 K/ζ 在原点具有弱奇异性,并且在 $\alpha < 1$ 时可积(对一确定的过程 $\dfrac{dU^p}{d\zeta}$ 有一确定值)。因而从数学角度看,下述更一般的数学形式是允许的,即

$$F = \int_0^\zeta \frac{K}{(\zeta - \zeta')^\alpha} \frac{dU^p}{d\zeta} d\zeta', \alpha < 1 \tag{6.5.19}$$

至于这种推广的数学模型是否能表达更广泛的物理模型,则必须联系实际材料表现出来的塑性响应特性加以研究。

3. 硬化过程

对于图 6-20 的模型来说,硬化(或软化)可以通过滑块在运动过程中摩擦力的增加(或减小)来表现。对于实际材料,硬化反映材料内部广义摩擦力的增加,其与反映塑性应变历史影响的累计塑性变形 ζ 有密切关系。回到模型情况有

$$F_y = F_y^0 f(\zeta) \tag{6.5.20}$$

如果只限于讨论硬化,则 $f(\zeta)$ 是 ζ 的单调递增函数。于是可将式(6.5.15)改写成下述形式:

$$F_y = F_y^0 dU^p/dz \tag{6.5.21}$$

式中:dz—— 内蕴时间标度。

内蕴时间标度 dz 的表达式为

$$dz = d\zeta/f(\zeta) \tag{6.5.22}$$

6.5.2　内蕴时间的概念

Valanis(1971) 在《无屈服面粘塑性理论》一文中把称为内蕴时间的广义时间 z 与材料的变形程度及力学性质按下列方式联系起来。首先引入一个应变空间(图 6-21),空间中的点表示一种应变状态。一个单元应变状态的改变过程可以用应变空间中点的移动轨迹——应变路径来描述。再引入一个取决于材料性质的四阶正定张量 P_{ijkl} 作为该空间的度量张量。这样沿着应变路径上相邻两点的距离 $d\zeta$ 就可由下式决定:

$$d\zeta^2 = P_{ijkl} d\varepsilon_{ij} d\varepsilon_{kl} \tag{6.5.23}$$

式(6.5.23)表明:即使应变状态完全相同,因材料不同,其距离变化也是不同的。在应变空间中,反映相继两点应变状态距离的 $d\zeta$ 值总是正的,因此 ζ 被定义为内蕴时间量度。然后再通过一个变换把 ζ 转换成内蕴时间标度 z。变换关系为

$$dz = d\zeta/f(\zeta) \tag{6.5.24}$$

式中：$f(\zeta)$ —— 硬化函数。

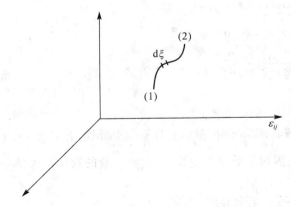

图 6-21　应变空间与应变路径

这样 Valanis 就在应变空间中定义了一条与材料性质及其变化密切相关的"记忆路径"，因而塑性变形下应变路径或应变历史对应力的影响可以通过内蕴时间标度 z 来加以描述。

Valanis(1978) 进一步提出用两个内蕴时间标度 z_d 和 z_h 来描述，z_d 和 z_h 被定义为

$$\mathrm{d}z_d^2 = K_{00}\mathrm{d}\zeta_d^2 + K_{01}\mathrm{d}\zeta_h^2 \tag{6.5.25}$$

$$\mathrm{d}z_h^2 = K_{10}\mathrm{d}\zeta_d^2 + K_{11}\mathrm{d}\zeta_h^2 \tag{6.5.26}$$

式中：ζ_d —— 六维塑性偏应变空间中的内蕴时间量度；

$\quad\quad\zeta_h$ —— 一维塑性球应变空间中的内蕴时间量度；

$\quad\quad K_{rs}$ —— 与内蕴时间量度 ζ_d 和 ζ_h 有关的材料参数，即

$$K_{rs} = K_{rs}(\zeta_d,\zeta_h)(r,s = 0,1) \tag{6.5.27}$$

K_{01} 与 K_{10} —— 表示偏斜响应与体积响应的耦合效应。

根据式(6.5.25) 和式(6.5.26) 以及 $\dfrac{\mathrm{d}\zeta}{\mathrm{d}t} > 0$ 的事实，得

$$-\frac{\partial \psi}{\partial q_{ij}^a}\frac{\mathrm{d}q_{ij}^a}{\mathrm{d}z} \geqslant 0 \tag{6.5.28}$$

将式(6.5.28) 左边按 Taylor 级数展开，略去高阶项，再根据不等式(6.5.11) 的要求，展开式中的线性系数必须为零，则展开式中不可能出现线性项。于是有

$$-\frac{\partial \psi}{\partial q_{ij}^a}\frac{\mathrm{d}q_{ij}^a}{\mathrm{d}z} = \sum_a b_{ijkl}^a\frac{\mathrm{d}q_{ij}^a}{\mathrm{d}z}\frac{\mathrm{d}q_{kl}^a}{\mathrm{d}z} \tag{6.5.29}$$

化简上式，得

$$\frac{\partial \psi}{\partial q_{ij}^a} + b_{ijkl}^a\frac{\mathrm{d}q_{kl}^a}{\mathrm{d}z} = 0 \tag{6.5.30}$$

类似地，自由能函数也可近似地表示为

$$\psi = \frac{1}{2}A_{ijkl}\varepsilon_{ij}\varepsilon_{kl} + B_{ijkl}\varepsilon_{ij}q_{kl}^a + \frac{1}{2}\sum_a C_{ij}^a q_{ij}^a q_{kl}^a + D_{ij}\theta\varepsilon_{ij} + E_{ij}^a\theta q_{ij}^a + \frac{1}{2}F\theta^2 \tag{6.5.31}$$

到此，推导本构关系的基本方程已完全建立。

6.5.3　新型内时弹塑性本构方程

很多材料并不具有明显的屈服点和屈服面,加载一开始,就产生塑性变形。对于这类材料可以通过选择恰当的内蕴时间定义,使之能够描述加载一开始就产生的塑性变形。

如果不考虑偏斜响应和体积响应的耦合效应,即式(6.5.25)和式(6.5.26)中 $K_{01}=K_{10}=0$,也不考虑体积的塑性效应,即 $dz_h=0$,则可以得到用塑性偏应变张量的模作为内时量度的内时本构方程。为了简便起见,将下标 d 省去,于是得

$$d\zeta = \|de_{ij}^p\| \tag{6.5.32}$$

$$dz = d\zeta/f(\zeta) \tag{6.5.33}$$

$$S_{ij} = 2\int_0^z \mu(z-z')\frac{\partial e_{ij}}{\partial z'}dz' \tag{6.5.34}$$

$$de_{ij}^p = de_{ij} - \frac{de_{ij}}{2\mu_0} \tag{6.5.35}$$

$$\mu(z) = \mu_0 G(z) \tag{6.5.36}$$

$$G(z) = \sum_{r=1}^n G_r\exp(-a_rz) \tag{6.5.37}$$

且

$$\sum_{r=1}^n G_r = 1 \tag{6.5.38}$$

将式(6.5.34)和式(6.5.35)进行拉普拉斯变换等运算后,可以得到以塑性偏应变表达的本构方程(Valanis,1979):

$$S_{ij} = 2\mu_0\int_0^z \rho(z-z')\frac{\partial e_{ij}^p}{\partial z'}dz' \tag{6.5.39}$$

且 $\rho(z)$ 和 $G(z)$ 可由下述积分方程相联系:

$$\rho(z)-\int_0^z \rho(z-z')\frac{dG}{dz'}dz' = G(z) \tag{6.5.40}$$

Valanis(1979)证明了 $\rho(z)$ 具有下列函数形式:

$$\rho(z) = \rho_0\delta(z)+\rho_1(z) \tag{6.5.41}$$

$\rho_1(z)$ 的表达式为

$$\rho_1(z) = \sum_{r=1}^n R_r\exp(-\beta_rz) \tag{6.5.42}$$

式中: ρ_0、R_r 和 β_r——正的标量。

将式(6.5.42)代入式(6.5.38)后可将本构方程写成下述形式:

$$S_{ij} = S_{y0}\frac{de_{ij}^p}{dz} + 2\mu_0\int_0^z \rho_1(z-z')\frac{\partial e_{ij}^p}{\partial z'}dz' \tag{6.5.43}$$

式中: S_{y0}——具有初始屈服应力的意义, $S_{y0}=2\mu_0\rho_0$。

为了使塑性变形在一加载时就能得到描述,可令式(6.5.43)中

$$S_{y0} = 0 \tag{6.5.44}$$

对于绝大多数的实际材料来说,当塑性变形在原点附近出现时,应力将急剧上升,在 S_{ij}-e_{ij} 曲线原点处的斜率可达到无穷大,这种情况要求

$$\rho_1(0) = 0 \tag{6.5.45}$$

舍弃下标 1,就得到了含弱奇异性的内时塑性本构方程:

$$S_{ij} = \int_0^z \rho(z-z') \frac{\partial e_{ij}^p}{\partial z'} \mathrm{d}z' \tag{6.5.46}$$

式(6.5.34)至式(6.5.46)构成了 Valanis 新的内时理论的版本,而弱奇异性则是其重要的特性。Valanis(1979)还指出为了满足弱奇异性的要求,式(6.5.33)表示的核心函数的形式必须取成无穷级数,即

$$\rho(z) = \sum_{r=1}^{\infty} R_r \exp(-\beta_r z) \tag{6.5.47}$$

并要求

$$\sum_{r=1}^{\infty} R_r = \infty \tag{6.5.48}$$

$$\sum_{r=1}^{\infty} \frac{R_r}{\beta_r} < \infty \tag{6.5.49}$$

式(6.5.48)是为了满足奇异性要求,而式(6.5.49)则是为了满足可积性的要求。

范镜泓(1985b)认为,为了便于实际应用,对本构方程的要求概括起来有以下几个方面:首先应不含屈服面,但屈服面的情况又可以作为特例而存在;其次能将弹塑性响应综合在一个本构方程内;再次应具有适于计算机处理的形式,既要将其变成增量的方程以便于计算机计算复杂加载的情况,又要反映变形历史的重要影响,而更重要的是应便于解决由于涉及整个变形历史而要求存贮大量信息的问题;最后,本构方程的构成应易于用简单的试验去决定有关的材料函数。要满足这样一些综合性的要求,必须联系到问题的物理背景并采用恰当的数学处理来解决。

Valanis 和范镜泓(1983,1984)从试验结果发现,三个内变量就足以描述在通常感兴趣的变形范围内的弹塑性响应特性,这对应着下述核心函数:

$$\rho(z) = B_0 a_1 \exp(-\alpha_1 z) + C_2 \exp(-\alpha_2 z) + C_3 \exp(-\alpha_3 z) \qquad \alpha_1 \text{ 足够大} \tag{6.5.50}$$

显然,重要的是如何决定式中的参数。Valanis 和范镜泓(1983,1984)建议用曲线拟合的方法,根据拉伸曲线靠近原点处一些试验点的集合定出 α_1、α_2、α_3、B_0、C_1 和 C_2 等常数值。利用 $\rho(z)$ 在 $z=0$ 的邻域内急速从 ∞ 衰减至零的特性,可认为硬化函数 $f(\zeta)$ 是一个在该区域中较之核心函数 $\rho(z)$ 变化十分缓慢的函数,这就提供了将它们分离开来,并将它们在不同的试验区段加以决定的数学基础。具有式(6.5.50)的 $\rho(z)$ 的形式在开区间 $(0,\infty)$ 内是连续和可微的,因而可将式(6.5.46)对 z 进行微分,得

$$\mathrm{d}S_{ij} = 2\mu_p \mathrm{d}e_{ij} + \lambda_p h_{ij} \mathrm{d}z \tag{6.5.51}$$

上式也可写成

$$\{\mathrm{d}\sigma\} = [D]\{\mathrm{d}\varepsilon\} + \{\mathrm{d}H_p\} \tag{6.5.52}$$

式(6.5.51)或式(6.5.52)就是 Valanis 和范镜泓(1983)提出的新型内时弹塑性本构方程。从总体上看它是增量型的,并将线性部分与非线性部分分开了。非线性部分是通过遗传积分

型的项 $h_{ij}(z)$ 来引入变形历史的影响的。

根据方程式(6.5.52)不难发展一种便于在工程中应用的有限元计算方法。

本章小结

相较于弹性模型,土的塑性模型能够更好地反映土的实际变形特征,更能体现土体的应变硬化(软化)特性、剪胀性以及主应力和应力路径对变形的影响,因此具有更加广泛的适用性。本章重点介绍了理想塑性模型、应变硬化模型、边界面模型以及内时塑性理论等4大类塑性模型。这些模型分别有着各自的优缺点及适用范围,在实际的岩土工程问题中应视具体问题采用适合的模型进行分析,例如 Prandtl-Reuss 模型采用 Mises 屈服准则,忽视了土抗剪强度中的摩擦分量,因而只可近似用于饱和土的不排水分析。而 Mohr-Coulomb 模型对此有一定改进,但其屈服面存在奇异点也使得数值计算更为复杂。随着计算科学的不断发展,土的塑性模型有了更为广阔的发展空间,除了本章所介绍的几种典型塑性模型之外,还有许多岩土塑性模型,有兴趣的读者可以查阅相关文献资料。

习题与思考题

1. 试证明理想弹塑性模型本构关系的一般表达式

$$d\varepsilon_{ij} = \frac{dI_1}{9K}\delta_{ij} + \frac{dS_{ij}}{2G} + d\lambda\left(\frac{\partial f}{\partial I_1}\delta_{ij} + \frac{\partial f}{\partial S_{ij}}\right)$$

2. 简述临界状态线、Roscoe 面、Hovrslev 面的含义。

3. 试比较 Mohr-Coulomb 屈服条件和 Lade-Duncan 屈服条件的不同之处以及它们的适用范围。

4. 试推导修正剑桥模型屈服面方程。

5. 试说明边界面模型的主要特点。

6. 什么叫内蕴时间?塑性内时理论与传统的塑性理论有何区别?

参考文献

[1] 范镜泓. 耗散性材料本构方程的形式不变性定律[J]. 重庆大学学报,1985,8(6):42-48.

[2] 范镜泓. 内蕴时间塑性理论及其新进展[J]. 力学进展,1985,15(3):273-290.

[3] 龚晓南. 高等土力学[M]. 杭州:浙江大学出版社,1995.

[4] 龚晓南. 土塑性力学[M]. 杭州:浙江大学出版社,1999.

[5] 龚晓南,叶黔元,徐日庆. 工程材料本构方程[M]. 北京:中国建筑工业出版社,1995.

[6] 黄文熙,濮家骝,陈愈炯. 土的硬化规律与屈服函数[J]. 岩土工程学报,1981,3(3):19-26.

[7] 黄文熙. 土的工程性质[M]. 北京:水利电力出版社,1988.

[8] 蒋彭年. 土的本构关系[M]. 北京:科学出版社,1982.

[9] 屈智炯. 土的塑性力学[M]. 成都：成都科技大学出版社，1987.

[10] 沈珠江. 几种屈服函数的比较[J]. 岩土力学，1993，(1)：41-50.

[11] 沈珠江. 土的弹塑性应力应变关系的合理形式[J]. 岩土工程学报，1980，2(2)：17-19.

[12] 王仁，殷有泉. 工程岩石类介质的弹塑性本构关系[J]. 力学学报，1981(4)：317-325.

[13] 魏汝龙. 正常压密黏土的本构定律[J]. 岩土工程学报，1981(3)：10-18.

[14] 徐日庆，龚晓南，曾国熙. 土的应力应变本构关系[J]. 西安公路学院学报，1993，13(3)：46-50.

[15] 徐日庆，杨林德，龚晓南. 土的边界面应力应变本构关系[J]. 同济大学学报，1997，25(1)：29-33.

[16] 曾国熙，龚晓南，盛进源. 正常固结黏土 K_0 固结三轴试验研究[J]. 浙江大学学报，1987，21(2)：1-9.

[17] 曾国熙. 正常固结黏土不排水剪的归一化性状[M]//软土地基学术讨论会论文选集. 北京：水利出版社，1980.

[18] 张学言. 岩土塑性力学[M]. 北京：人民交通出版社，1993.

[19] 郑颖人，龚晓南. 岩土塑性力学基础[M]. 北京：中国建筑工业出版社，1989.

[20] Atkinson J H，Bransby P L. The mechanics of soils[M]. McGraw-Hill Book Company Limited，1978.

[21] Burland J B. On the compressibility and shear strength of natural clays[J]. Geotechnique，1990：40(3)：329-378.

[22] Burland J B. The yielding and dilation of clay[J]. Geotechnique，1965：15(2)：211-214.

[23] Chen W F，Baladi G Y. Soil plasticity：Theory and implementation[M]. Elsevier Publishing，1985.

[24] Chen W F. Limit analysis and soil plasticity[M]. Elsevier Scientific Publishing，1975.

[25] Dafalias Y F，Herrmann L R. A bounding surface soil plasticity model[M]//Proceeding of International Symposium on Soil under Cyclic and Transient Loading. Swansea，1980.

[26] Drucker D C. Coulomb friction：plasticity and limit load[J]. Journal of Applied Mechanics，1954，21(1)：71-74.

[27] Drucker D C，Gibson R E，Henkel D J. Soil mechanics and work hardening theories of plasticity[J]. Proc. ASCE Tran，1957，122：338-346.

[28] Drucker D C，Greenberg J H，Prager W. Extended limit design theorems for continuous media[J]. Quarterly of Applied Mathematics，1952，9(4)：381-391.

[29] Drucker D C，Prager W. Soil mechanics and plastic analysis or limit design[J]. Journal of Applied Mathematics，1952，10(2)：157-165.

[30] Lade P V，Duncan J M. Elastoplastic stress-strain theory for cohesionless soil[J]. Journal of the Geotechnical Engineering Division，ASCE，1975，101(10)：

1037-1053.

[31] Lade P V. Elasto-plastic stress-strain theory for cohesionless soil with curved yield surface[J]. International Journal of Solids & Structures,1977,13(11):1019-1035.

[32] Roscoe K H and Burland J B. On the generalized stress-strain behaviour of "wet" caly[M]//Engineering Plasticity. Cambridge: Cambridge University Press, 1968.

[33] Roscoe K H, Schofied A N, Thurairajah A. Yielding of clays in states wetter than critical[J]. Geotechnique,1963,13(3):211-240.

[34] Schofied A N, Worth C P. Critical state soil mechanics[M]. New York:McGraw-Hill,1968.

[35] Shield R T. On Coulomb's law of failure in soils[J]. Journal of the Mechanics & Physics of Solids,1955,4(1):10-16.

[36] Valanis K C. A theory of Viscoplasticity without a yield surface[J]. Archiwum Mechaniki Stossowanej(Archives of Mechanics), Warszaw, 1971,23(4):517-551.

[37] Valanis K C, Read H E. A new endochronic plasticity model for soils[J]. in Soil Mechanics-Transient and Cyclic Loads. Edited by Pande G N and Zienkiewicz O C. London: Wiley, 1982.

[38] Xu R Q, Gong X N. A constitutiue relationship of bounding surface model for soft soil[C]//Proceedings of International Symposium on Strength Theory. China, Xi'an, 1988.

[39] Zienkiewicz O C, et. al. Associated and nonassociated visco-plasticity and plasticity in soil mechanics[J]. Geotechnique,1975,25(4):671-689.

[40] Zienkiewicz O C, Pande G N. Some useful forms of isotropic yield surface for soil and rock mechanics[J]. In: Pande G W. Finite Elements In Geomechanics. London: Wiley, 1977:179-190.

第 7 章　岩土的粘性理论

7.1　概述

固体粘性是指与时间有关的变形性质，蠕变和应力松弛都是与粘性有关的力学现象。有些情况下，粘性对固体材料的力学性能影响小到可以忽略。但对岩土材料，特别是软弱土，则具有明显的粘性，对于这些材料的变形情况，粘性的影响必须予以考虑。试验表明，同时考虑材料的塑性和粘性，对于描述应力波的传播和在短时强载荷作用下结构的动力特性是非常必要的。在这些问题中，考虑材料的粘性效应能使计算结果和试验数据比较接近。

具有塑性和粘性的物体称为粘塑性体。在粘塑性理论的本构关系中，要考虑应变率效应。最早研究粘塑性体并给出简单力学模型的是美国的宾海姆。他给出了单向应力状态下粘塑性体的本构关系，即

$$\sigma = \sigma_0 + K\dot{\varepsilon} \qquad \text{当} \ \sigma > \sigma_0 \tag{7.1.1}$$

式中，K 为粘性系数；$\dot{\varepsilon}$ 为应变率；σ_0 为材料的屈服极限。当 $\sigma \leqslant \sigma_y$ 时，物体不会产生变形。用上式描述本构关系的物体称为宾海姆体。这种模型实际上是理想刚塑性体和牛顿流体的组合。宾海姆体不同于流体的是，它具有不可恢复的塑性变形，所以它仍属于固体材料。

土体的应力-应变与时间的关系统称为土的流变，它包括：

（1）蠕变。在恒定应力作用下，变形随时间变化而发展的现象，称为蠕变。

（2）应力松弛。变形保持不变的条件下，应力随时间衰减的现象，称为应力松弛。

（3）应变速率（或荷载率）效应。不同的应变或加荷速率下，土体表现出不同的应力应变关系和强度特性。

（4）长期强度。土体的抗剪强度随时间而变化，即长期的强度不等于瞬时或短时的强度，在给定的（相对较长）时间内，土体抵抗破坏的能力称为长期强度。

土的流变变形分为压缩流变与剪切流变两大类。压缩流变与土体的体积压缩相联系，剪切流变则是土颗粒间的错动。沉降分析中主要考虑土受压时的固结与流变的耦合特性。

影响土的流变性质的因素很多，在不同条件下，显示出不同的性状，但归结起来主要受土的矿物成分、含水量、温度、应力历史和试验方法等影响。比如土体的黏粒含量越多，土的活动性越大，则应力松弛、蠕变变形就越大。土体的含水量越大，蠕变变形也越大。对于灵敏性软土而言，当作用应力大于土的先期固结压力时，其蠕变变形就比重塑的非灵敏性土要大。温度对土的强度、变形、孔隙水压力均有很大的影响。在其他因素不变的情况下，当温度

升高时,孔隙水压力增大,有效应力减小,土的强度则会降低,蠕变变形和应变速率增加,应力松弛也会随温度的升高而增大。

用来分析流变的基本流变元件有胡克弹簧、牛顿粘壶及圣维南刚塑体三种(见图 7-1)。

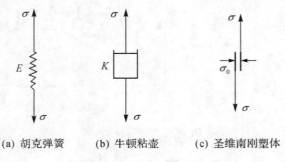

(a) 胡克弹簧　　　(b) 牛顿粘壶　　　(c) 圣维南刚塑体

图 7-1　基本流变元件

(1)胡克弹簧:反映材料的弹性,其应力-应变关系就是胡克定律,与时间无关,即

$$\sigma = E\varepsilon \tag{7.1.2}$$

式中,σ——应力,对于土体为骨架应力(即有效应力);

　　　ε——应变;

　　　E——胡克弹簧常数,也就是模量。

(2)牛顿粘壶:它为一缓冲器,反映材料的粘性,其应力与应变速率间呈线性关系,即

$$\sigma = K\dot{\varepsilon} \tag{7.1.3}$$

式中,K 为粘滞系数。

(3)圣维南刚塑体:它由两块相互接触、在接触面上具有摩擦力的板组成,反映材料的刚塑性。当应力 σ 小于流动极限 σ_0 时,圣维南体没有变形;当 $\sigma \geqslant \sigma_0$ 时,达到屈服状态,变形可无限增长。

以上三种基本元件按不同方式组合,得到不同的流变模型,可用来解释各种流变现象。仅由弹簧和粘壶组成的称为粘弹性模型,包括以上三种基本元件的称为粘弹塑性模型。

7.2　粘弹性理论

7.2.1　麦克斯威模型

麦克斯威(Maxwell)模型,它由胡克弹簧和牛顿粘壶串联而成(见图 7-2),其流变方程为

$$\frac{\dot{\sigma}}{E} + \frac{\sigma}{K} = \dot{\varepsilon} \tag{7.2.1}$$

在应力 σ 作用下,用初始应变 $\varepsilon_0 = \dfrac{\sigma}{E}$,求解式(7.2.1)得

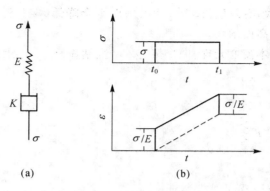

图 7-2　麦克斯威模型

$$\varepsilon = \frac{\sigma}{E} + \frac{\sigma}{K}t \tag{7.2.2}$$

若在 t_1 时刻将应力卸除,则 $t \geqslant t_1$ 时刻的应变为

$$\varepsilon = \frac{\sigma}{K}t_1 \tag{7.2.3}$$

可见,卸荷后蠕变变形完全不能恢复。

若土体的初始弹性应变为 ε_0,总应变 ε 保持不变,求解式(7.2.1)得

$$\sigma = E\varepsilon \, \mathrm{e}^{-\frac{E}{K}t} \tag{7.2.4}$$

可见,在总应变不变条件下,应力随时间衰减,因此,麦克斯威模型又称松弛模型。

7.2.2　开尔文模型

开尔文(Kelvin)模型又称沃伊特(Voigt)模型,它由胡克弹簧和牛顿粘壶并联而成(见图7-3),其流变方程为

$$\sigma = E\varepsilon + E\dot{\varepsilon} \tag{7.2.5}$$

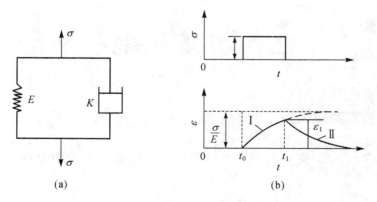

图 7-3　开尔文模型

在常应力作用下,利用初始条件 $\varepsilon_0 = 0$,解式(7.2.5)得

$$\varepsilon = \frac{\sigma}{E}(1 - \varepsilon e^{-\frac{E}{K}t}) \tag{7.2.6}$$

若在 t_1 时刻将应力 σ 卸去,则 $t \geqslant t_1$ 时刻应变为

$$\varepsilon = \frac{\sigma}{E}(e^{-\frac{E}{K}(t-t_1)} - e^{-\frac{E}{K}t}) \tag{7.2.7}$$

其中 $t \to \infty$ 时,$\varepsilon \to 0$,即应变可完全恢复,如图 7-3(b) 所示。开尔文模型描述的这种现象称为弹性后效。

若获得初始弹性应变 ε_0 后总应变保持不变,解式(7.2.7)得

$$\sigma = E\varepsilon_0 \tag{7.2.8}$$

即应力不衰减,故开尔文模型又称非松弛模型。

7.2.3 麦钦特模型

麦钦特(Merchant)模型由胡克弹簧和开尔文体串联而成(见图 7-4),其流变方程为

$$K_1\dot{\varepsilon} + E_1\varepsilon = \frac{E_0 + E_1}{E_0}\sigma + \frac{K_1}{E_0}\dot{\sigma} \tag{7.2.9}$$

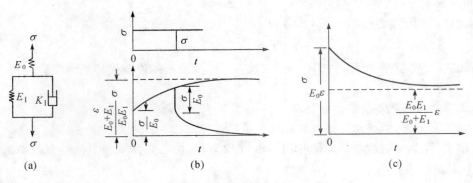

图 7-4　麦钦特模型

在应力 σ 作用下,利用初始条件 $\varepsilon_0 = \frac{\sigma}{E_0}$,由式(7.2.9)解得

$$\varepsilon = \frac{\sigma}{E_0} + \frac{\sigma}{E_1}(1 - \varepsilon e^{-\frac{E_1}{K_1}t}) \tag{7.2.10}$$

若将应力 σ 卸去,应变可全部恢复。

如果在初瞬时获得弹性应变 ε_0 后,总应变 ε 保持为 ε_0,解式(7.2.10)得

$$\sigma = \frac{E_0\varepsilon_0}{E_0 + E_1}(E_1 + E_0 e^{-\frac{(E_0 + E_1)}{K}t}) \tag{7.2.11}$$

可见,此模型应力部分松弛。

7.2.4 薛夫曼模型

薛夫曼(Schiffman)模型又称贝克尔(Burger)模型,由麦克斯威体和开尔文体串联而成

（见图 7-5），其流变方程为

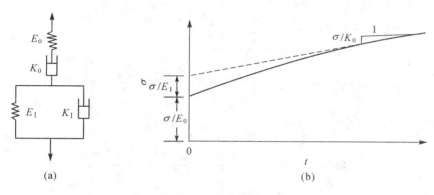

图 7-5　薛夫曼模型

$$K_1 \ddot{\varepsilon} + E_1 \dot{\varepsilon} = \frac{K_1}{E_0} \ddot{\sigma} + \left(1 + \frac{E_1}{E_0} + \frac{K_1}{K_0}\right) \dot{\sigma} + \frac{E_1}{K_0} \sigma \tag{7.2.12}$$

在常应力作用下的应变为

$$\varepsilon = \sigma \left[\frac{1}{E_0} + \frac{t}{K_0} + \frac{1}{E_1}(1 - e^{-\frac{E_1}{K_1}t}) \right] \tag{7.2.13}$$

它是非渐止的。

7.2.5　广义开尔文模型

为了更好地描述土体的变形特征和模型具有较好适用性，可用大量元件组成广义模型。如广义开尔文模型，它由一个麦克斯威体和 N 个（任意）开尔文体串联组成，其总应变为麦克斯威模型、开尔文体应变之和（见图 7-6）。常应力作用下，由式（7.2.2）式（7.2.6）得

$$\varepsilon = \sigma \left[\left(\frac{1}{E_0} + \frac{t}{K_0}\right) + \sum_{i=1}^{N} \frac{1}{E_i}(1 - e^{-\frac{E_i}{K_i}t}) \right] \tag{7.2.14}$$

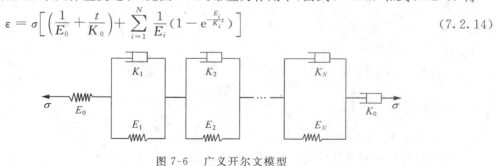

图 7-6　广义开尔文模型

7.2.6　广义麦克斯威模型

广义麦克斯威模型，它由一个开尔文体和 N 个（任意）麦克斯威体并联组成，总应力为一个开尔文体和 N 个麦克斯威体应力之和（见图 7-7）。常应变情况下，由式（7.2.4）和式（7.2.8）得

$$\sigma = \varepsilon_0 \left(E_0 + \sum_{i=1}^{N} E_i e^{-\frac{E_i}{K_i}t} \right) \qquad (7.2.15)$$

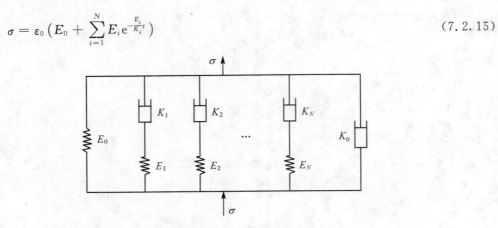

图 7-7　广义麦克斯威模型

7.3　粘塑性理论

7.3.1　宾海姆模型

宾海姆（Bingham）模型由圣维南刚塑体和牛顿粘壶并联组成（见图 7-8）。由于是并联，模型总应力等于各元件应力之和，而各元件应变相等并等于总应变。宾海姆模型的应力-应变速率关系为

$$\dot{\varepsilon} = \begin{cases} 0 & \sigma \leqslant \sigma_0 \\ \dfrac{\sigma - \sigma_0}{K} & \sigma > \sigma_0 \end{cases} \qquad (7.3.1)$$

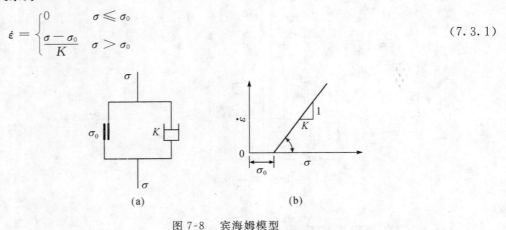

图 7-8　宾海姆模型

7.3.2　弹塑体模型

弹塑体模型由胡克弹簧和圣维南刚塑体串联而成（见图 7-9）。模型总应变等于各元件

应变之和,总应力即为各元件应力。

若应力 σ 小于起始阻力 σ_0,即 $\sigma < \sigma_0$,则材料处于弹性状态,应变 $\varepsilon = \dfrac{\sigma}{E}$;若 $\sigma \geqslant \sigma_0$,则材料已屈服,应变可无限增长。

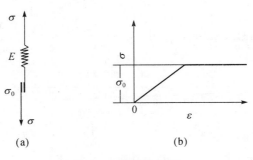

图 7-9　弹塑体模型

7.4　粘弹塑性理论

粘弹塑性包含了弹性、粘性和塑性三方面的性质。粘弹塑性可以由弹簧、粘壶和摩擦元件的各种组合来描述。

7.4.1　一维弹粘塑性(EVP) 模型

Bjerrum 提出一个概念性的时间线模型,用来解释在一维应变条件下(压缩试验)的延迟压缩现象。殷建华和 Graham 首先清晰阐述了"等效时间的概念",称之为"Bjerrum-Yin-Graham"的"等效时间",并提出了应用于一维问题的"瞬时时间线"和"参考时间线"等概念(见图 7-10)。

1. 瞬时时间线(κ- 线)

瞬时时间线是用来定义瞬时应变的。瞬时应变在 EVP 模型中假设为单行的,有别于Bjerrum 采用的弹塑性假定。在瞬时时间线上的应变可以表示为

$$\varepsilon_z^e = \varepsilon_{zi}^e + \frac{\kappa}{v}\ln\left(\frac{\sigma_z{}'}{\sigma_{zi}{}'}\right) \tag{7.4.1}$$

式中,$\sigma_{zi}{}'$ 为对应于竖向应变 ε_z^e 的参考竖向应力,$v = 1 + e_0$,e_0 为孔隙比,$\dfrac{\kappa}{v}$ 为材料参数。式(7.4.1)可用来拟合超固结或卸载／再加载阶段的应力-应变数据。$\dfrac{\kappa}{v}$ 参数很容易通过拟合试验参数获得。

2. 参考时间线(λ- 线)

参考时间线可以表示为

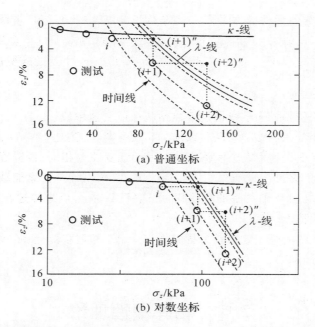

图 7-10　压缩试验中竖向有效应力 $\sigma_z{'}$ 与竖向应变 ε 的关系曲线，κ- 线、λ- 线及等效时间 t_p 线

$$\varepsilon_z^r = \varepsilon_{z0}^r + \frac{\lambda}{v}\ln\left(\frac{\sigma_z{'}}{\sigma_{z0}}\right) \tag{7.4.2}$$

式中，ε_z^r 为有效应力 $\sigma_z{'} = \sigma_{z0}{'}$ 时的竖向应变，ε_{z0}^r、$\frac{\lambda}{v}$ 和 $\sigma_{z0}{'}$ 为三个材料参数。上标"r"代表参考时间线。在 Cam-clay 模型中，参考时间线即是弹塑性压缩线。$\frac{\lambda}{v}$ 类似于 Cam-clay 模型中描述试样在正常固结应力范围内的各向同性固结的弹-塑性线。参数 $\sigma_{z0}{'}$ 可以表示有效先期固结压力 $\sigma_{zc}{'}$，其对应的应变为 ε_{zc}，当然这个参数也可以用来表示另外一个点。事实上，ε_{z0}^r 和 $\sigma_{z0}{'}$ 可以确定 λ- 线通过的一个点，如图 7-10(b) 中的 $(i+1)''$ 点。因此，λ- 线便为计算蠕变时间或等效时间提供了一个参考点，同时也可以用来确定 ε_{z0}^r、$\frac{\lambda}{v}$ 和 $\sigma_{z0}{'}$。

3. 蠕变压缩应变

蠕变应变定义为

$$\varepsilon_z^{vp} = \frac{\psi}{v}\ln\left(\frac{t_0 + t_e}{t_0}\right) \tag{7.4.3}$$

式中，$\frac{\psi}{v}$ 和 t_0 为两个材料参数。方程(7.4.3) 中的等效时间 t_e 是由图 7-10(b) 中的时间参考线确定的，而不是常规的真实时间间隔。这样 $\frac{\psi}{v}$ 便为常数。参数 $\frac{\psi}{v}$ 和 t_0 可由蠕变试验数据进行拟合(式(7.4.3)) 得到。

4. 等效时间

"等效时间"的概念是由殷建华和 Graham 首先提出的，它用来描述一维应变条件下的蠕变特性。图 7-10 解释了在各向同性的应力条件下的蠕变行为。假定土样先从 i 点加载到 $(i+1)''$ 点,然后在恒定有效应力 $\sigma'_{z(i+1)}$ 下蠕变到 $(i+1)$ 点,从 $(i+1)''$ 点到 $(i+1)$ 点的等效时间 t_e 就等于荷载持续时间 t。对式(7.4.3)微分,得到 $(i+1)$ 点的蠕变速率:

$$\varepsilon_z^{-vp} = \frac{\psi}{v}\frac{1}{t_0+t} = \frac{\psi}{v}\frac{1}{t_0+t_e} \qquad (7.4.4)$$

式(7.4.4)表明常数等效时间 t_e 线也是常数粘塑性应变速率线。

等效时间的概念对在任意加载路径或应力历史条件下,到达 $(i+1)$ 点处的蠕变速率与从参考时间线上的 $(i+1)''$ 点经过等效时间 t_e 后的蠕变速率相同。根据等效时间 t_e 的概念,蠕变速率仅与应力-应变状态 $(\sigma_z,\varepsilon_z)'$ 有关。式(7.4.4)可以计算任意加载路径的蠕变速率,式(7.4.3)可计算任意加载路径下的总蠕变,式(7.4.3)可以来描述在超载应力或卸载/再加载条件下的蠕变特性。

连续加载所产生的应变增量可被分为弹性部分 $\mathrm{d}\varepsilon_z^e$ 和粘塑部分 $\mathrm{d}\varepsilon_z^{vp}$ 之和:

$$\mathrm{d}\varepsilon_z = \mathrm{d}\varepsilon_z^e + \mathrm{d}\varepsilon_z^{vp} \qquad (7.4.5)$$

将式(7.4.2)和式(7.4.3)代入式(7.4.5),整理得到

$$\frac{\mathrm{d}\varepsilon_z}{\mathrm{d}t} = \frac{\kappa/v}{\sigma'_z}\frac{\mathrm{d}\sigma'_z}{\mathrm{d}t} + \frac{\psi/v}{t_e}\exp\left[-(\varepsilon_z-\varepsilon_{z0}^r)\frac{v}{\psi}\right]\left(\frac{\sigma'_z}{\sigma'_{z0}}\right)^{\lambda/\psi} \qquad (7.4.6)$$

式(7.4.6)是一个适用于任何一维压缩加载,包括卸载和再加载的通用的弹粘塑性(一维 EVP)本构关系。

图 7-11 是用式(7.4.6)的弹粘塑性模型计算的在常应变率加载下的应力-应变关系与试验测得的结果对比。由图 7-11 对比可见,殷 -Graham 的弹粘塑性模型可相当成功地描述土的非线性和应变率效应。

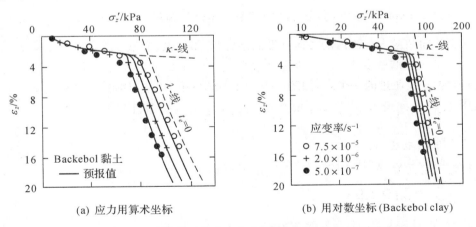

(a) 应力用算术坐标　　　　　　　　　(b) 用对数坐标(Backebol clay)

图 7-11　常应变率加载下的应力应变计算与试验结果(殷建华,2008)

7.4.2　广义宾海姆弹粘塑性模型

关于土体的粘塑性特性,不少学者研究采用宾海姆模型(见图 7-8)。土体是弹粘塑性材料,在外力作用下,孔隙介质压缩和排出使孔隙体积减小,土粒间相互错动和滑移使土颗粒

重新排列,从而使土体产生变形。加载所产生的应变可被分解为弹性部分 ε^e 和粘塑性部分 ε^{vp},即

$$\varepsilon = \varepsilon^e + \varepsilon^{vp} \tag{7.4.7}$$

由于土体材料的特殊性,其在低应力水平下就有塑性变形发生,即土体在较低应力作用时发生屈服,并产生塑性变形。根据土体材料的这一特殊性,以及多年对江苏海相软土的室内试验和工程实践,研究者提出采用宾海姆模型和椭圆-抛物双屈服模型相耦合的广义宾海姆弹粘塑性模型来描述土体的弹粘塑性特征,其数学表达式为

$$\dot{\varepsilon} = \begin{cases} \dot{\varepsilon}^e + \dot{\varepsilon}^{vp} = \dfrac{\dot{\sigma}}{E} + \dfrac{(\sigma - \sigma_0)}{\eta} & \text{当 } \sigma > \sigma_0 \\[2mm] \dot{\varepsilon}^e = \dfrac{\dot{\sigma}}{E} & \text{当 } \sigma \leqslant \sigma_0 \end{cases} \tag{7.4.8}$$

式中,$\dot{\varepsilon}$、$\dot{\varepsilon}^e$、$\dot{\varepsilon}^p$ 和 $\dot{\varepsilon}^{vp}$ 分别为总应变速率、弹性应变速率、塑性应变速率和粘塑性应变速率;E 为弹性模量,$E = 2E_i = 2p_z K \left(\dfrac{\sigma_3}{p_a}\right)^n$;$\eta$ 为粘滞系数;σ_0 为起始摩擦阻力;f 为屈服函数,描述当外力小于 σ_0 时土的屈服状态与塑性变形。该模型构成如图 7-12 所示。通常,加荷使土体屈服后,初始粘塑性很小,可不计。当 $\sigma \leqslant \sigma_0$ 时,用双屈服模型代替宾海姆弹粘塑性模型中的圣维南塑性体刻画土体屈服产生的塑性变形。当 $\sigma > \sigma_0$ 时,任意时刻的粘塑性变形可由粘塑性变形速率积分得到,故只要研究粘塑性变形速率即可。

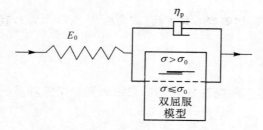

图 7-12　广义宾海姆弹粘塑性模型

由图 7-12 中弹簧 E_0 产生的瞬时弹性应变,在复杂应力条件状态下,有

$$d\varepsilon_{ij}^e = \left[\frac{1+\mu}{2}(\delta_{ik}\delta_{jl} + \delta_{jk}\delta_{il}) - \mu\delta_{ij}\delta_{kl}\right] \tag{7.4.9}$$

式中,E 为弹簧常数,与加荷时瞬时球应力 p 有关。

对于一维情况,有

$$\dot{\varepsilon} = \eta_p \langle (\sigma - \sigma_0) \rangle \tag{7.4.10}$$

式中,η_p 为塑性粘壶常数;σ_0 为屈服应力;$\langle \rangle$ 为开关函数,即

$$\langle (\sigma - \sigma_0) \rangle = \begin{cases} 0 & \sigma - \sigma_0 \leqslant 0 \\ \sigma - \sigma_0 & \sigma - \sigma_0 > 0 \end{cases} \tag{7.4.11}$$

对于多维情况,有

$$\dot{\varepsilon} = \eta_p \langle \Phi(f) \rangle \frac{\partial f}{\partial \sigma} \tag{7.4.12}$$

式中采用相关联的流动法则,f 为屈服函数,$\langle \Phi(f) \rangle$ 定义为

$$\langle \Phi(f) \rangle = \begin{cases} 0 & f \leqslant 0 \\ \Phi(f) & f > 0 \end{cases} \tag{7.4.13}$$

$\Phi(f)$ 定义为

$$\Phi(f) = \frac{f - f_0}{f_0} \tag{7.4.14}$$

相应的屈服条件为

$$f(\sigma_{ij}, \varepsilon_{ij}^{\mathrm{vp}}) - f_0 = 0 \tag{7.4.15}$$

其中 f_0 是一维屈服应力,也可以是硬化参数的函数。粘塑性应变包括粘塑性体积应变和粘塑性偏应变两部分,即 $\varepsilon_{\mathrm{vp}}^1$ 和 $\varepsilon_{\mathrm{vp}}^2$,采用不同的屈服函数 f_1 和 f_2 来计算。

　　与体积压缩有关的粘塑性变形主要由等向压缩引起,取粘塑性体积应变 $\varepsilon_{\mathrm{vp}}^{\mathrm{v}}$ 为硬化参数,屈服函数为

$$p + \frac{q^2}{M_1^2(p + p_r)} = p_0 = f(\varepsilon_{\mathrm{vp}}^{\mathrm{v}}) \tag{7.4.16}$$

式中,p_r 为破坏线 q_f-p 在轴上的截距;M_1 是稍大于 M 的参数,M_1 与应力应变曲线的形状有关。屈服轨迹的形状及有关参数的意义,均示于图 7-13 中。式(7.4.16)中 p_0 为屈服轨迹与 p 轴交点的横坐标。在许多情况下,p_0 与 ε_{v} 的关系可以用双曲线来表示。三轴试验结果也近似符合双曲线。为了将坐标化成无因次的量,引入标准大气压 p_{a},并把试验关系 $\frac{p_0}{p_{\mathrm{a}}}$-$\varepsilon_{\mathrm{v}}$ 转换到

$\frac{p_0}{p_{\mathrm{a}} \varepsilon_{\mathrm{v}}}$-$\frac{p_0}{p_{\mathrm{a}}}$ 坐标系中,则可近似得到一条直线。其截距为 h,斜率为 t,直线方程为

$$\frac{p_0}{p_{\mathrm{a}} \varepsilon_{\mathrm{v}}} = h + t \frac{p_0}{p_{\mathrm{a}}} \tag{7.4.17}$$

它反映了 p_0 和 ε_{v} 之间的双曲线关系。h 为双曲线的初始切线斜率,$\frac{1}{t}$ 为 ε_{v} 的渐近线。

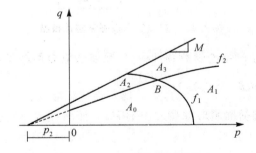

图 7-13　双屈服模型屈服轨迹

　　由于粘弹性体积应变相对于粘塑性体积应变很小,可以假定粘塑性体积应变 $\varepsilon_{\mathrm{vp}}^{\mathrm{v}}$ 与 p_0 呈双曲线关系。于是

$$p_0 = \frac{h \varepsilon_{\mathrm{vp}}^{\mathrm{v}}}{1 - t \varepsilon_{\mathrm{vp}}^{\mathrm{v}}} p_{\mathrm{a}} \tag{7.4.18}$$

代入式(7.4.16)得

$$f_1 = p + \frac{q^2}{M_1^2(p + p_r)} - \frac{h \varepsilon_{\mathrm{vp}}^{\mathrm{v}}}{1 - t \varepsilon_{\mathrm{vp}}^{\mathrm{v}}} p_{\mathrm{a}} \tag{7.4.19}$$

即有

$$f_{1,0} = \frac{h\varepsilon_{vp}^{v}}{1 - t\varepsilon_{vp}^{v}} p_a \qquad (7.4.20)$$

与体积膨胀有关的粘塑性偏应变 ε_{vp}^{s} 主要由剪切引起,取粘塑性偏应变作为第二屈服函数 f_2 的硬化参数,f_2 取为

$$f_2 = \frac{aq}{G} \sqrt{\frac{q}{M_2(p + p_r) - q}} - \varepsilon_{vp}^{s} \qquad (7.4.21)$$

即

$$f_2 = \frac{aq}{G} \sqrt{\frac{q}{M_2(p + p_r) - q}} \qquad (7.4.22)$$

$$f_{2,0} = \varepsilon_{vp}^{s} \qquad (7.4.23)$$

为便于处理,取

$$f_2 = aq \sqrt{\frac{q}{M_2(p + p_r) - q}} \qquad (7.4.24)$$

$$f_{2,0} = G\varepsilon_{vp}^{s} \qquad (7.4.25)$$

M_2 是比 M 稍大的参数;a 是主要反映剪胀还是剪缩的一个参数。在 $p\text{-}q$ 坐标系中,屈服轨迹 f_2 如图 7-13 中所示。至此,复杂应力状态下宾海姆体的粘塑性应变速率为

$$\dot{\varepsilon}_{ij}^{vp} = \eta \left(\left\langle \frac{f_1 - f_{1,0}}{f_{1,0}} \right\rangle \frac{\partial f_1}{\partial \sigma_{ij}} + \left\langle \frac{f_2 - f_{2,0}}{f_{2,0}} \right\rangle \frac{\partial f_2}{\partial \sigma_{ij}} \right) \qquad (7.4.26)$$

图 7-13 中,B 点表示当前应力状态,屈服面 f_1 和 f_2 把 $p\text{-}q$ 平面分成四个区域:A_0 是弹性区;A_1 是塑性区,仅与第一种屈服有关;A_2 区只与第二种屈服有关;只在区 A_3 中两种塑性变形同时存在。如果 q 保持不变而降低 p,则应力状态落入 A_2 区,根据所提模型,将存在塑性剪应变和膨胀应变;若增加 p,则落入 A_1 区,体积应变是压缩的。另一方面,若 p 保持不变而增加 q,或同时增加 p 和 q,则应力状态处于 A_3 区内。当应力水平较低时,f_2 线较平坦,根据相关联的流动规则,塑性体积应变分量就较小,也就是 f_2 与相联系的膨胀应变较小;而此时 f_1 较陡,由 f_1 所对应的压缩应变较大,因此叠加结果一般表现为压缩应变。当应力水平较高时,两种屈服面所对应的体积应变在数值上相当。哪一个占主导地位,将取决于参数,尤其是 a。若 a 较高,所对应的体积应变占优势,则总的塑性体积应变膨胀,否则为压缩。模型反映的这些规律与试验结果是一致的。这样,在利用殷宗泽教授的双屈服模型之后,既反映了剪胀、剪缩及各种加荷情况的影响,也反映了土体的流变特性,因而是一个可用于软土的较为综合性的模型。

本章小结

本章简要介绍了粘弹塑性模型的基本概念。弹性、塑性和粘性是连续介质的三种基本性质,各在一定条件下独自反映材料本构关系的某方面的特性。理想弹性模型、理想塑性模型(或称刚塑性模型)和理想粘性模型是反映这三种性质的理想模型,通常称为简单模型。实际工程材料的本构关系可以用这些简单模型的各种组合来构成。

习题与思考题

1. 简述理想弹性模型、理想塑性模型和理想粘性模型的主要内容,并说明其物理意义。
2. 什么是麦克斯威模型、开尔文模型? 请用简图表示。
3. 试简要介绍宾海姆模型。
4. 举例说明粘弹塑性模型的主要特点。

参考文献

[1]龚晓南.土塑性力学.2 版.杭州:浙江大学出版社,1998.

[2]缪林昌.软土力学特性与工程实践.北京:科学出版社,2012.

[3]缪林昌.广义宾海姆软土流变变形模拟体的建立方法.ZL200410065582.8[P]. 2007-01-17.

[4]Yin J H,Graham J. General elastic viscous plastic constitutive relationships for 1D straining in clays[C]. Proc.,3rd Int. Symp. Numerical Models in Geomechanics,1989:108-117.

[5]Yin J H,Graham J. Equivalent times and one dimensional elastic visco-plastic modelling of time-dependent stress strain behaviour of clays[J]. Canadian Geotechnical Journal,1994,31: 45-52.

[6]Yin J H,Graham J. Elastic visco-plastic modelling of one-dimensional consolidation [J]. Geotechnique,1996,46(3):515-527.

第 8 章　岩土的损伤理论

8.1　概述

　　20 世纪四五十年代，人们对重塑黏土的特性进行了比较透彻的研究，几十年来，由重塑黏土研究中形成的一系列概念广为流传。从 20 世纪 60 年代开始，少数学者研究天然软土的特性，发现了许多与重塑土不同的现象。现阶段微观结构及宏观结构研究都表明，软土具有结构性。而现在许多模型都是在重塑土的基础上建立的，没有考虑土的结构性，不能正确反映天然软土的特性。软土在受载过程中，内部结构发生不可逆变化，这种微观机制的改变导致软土的整体力学性能发生劣化，如强度和刚度降低等，这种破坏前材料力学性能逐渐劣化的现象叫损伤。以往研究软土的结构性仅局限于强度等的影响，近年来，开始研究其结构性对应力-应变的影响，用损伤理论研究软土的应力-应变关系是一个新领域，需进一步发展。

　　用损伤理论分析软土，能够正确反映软土的天然特性，真实反映软土在外荷载作用下的应力-应变关系，正确分析天然软土地基变形、天然边坡的稳定性、砂井施工初始损伤路基沉降和固结变形等问题。

　　一般而言，材料单元中微观实体数目众多，表现形态各异，精确地描述和分析各个损伤实体非常困难。连续损伤力学分析材料单元的整体响应，将含有某一加载历史所导致的内部不可逆耗散机制单元仍看作是连续和均匀的，基于不可逆热力学的基本原理及内变量理论，引进一些力学参量来模拟材料的损伤状态，建立这些变量的演变方程。简言之，就是将微裂缝等效应结合引入材料的本构关系中，描述受损材料的宏观响应。这种唯象理论已开始应用于金属、岩石、混凝土和复合材料等。

　　损伤理论是将固体物理学、材料强度理论和连续介质力学统一起来来进行研究的。因此，用损伤理论给出的结果，既反映材料微观结构的变化，又能说明材料宏观力学性能的实际变化状况，而且计算的参数还应是宏观可测的，这在一定程度上弥补了微观研究和断裂力学研究的不足，也为这些学科的发展和相互结合开拓新的前景。物体内存在的损伤（微裂纹），可以理解为一种连续的变量场（损伤场），它与应力场、温度场的概念相类似。所以在分析时首先应在物体内部某点处选取"体积元"，并假定该体积元内的应力-应变以及损伤都是均匀分布的，这样就能在连续介质力学的框架内对损伤及其对材料力学性能的影响做系统的处理，其过程可分为如下四个阶段：

　　(1) 选择合适的损伤变量

　　描述材料中损伤状态的变量场称为损伤变量,它属于本构理论中的内变量,从力学意义上说,损伤变量的选取应考虑如何与宏观力学量建立联系并易于测量。不同的损伤过程,可以选取不同的损伤变量,即使同一损伤过程,也可以选取不同的损伤变量。

　　(2) 建立损伤演变过程

　　材料内部的损伤是随外界因素(如载荷、温度变化及腐蚀等)作用的变化而变化的,为描述损伤的发展,需建立描述损伤发展的方程,即损伤演化方程。选取不同的损伤变量,损伤演化方程就不同,但它们都必须反映材料真实的损伤状态。

　　(3) 建立考虑材料损伤的本构关系

　　这种包含损伤变量的本构关系或损伤本构方程在损伤理论研究中起着关键作用。

　　(4) 求解材料各点的应力应变和损伤值

　　根据初始条件和边界条件求解材料各点的应力应变和损伤值,由计算所得的损伤值,可以判断各点的损伤状态,在损伤达到临界值时,可以认为该点(体积元)破裂,然后根据新的损伤分布状态和新的边界条件,再做类似的计算,直至达到构建的破坏准则而终止。

　　对损伤理论的研究方法而言,损伤理论可以分为能量损伤理论和细观损伤理论。由Lemaitre 等(1988)创立的能量损伤理论以连续介质力学和热力学为基础,将损伤过程视为能量转化过程,而且这种转换是不可逆的,由自由能和耗散势导出损伤本构方程和损伤演化方程。能量损伤理论在金属和非金属的损伤和断裂研究中已经得到广泛应用。由村上澄男(Murakami)等(1983,1988)创立的细观损伤理论认为,材料的损伤也是由材料的微裂纹所造成的,但损伤变量的大小和损伤演变与材料的微裂纹的尺寸、形状、密度及其分布有关。损伤的几何描述(张量表示)和等价应力的概念结合,构成细观损伤理论的核心。细观损伤理论已经有效地应用于岩石和混凝土的计算中。

8.2　损伤力学的一般概念

　　(1) 应变等价原理

　　在受损材料中,测定有效面积是比较困难的。为了能间接地测定损伤,Lemaitre(1988)提出了应变等价原理。这一假设认为,应力 σ 作用在受损材料上引起的应变与有效应力作用在无损材料上引起的应变等价,如图 8-1 所示。

　　根据该原理,受损材料的本构关系可通过无损材料中的名义应力得到,即

$$\varepsilon = \frac{\sigma}{\widetilde{E}} = \frac{\tilde{\sigma}}{E} = \frac{\sigma}{(1-D)E} \tag{8.2.1}$$

或　　　　　　$$\sigma = E(1-D)\varepsilon \tag{8.2.2}$$

式中,D 为损伤张量,$\widetilde{E}$ 为有效弹性模量,E 为完整材料的弹性模量,$\tilde{\sigma}$ 为有效应力张量,ε 为应变张量,σ 为应力张量。

　　式(8.2.1)或式(8.2.2)表示一维问题中受损材料的本构关系。$\widetilde{E} = E(1-D)$ 为受损材料的弹性模量,称为有效弹性模量,由此可得损伤变量为

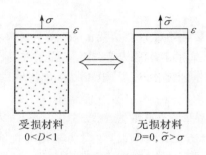

受损材料
$0<D<1$

无损材料
$D=0, \tilde{\sigma}>\sigma$

图 8-1　应变等效原理

$$D = 1 - \frac{\widetilde{E}}{E} \qquad (8.2.3)$$

Broberg(1974)建议损伤变量为

$$D = \ln\left(\frac{S}{\widetilde{S}}\right) \qquad (8.2.4)$$

式中，S 为无损材料的截面积，$\widetilde{S}$ 为受损材料的截面积。

由应变等价原理得到

$$D = \ln\left(\frac{E}{\widetilde{E}}\right) \qquad (8.2.5)$$

由有效应力概念 $\sigma S = \tilde{\sigma}\widetilde{S}$ 得

$$\tilde{\sigma} = \sigma \mathrm{e}^D \qquad (8.2.6)$$

该定义使损伤具有可加性。

（2）损伤变量

用损伤理论分析材料受力后的力学状态时，首先要选择恰当的损伤变量以描述材料的损伤状态。由于材料的损伤引起材料微观结构和某些宏观物理性能的变化，因此，可以从宏观和微观两方面选择度量损伤的基准。从微观方面，可以选用孔隙的数目、长度、面积和体积；从宏观方面，可以选用弹性常数、屈服应力、拉伸强度、伸长率、密度、电阻、超声波和声辐射等。在这两类基准中，最常用的是：① 孔隙的数目、长度、面积和体积；② 由孔隙的形状、排列和取向决定的有效面积；③ 弹性常数（弹性模量和泊松比）；④ 密度等。

根据上述两类基准，可以用直接法和间接法测量材料的损伤。例如，对微观方面的基准，可采用直接测定的方法来判定材料的损伤程度；而对宏观方面的基准，可用机械法或后物理法测定，然后间接推算材料的损伤。至于实际采用哪种方法，应根据损伤变量如何定义以及损伤类型而定。

在不同的情况下，可将损伤变量定义为标量、矢量或张量。例如对于短小无规律的空隙分布或者各向分布相同的球形空洞，损伤变量可采用标量；对于微小的平面分布裂纹，可用与它垂直的矢量表示损伤，但矢量表示的损伤变量，不能简单地相加以表示不同方向平面裂纹的集合；而用张量表示损伤，尽管其数学表达比较复杂，但有可能比较准确地表示微观空隙的排列状态及其力学特性，因此，在各向异性损伤理论中常用张量表示损伤。从热力学的观点说，损伤变量是一种内部状态变量，它能反映物质结构的不可逆变化过程。

（3）有效应力的概念

为了与土力学中的有效应力概念区别,损伤力学中的有效应力在本书中称为等效应力。

连续损伤力学理论为分析材料劣化现象,引入一些损伤参数包括等效应力张量和损伤张量等来反映荷载作用下材料的损伤状态。根据 Lemaitre 的等效应变假设,即应力 σ 作用在受损材料上引起的应变与等效应力 $\tilde{\sigma}$ 作用在无损材料上引起的应变等价。所以作用在有效面积 $\widetilde{S}$ 的等效柯西应力张量 $\tilde{\sigma}$ 与一般的柯西应力张量 σ 的关系为

$$\tilde{\sigma} = \sigma \frac{S}{\widetilde{S}} = \frac{\sigma}{1 - D} \tag{8.2.7}$$

式中,S 为无损材料的截面积,$\widetilde{S}$ 为受损材料的截面积,D 为损伤张量。

土的损伤往往是与材料各向异性损伤演化相关的,等效应力张量的一般形式可写为

$$\tilde{\sigma} = M(D) : \sigma \tag{8.2.8}$$

式中,（:）为张量缩并符号,$M(D)$ 为损伤有效张量,是四阶张量,有 21 个独立分量,当各向同性损伤时,可蜕变为标量形式。

损伤有效张量 $M(D)$ 有许多种形式,最简单的形式是当材料在主应力方向损伤时,即只有主应力、主应变和主轴的损伤,损伤有效张量表示为

$$M(D) = \begin{bmatrix} \dfrac{1}{1-D_1} & 0 & 0 \\[2mm] 0 & \dfrac{1}{1-D_2} & 0 \\[2mm] 0 & 0 & \dfrac{1}{1-D_3} \end{bmatrix} \tag{8.2.9}$$

式中,D_1、D_2 和 D_3 分别为主轴的损伤变量。

等效应力张量可写为

$$\begin{Bmatrix} \tilde{\sigma}_1 \\ \tilde{\sigma}_2 \\ \tilde{\sigma}_3 \end{Bmatrix} = \begin{Bmatrix} \dfrac{\sigma_1}{1-D_1} \\[2mm] \dfrac{\sigma_2}{1-D_2} \\[2mm] \dfrac{\sigma_3}{1-D_3} \end{Bmatrix} \tag{8.2.10}$$

式（8.2.10）为主坐标系统上的主应力和主损伤变量的关系。

在一般受力情况下,有 6 个应力分量,对应于 6 个应变分量和 6 个损伤变量,用张量 σ、ε、D 的分量符号表示为

$$\{\sigma\} = \begin{Bmatrix} \sigma_x \\ \sigma_y \\ \sigma_z \\ \tau_{xy} \\ \tau_{yz} \\ \tau_{zx} \end{Bmatrix} \text{或} \begin{Bmatrix} \sigma_1 \\ \sigma_2 \\ \sigma_3 \\ \sigma_4 \\ \sigma_5 \\ \sigma_6 \end{Bmatrix} = \begin{Bmatrix} \sigma_{11} \\ \sigma_{22} \\ \sigma_{33} \\ \tau_{12} \\ \tau_{23} \\ \tau_{31} \end{Bmatrix}, \quad \begin{Bmatrix} \varepsilon_1 \\ \varepsilon_2 \\ \varepsilon_3 \\ \varepsilon_4 \\ \varepsilon_5 \\ \varepsilon_6 \end{Bmatrix} = \begin{Bmatrix} \varepsilon_{11} \\ \varepsilon_{22} \\ \varepsilon_{33} \\ 2\gamma_{12} \\ 2\gamma_{23} \\ 2\gamma_{31} \end{Bmatrix} \tag{8.2.11}$$

$$\begin{Bmatrix} D_1 \\ D_2 \\ D_3 \\ D_4 \\ D_5 \\ D_6 \end{Bmatrix} = \begin{Bmatrix} D_{11} \\ D_{22} \\ D_{33} \\ 2D_{12} \\ 2D_{23} \\ 2D_{31} \end{Bmatrix} \qquad (8.2.12)$$

但是,选择能反映式(8.2.12)的损伤有效张量的求解非常困难。对于岩土工程,宜选择实用和合理的损伤有效张量。因此考虑矩阵的对称性,损伤有效张量 $M(D)$ 可选为

$$M(D) = \begin{Bmatrix} \dfrac{1}{1-D_1} & 0 & 0 & 0 & 0 & 0 \\ 0 & \dfrac{1}{1-D_2} & 0 & 0 & 0 & 0 \\ 0 & 0 & \dfrac{1}{1-D_3} & 0 & 0 & 0 \\ 0 & 0 & 0 & \dfrac{1}{\sqrt{(1-D_1)(1-D_2)}} & 0 & 0 \\ 0 & 0 & 0 & 0 & \dfrac{1}{\sqrt{(1-D_2)(1-D_3)}} & 0 \\ 0 & 0 & 0 & 0 & 0 & \dfrac{1}{\sqrt{(1-D_3)(1-D_1)}} \end{Bmatrix}$$

$$(8.2.13)$$

式中,D_1、D_2 和 D_3 分别为 x、y、z 方向的损伤变量,其含义与式(8.2.9)有所不同,不完全代表主方向的损伤。

(4) 等效弹性余能

根据 Sidoroff(1981,1984) 的弹性能等价假设,应力作用在受损材料产生的弹性余能与作用在无损材料产生的弹性余能在形式上相同,同时参考 Lemaitre 的等效应变假设概念,对于无损材料,弹性余能为

$$W^e(\sigma) = \frac{1}{2}\sigma^{\mathrm{T}} : C^{-1} : \sigma \qquad (8.2.14)$$

式中,C^{-1} 为无损土的弹性柔度张量或矩阵。

对于损伤材料,弹性余能为

$$W^e(\tilde{\sigma}, D) = \frac{1}{2}\tilde{\sigma}^{\mathrm{T}} : C^{-1} : \tilde{\sigma} = \frac{1}{2}\sigma^{\mathrm{T}} : \tilde{C}^{-1} : \sigma \qquad (8.2.15)$$

$$\tilde{C}^{-1} = M(D)^{\mathrm{T}} : C^{-1} : M(D), \quad \tilde{C} = M(D)^{-1} : C : [M(D)^{\mathrm{T}}]^{-1} \qquad (8.2.16)$$

式中,$\tilde{C}^{-1}$ 为有损土的有效弹性柔度张量或矩阵,C 为无损土的弹性刚度张量或矩阵,$\tilde{C}$ 为有损土的弹性有效刚度张量或矩阵。

从式(8.2.15)可得各向异性损伤材料的弹性应力-应变关系的普遍公式如下:

$$\varepsilon^e = \frac{\partial W^e(\sigma, D)}{\partial \sigma} = (M^{\mathrm{T}} : C^{-1} : M) : \sigma = \tilde{C}^{-1} : \sigma \qquad (8.2.17)$$

8.3　损伤函数

损伤力学是以含内变量的连续介质热力学为基础建立起来的,内变量包括塑性应变、塑性功和损伤变量等。耦合的弹塑性损伤模型是在使用内变量的连续热力学理论框架下推导形成的,假定是各向同性热力学过程,Helmholtz 自由能取决于以下三个状态变量:

$$\psi = \psi(\varepsilon^{e}, \kappa, D) \tag{8.3.1}$$

式中,ε^{e} 为弹性应变张量,κ 和 D 为内变量的标量值,分别表示塑性和损伤。

假定 Helmholtz 自由能由弹性部分和塑性部分组成,即

$$\psi = \psi^{e}(\varepsilon^{e}, D) + \psi^{p}(\kappa, D) \tag{8.3.2}$$

如果状态变量的演化方程满足 Clausius-Duhem 不等式,即热力学第二定律,那么此过程遵循热力学规律。不考虑温度的影响,Clausius-Duhem 不等式为

$$\sigma : \dot{\varepsilon} - \dot{\psi} \geqslant 0 \tag{8.3.3}$$

Helmholtz 自由能对时间的微分可表示为

$$\dot{\psi} = \frac{\partial \psi^{e}}{\partial \varepsilon^{e}} \dot{\varepsilon}^{e} + \left(\frac{\partial \psi^{e}}{\partial D} + \frac{\partial \psi^{p}}{\partial D} \right) \dot{D} + \frac{\partial \psi^{p}}{\partial \kappa} \dot{\kappa} \tag{8.3.4}$$

将式(8.3.4)代入式(8.3.3)可得

$$\sigma : \dot{\varepsilon} - \frac{\partial \psi^{e}}{\partial \varepsilon^{e}} \dot{\varepsilon}^{e} - \left(\frac{\partial \psi^{e}}{\partial D} + \frac{\partial \psi^{p}}{\partial D} \right) \dot{D} - \frac{\partial \psi^{p}}{\partial \kappa} \dot{\kappa} \geqslant 0 \tag{8.3.5}$$

由于 $\dot{\varepsilon}^{e}$、$\dot{\kappa}$ 和 $\dot{D}$ 之间是相互独立的,从上式可以得到热力学状态方程

$$\sigma = \frac{\partial \psi^{e}}{\partial \varepsilon^{e}} \tag{8.3.6}$$

塑性和损伤的热力学力分别为

$$K = -\frac{\partial \psi^{p}}{\partial \kappa} \tag{8.3.7}$$

$$Y = -\frac{\partial \psi}{\partial D} = -\left(\frac{\partial \psi^{e}}{\partial D} + \frac{\partial \psi^{p}}{\partial D} \right) \tag{8.3.8}$$

若存在耗散势函数 G 是广义力 σ、K、Y 和损伤变量 D 的函数,损伤演化方程可由耗散势函数得到。构建如下形式的耗散势函数:

$$G = g^{p}(\sigma, K, D) + g^{d}(Y, D) \tag{8.3.9}$$

式中,g^{p} 为塑性势函数;g^{d} 为损伤势函数;Y 表示损伤共轭力。

内变量的改变以率的形式可表示为

$$\dot{\varepsilon}^{p} = \dot{\lambda} \frac{\partial G}{\partial \sigma} = \dot{\lambda} \frac{\partial g^{p}}{\partial \sigma} \tag{8.3.10}$$

$$\dot{\kappa} = \dot{\lambda} \frac{\partial g^{p}}{\partial K} \tag{8.3.11}$$

$$\dot{D} = \dot{\mu} \frac{\partial g^{d}}{\partial Y} \tag{8.3.12}$$

式中,$\dot{\varepsilon}^{p}$ 是塑性应变率,g^{p} 是塑性势函数,$\dot{\lambda} \geqslant 0$ 和 $\dot{\mu} \geqslant 0$ 分别表示塑性和损伤因子。

损伤过程实质上是能量耗散过程或不可逆热力学过程。式(8.3.12)表明,损伤演化方程可以借助损伤势函数 g^d 获得。可见,关键在于构造一个合理的损伤势函数 $g^d = g^d(Y,D)$。

类似于塑性屈服函数,假定在热力学广义力空间中存在一个损伤屈服函数 $f^d = f^d(Y,D)$,即

$$f^d(Y,D) = 0 \tag{8.3.13}$$

当应力状态点落在式(8.3.13)所表示的损伤面时,由应力引起的损伤就会继续发展,损伤面在变形过程中将随着损伤的增加而扩展。将损伤为零时的损伤面记为 f^{d_0},在极限应力状态下即破坏状态下的损伤面记为 f^{d_f},则损伤面的膨胀是从初始损伤面 f^{d_0} 到破坏面 f^{d_f}。

基于损伤面的概念,在应变空间内定义一个能量指标为

$$\bar{e} = \sqrt{\varepsilon_{ij} C_{ijkl} \varepsilon_{kl}} \tag{8.3.14}$$

式中,C_{ijkl} 为弹性刚度张量或矩阵。

类似于塑性力学,取损伤势函数为

$$g^d = g^d(\bar{e}, D) \tag{8.3.15}$$

损伤条件也类似于塑性力学,即

$$\begin{cases} dg^d > 0 & \text{后继损伤} \\ dg^d = 0 & \text{中性损伤} \\ dg^d < 0 & \text{未有损伤} \end{cases} \tag{8.3.16}$$

后继损伤表示损伤扩大,中性损伤表示不引起损伤扩大,即任何沿着损伤面切线方向的应力增值不会改变损伤变量和材料参数。

假定损伤流动与损伤势函数的梯度方向相同,增量损伤变量可以写为

$$\dot{D} = \dot{\mu} \frac{\partial g^d}{\partial \bar{e}} \tag{8.3.17}$$

损伤势函数的相容方程为

$$dg^d = \frac{\partial g^d}{\partial \bar{e}} d\bar{e} + \frac{\partial g^d}{\partial D} dD = 0 \tag{8.3.18}$$

损伤演化方程为

$$\dot{D} = -\frac{\dfrac{\partial g^d}{\partial \bar{e}} d\bar{e}}{\dfrac{\partial g^d}{\partial D}} \tag{8.3.19}$$

损伤演化方程多为与应变相关的经验公式,或与孔隙度演化有关,或基于能量势函数的流动,或由室内试验求得。Mazars(1986)在研究混凝土的损伤时定义了如下的损伤势函数:

$$g^d(\bar{e}) = 1 - \frac{\bar{e}_0(1 - a_0)}{\bar{e}} - a_0 \exp[b_0(\bar{e}_0 - \bar{e})] \tag{8.3.20}$$

式中,a_0 和 b_0 为材料的损伤参数,$\bar{e} = \sqrt{\varepsilon_{ij} C_{ijkl} \varepsilon_{kl}}$,$\bar{e}_0$ 为与始损伤门槛值相对应的量。

Frantziskonis 和 Desai(1987)认为损伤材料由损伤部分和未损伤两部分组成,损伤由剪应力引起的,损伤演化曲线的形状近似于能量耗散曲线,在小应力水平时,损伤不明显,建议

损伤演化方程为

$$D = D_u - D_u \exp(-a_1 \bar{e}_p^{b_1})$$ (8.3.21)

式中，D_u、a_1 和 b_1 为材料的损伤参数，$\bar{e}_p$ 为等效偏塑性应变。

8.4　损伤模型

8.4.1　横观各向同性土的弹性损伤本构关系

根据土的成因过程，大多数土体为层状，假设层状土为横观各向同性的，那么，横观各向同性的无损土的弹性柔度矩阵 $[C]^{-1}$ 可表示为

$$[C]^{-1} = \begin{vmatrix} \dfrac{1}{E_H} & \dfrac{-\nu_{HH}}{E_H} & \dfrac{-\nu_{VH}}{E_V} & 0 & 0 & 0 \\ & \dfrac{1}{E_H} & \dfrac{-\nu_{VH}}{E_V} & 0 & 0 & 0 \\ & & \dfrac{1}{E_V} & 0 & 0 & 0 \\ & & & \dfrac{2(1+\nu_{HH})}{E_H} & 0 & 0 \\ & S & & & \dfrac{1}{G_2} & 0 \\ & & & & & \dfrac{1}{G_2} \end{vmatrix}$$ (8.4.1)

式中，E_H 和 E_V 分别为水平方向和垂直方向的弹性模量，ν_{HH} 和 ν_{VH} 分别为水平面内和垂直面内的泊松比，G_2 为垂直面上的剪切模量，S 表示对称。

将式(8.2.13)和式(8.4.1)代入式(8.2.16)，可得损伤土的有效柔度矩阵为

$$[\tilde{C}]^{-1} = \begin{vmatrix} \dfrac{1}{E_H\langle 1-D_1\rangle^2} & \dfrac{-\nu_{HH}}{E_H\langle 1-D_1\rangle\langle 1-D_2\rangle} & \dfrac{-\nu_{VH}}{E_V\langle 1-D_1\rangle\langle 1-D_3\rangle} & 0 & 0 & 0 \\ & \dfrac{1}{E_H\langle 1-D_2\rangle^2} & \dfrac{-\nu_{VH}}{E_V\langle 1-D_2\rangle\langle 1-D_3\rangle} & 0 & 0 & 0 \\ & & \dfrac{1}{E_V\langle 1-D_3\rangle^2} & 0 & 0 & 0 \\ & & & \dfrac{2(1+\nu_{HH})}{E_H\langle 1-D_1\rangle\langle 1-D_2\rangle} & 0 & 0 \\ & S & & & \dfrac{1}{\langle 1-D_2\rangle\langle 1-D_3\rangle G_2} & 0 \\ & & & & & \dfrac{1}{\langle 1-D_3\rangle\langle 1-D_1\rangle G_2} \end{vmatrix}$$

(8.4.2)

当 $D_1 = D_2$ 时，式(8.4.2)为横观各向同性损伤土的有效弹性柔度矩阵。

（1）损伤变量的确定

简单起见，根据常规三轴固结排水剪切试验，σ_1 为最大主应力，σ_3 为固结应力，D_1、D_2 和 D_3 分别为 x、y 和 z 方向的损伤变量。下标 V 为垂直方向（z 方向），下标 H 为水平方向。应

力-应变关系为

$$
\begin{aligned}
\varepsilon_1 &= \frac{\sigma_1}{E_H (1-D_1)^2} - \frac{\nu_{HH}\sigma_2}{E_H (1-D_1)(1-D_2)} - \frac{\nu_{VH}\sigma_3}{E_V (1-D_2)(1-D_3)} \\
&= \frac{\sigma_1}{\widetilde{E}_H} - \frac{\widetilde{\nu}_{13}\sigma_2}{\widetilde{E}_H} - \frac{\widetilde{\nu}_{23}\sigma_3}{\widetilde{E}_V} \\
\varepsilon_2 &= \frac{\sigma_2}{E_H (1-D_2)^2} - \frac{\nu_{HH}\sigma_1}{E_H (1-D_1)(1-D_2)} - \frac{\nu_{VH}\sigma_3}{E_V (1-D_2)(1-D_3)} \\
&= \frac{\sigma_2}{\widetilde{E}_H} - \frac{\widetilde{\nu}_{13}\sigma_1}{\widetilde{E}_H} - \frac{\widetilde{\nu}_{23}\sigma_3}{\widetilde{E}_V} \\
\varepsilon_3 &= \frac{\sigma_3}{E_V (1-D_3)^2} - \frac{\nu_{VH}}{E_V (1-D_2)(1-D_3)}(\sigma_1-\sigma_2) = \frac{\sigma_3}{\widetilde{E}_V} - \frac{\widetilde{\nu}_{23}}{\widetilde{E}_V}(\sigma_1-\sigma_2) \\
\gamma_{12} &= \frac{2(1+\nu_{HH})}{E_H (1-D_1)(1-D_2)}\tau_{12} \\
\gamma_{23} &= \frac{1}{(1-D_2)(1-D_3)G_2}\tau_{23} \\
\gamma_{13} &= \frac{1}{(1-D_1)(1-D_3)G_2}\tau_{13}
\end{aligned} \right\}
\tag{8.4.3}
$$

式中，$\widetilde{E}_V = E_V(1-D_3)^2$，$\widetilde{\nu}_{13} = \nu_{HH}\dfrac{(1-D_3)}{(1-D_1)}$，$\widetilde{\nu}_{23} = \nu_{VH}\dfrac{(1-D_3)}{(1-D_2)}$

从式(8.4.3)，可得损伤变量

$$
D_3 = 1 - \left(\frac{\widetilde{E}_V}{E_V}\right)^{\frac{1}{2}}
\tag{8.4.4}
$$

$$
D_1 = 1 - \frac{\nu_{HH}}{\widetilde{\nu}_{13}}(1-D_3)
\tag{8.4.5}
$$

$$
D_2 = 1 - \frac{\nu_{VH}}{\widetilde{\nu}_{23}}(1-D_3)
\tag{8.4.6}
$$

8.4.2　横观各向同性土的非线性弹性损伤本构关系

上述横观各向同性土的线弹性损伤本构关系的基本公式仍然适用。但是，现在研究横观各向同性土的非线性弹性损伤本构关系，类似于一般土力学的非线性弹性模型，要采用增量形式求解；对于损伤模型，还要考虑损伤演化过程的非线性。

（1）非线性弹性损伤本构关系

以增量形式表示的非线性弹性损伤本构关系为

$$
\mathrm{d}\varepsilon_{ij} = \widetilde{C}_{ijkl}^{-1}\mathrm{d}\sigma_{kl} + \mathrm{d}\widetilde{C}_{ijkl}^{-1}\sigma_{kl}
\tag{8.4.7}
$$

式中，$\widetilde{C}^{-1}$ 为损伤土的有效弹性柔度矩阵，见式(8.4.2)，$\mathrm{d}\widetilde{C}^{-1}$ 为增量形式。

下文将阐述求解损伤演化方程和 $\widetilde{C}^{-1}$ 的增量形式 $\mathrm{d}\widetilde{C}^{-1}$。

（2）损伤演化方程

采用应力形式的热力学函数,在求解损伤演化方程时,为计算方便起见,则采用应变形式的热力学函数进行推导求解。

考虑损伤过程,弹性余能以 Ψ 表示:

$$\Psi = \frac{1}{2}\sigma^{\mathrm{T}} : \widetilde{C}^{-1} : \sigma \qquad (8.4.8)$$

式中,$\widetilde{C}^{-1}$ 为损伤土的有效弹性柔度矩阵。

由式(8.4.8)得

$$\frac{\partial \Psi}{\partial(\sigma \otimes \sigma)} = \frac{1}{2}\widetilde{C}^{-1} \qquad (8.4.9)$$

从式(8.4.9)可见,损伤土的有效柔度矩阵 $\widetilde{C}^{-1}$ 为 $(\sigma \otimes \sigma)$ 的热力学函数,在 $\widetilde{C}^{-1}$ 中有关变量为损伤有效张量 $M(D)$,见式(8.2.13),这样,可令 $D_{\sigma y} = M_{yy}(D)$,则 $D_{\sigma y}$ 也为 $(\sigma \otimes \sigma)$ 的热力学函数。为便于表达,可称 $D_{\sigma y}$ 为类损伤变量,用于应力空间。

损伤为不可逆的,现定义考虑各向异性损伤的应力张量形式的损伤能指标为

$$\tilde{\tau}_{\sigma} = \sqrt{\sigma : M(D)^{\mathrm{T}} : C^{-1} : M(D) : \sigma} \qquad (8.4.10)$$

此指标可考虑各向异性损伤,它与 Simo 等(1987)提出的能量指标 τ_{σ} 不同。类似于塑性力学,取损伤势函数为

$$g^{\mathrm{d}}(\tilde{\tau}_{\sigma}, \beta_{\sigma}^{\mathrm{d}}) = f^{\mathrm{d}}(\tilde{\tau}_{\sigma}) - L_{\sigma}^{\mathrm{d}}(\beta_{\sigma}^{\mathrm{d}}) \qquad (8.4.11)$$

式中,$f^{\mathrm{d}}(\tilde{\tau}_{\sigma})$ 为损伤面函数,$\beta_{\sigma}^{\mathrm{d}} = \sqrt{(D_{\sigma_{11}})^2 + (D_{\sigma_{22}})^2 + (D_{\sigma_{33}})^2}$,$L_{\sigma}^{\mathrm{d}}$ 为损伤变量的硬化函数,$(D_{\sigma_{11}})^2 = \dfrac{1}{(1-D_1)^2}$,$(D_{\sigma_{22}})^2 = \dfrac{1}{(1-D_2)^2}$,$(D_{\sigma_{33}})^2 = \dfrac{1}{(1-D_3)^2}$。

由此可见,关键在于根据不同的地质条件,构造一个合理的损伤势函数。当有一个合理的损伤势函数时,可从式(8.3.16)判断材料(土)的损伤程度。假定损伤流动方向与损伤势函数的梯度和外法线相同,损伤流动法则为

$$\mathrm{d}D_{\sigma_{ij}} = \mathrm{d}\mu \frac{\partial g^{\mathrm{d}}}{\partial \sigma_{ij}} = \mathrm{d}\mu \frac{\partial g^{\mathrm{d}}}{\partial \tilde{\tau}_{\sigma}} \frac{\partial \tilde{\tau}_{\sigma}}{\partial \sigma_{ij}} \qquad (8.4.12)$$

式中,$\mathrm{d}\mu$ 为类损伤因子,$\mathrm{d}D_{\sigma_{ij}}$ 为类损伤变量的增量,它与 $\mathrm{d}\mu$ 有关,而 $D_{\sigma_{ij}}$ 或 $\mathrm{d}\mu$ 由 $\tilde{\tau}_{\sigma}$ 或 σ 的增量产生,假设

$$\mathrm{d}\mu = L\mathrm{d}g^{\mathrm{d}} = L\frac{\partial g^{\mathrm{d}}}{\partial \sigma_{ij}}\mathrm{d}\sigma_{ij} = L\frac{\partial g^{\mathrm{d}}}{\partial \tilde{\tau}_{\sigma}}\frac{\partial \tilde{\tau}_{\sigma}}{\partial \sigma_{ij}}\mathrm{d}\sigma_{ij} \qquad (8.4.13)$$

式中,L 为损伤系数,取决于当前的 σ_{ij}、ε_{ij} 和加载历史,与 $\mathrm{d}\sigma_{ij}$ 无关。式(8.4.13)说明 $\mathrm{d}\mu$ 与 $\mathrm{d}\sigma_{ij}$ 线性相关。

将式(8.4.13)代入式(8.4.12)得

$$\mathrm{d}D_{\sigma_{ij}} = L\frac{\partial g^{\mathrm{d}}}{\partial \sigma_{ij}}\frac{\partial g^{\mathrm{d}}}{\partial \sigma_{kl}}\mathrm{d}\sigma_{kl} \qquad (8.4.14)$$

对式(8.4.11)的硬化函数求微分得

$$\mathrm{d}L_{\sigma}^{\mathrm{d}} = \frac{\partial L_{\sigma}^{\mathrm{d}}}{\partial D_{\sigma_{ij}}}\mathrm{d}D_{\sigma_{ij}} \qquad (8.4.15)$$

损伤势函数(8.4.11)的相容条件为

$$dg^d = \frac{\partial g^d}{\partial \sigma_{ij}} d\sigma_{ij} + \frac{\partial g^d}{\partial L_\sigma^d} dL_\sigma^d = 0 \qquad (8.4.16)$$

将式(8.4.14)和式(8.4.15)代入式(8.4.16)得

$$\frac{1}{L} = -\frac{\partial g^d}{\partial L_\sigma^d} \frac{\partial L_\sigma^d}{\partial D_{\sigma_{ij}}} \frac{\partial g^d}{\partial \sigma_{ij}} \qquad (8.4.17)$$

将式(8.4.17)代入式(8.4.13)得

$$d\mu = -\frac{\dfrac{\partial g^d}{\partial \sigma_{ij}} d\sigma_{ij}}{\dfrac{\partial g^d}{\partial L_\sigma^d} \dfrac{\partial L_\sigma^d}{\partial D_{\sigma_{ij}}} \dfrac{\partial g^d}{\partial \sigma_{ij}}} \qquad (8.4.18)$$

最后,将式(8.4.18)代入式(8.4.12)可得损伤演化方程:

$$dD_{\sigma_{ij}} = -\frac{\dfrac{\partial g^d}{\partial \sigma_{ij}} \dfrac{\partial g^d}{\partial \sigma_{kl}} d\sigma_{kl}}{\dfrac{\partial g^d}{\partial L_\sigma^d} \dfrac{\partial L_\sigma^d}{\partial D_{\sigma_{ij}}} \dfrac{\partial g^d}{\partial \sigma_{ij}}} \qquad (8.4.19)$$

根据式(8.4.10)可知,损伤土的有效柔度矩阵 $\tilde{C}^{-1}$ 是 $(\sigma \otimes \sigma)$ 的热力学函数。然后利用损伤势函数的概念 $g^d(\tilde{\tau}_\sigma, \beta_\sigma^d)$,有

$$d\tilde{C}^{-1} = d\mu \frac{\partial g^d(\sigma \otimes \sigma)}{\partial(\sigma \otimes \sigma)} = \frac{d\mu}{2\tilde{\tau}_\sigma} \frac{\partial g^d}{\partial \tilde{\tau}_\sigma} \tilde{C}^{-1} \qquad (8.4.20)$$

综上所述,增量形式的非线性弹性损伤本构关系已经完全确定。但是,求解过程复杂,需要通过程序实现。

8.4.3 结构性软土弹塑性损伤模型

天然软土都有结构性,其变形过程必然伴随着结构的破损。传统意义上建立在重塑土试验基础上的土体本构模型难以全面描述土体这一特性,从而导致工程应用上难以取得令人满意的效果。近年来,土的结构性及其本构模型的研究引起研究人员广泛的关注,以沈珠江为代表,开创了土结构性研究的新途径。他认为,工程土体的变形与破坏可以视为由原状土到损伤土的演化过程,并引入损伤力学,建立了土的结构性非线性弹性模型、弹塑性模型、粘弹塑性模型等。由此,土结构性本构模型继续向精细化发展,促进了土力学的发展。另一方面,由于土结构性与本构模型参数确定的复杂性,势必阻碍其应用。下面给出一种软土结构性模型,引入修正的剑桥模型屈服函数。由于剑桥模型本身建立在大量重塑土试验的基础上,能较精确地描述完全损伤土的特性;此外,其参数测定有较为完善的方法,且积累了丰富的经验值,使改进的模型可以较好地应用于工程实践,并易于推广。

(1) 弹塑性损伤矩阵

近年来,为了描述土结构特性的影响,各国学者展开了大量研究,其中,我国学者沈珠江(1993)提出了土结构性损伤理论。该理论认为,现实土体的变形和破坏过程可以视为由原状土到损伤土的演变过程,据此弹性矩阵可由下式确定:

$$C_e = (1 - w_d)C_i + w_d C_d \qquad (8.4.21)$$

式中,C_i、C_d 分别为原状土和损伤土的弹性刚度矩阵,w_d 为损伤比。

该理论假定原状土为弹性体,则土的塑性应变由损伤土的屈服与损伤比的增加两部分组成,即

$$d\varepsilon^{p} = w_{d} \frac{\partial f_{p}}{\partial \sigma_{d}} d\mu + d\varepsilon^{d} = w_{d} d\varepsilon_{d}^{p} + d\varepsilon^{d} \tag{8.4.22}$$

式中,$d\varepsilon_{d}^{p}$ 和 $d\varepsilon^{d}$ 分别代表损伤土的塑性应变和损伤应变,f^{p} 为损伤土的塑性屈服函数。

结构性软土应力-应变的增量表达式为

$$d\sigma = D_{ep}(d\varepsilon - d\varepsilon^{d}) \tag{8.4.23}$$

令

$$d\varepsilon^{\gamma} = d\varepsilon - d\varepsilon^{d} = d\varepsilon^{e} + w_{d} d\varepsilon_{d}^{p} \tag{8.4.24}$$

由广义胡克定律,有

$$d\sigma = C_{e}(d\varepsilon^{\gamma} - w_{d} d\varepsilon_{d}^{p}) \tag{8.4.25}$$

假设塑性屈服准则为 $f^{p}(\sigma) = F(H)$,对其两边微分:

$$\left(\frac{\partial f^{p}(\sigma)}{\partial \sigma}\right)^{T} d\sigma = F'\left(\frac{\partial H}{\partial \varepsilon_{d}^{p}}\right)^{T} d\varepsilon_{d}^{p} \tag{8.4.26}$$

式中,$F' = \dfrac{dF}{dH}$,将式(8.4.24)和式(8.4.25)代入式(8.4.26),考虑流动法则 $d\varepsilon_{d}^{p} = d\lambda \dfrac{\partial g^{p}}{\partial \sigma}$,整理得

$$d\varepsilon_{d}^{p} = \frac{\left(\dfrac{\partial f^{p}}{\partial \sigma}\right)^{T} \dfrac{\partial g^{p}}{\partial \sigma} C_{e}}{\left[F'\left(\dfrac{\partial H}{\partial \varepsilon_{d}^{p}}\right)^{T} + w_{d}\left(\dfrac{\partial f^{p}}{\partial \sigma}\right)^{T} C_{e}\right]\dfrac{\partial g^{p}}{\partial \sigma}} d\varepsilon^{\gamma} \tag{8.4.27}$$

式中,g^{p} 是塑性势函数。

将式(8.4.27)代入式(8.4.23),可得

$$C_{ep} = C_{e} - \frac{w_{d} C_{e} \dfrac{\partial g^{p}}{\partial \sigma}\left(\dfrac{\partial f^{p}}{\partial \sigma}\right)^{T} C_{e}}{\left[F'\left(\dfrac{\partial H'}{\partial \varepsilon_{d}^{p}}\right)^{T} + w_{d}\left(\dfrac{\partial f^{p}}{\partial \sigma}\right)^{T} C_{e}\right]\dfrac{\partial g^{p}}{\partial \sigma}} \tag{8.4.28}$$

假定损伤土塑性变形符合相关联流动法则,即 $f^{p} = g^{p}$。对于损伤土,假设塑性屈服函数和损伤屈服函数一致,则 $f^{d} = f^{p}$,令 $A = F'\dfrac{\partial H}{\partial \varepsilon_{d}^{p}}\dfrac{\partial g^{p}}{\partial \sigma}$,从而得到损伤土的弹塑性矩阵为

$$C_{ep} = C_{e} - \frac{w_{d} C_{e} \dfrac{\partial f^{d}}{\partial \sigma}\left(\dfrac{\partial f^{d}}{\partial \sigma}\right)^{T} C_{e}}{A + w_{d}\left(\dfrac{\partial f^{d}}{\partial \sigma}\right)^{T} C_{e} \dfrac{\partial f^{d}}{\partial \sigma}} \tag{8.4.29}$$

式中,A 为反映硬化特性的一个变量。

（2）屈服函数与损伤演化规律

假设完全损伤土采用如下损伤屈服函数:

$$f^{d} = p\left(1 + \frac{q^{2}}{M^{2} p^{2}}\right) \tag{8.4.30}$$

式中,p 和 q 分别为第一和第二应力不变量,M 为试验常数,上式即为修正的剑桥模型屈服函数。

修正剑桥模型是对剑桥模型的改进,主要是对 M、λ 和 k 这 3 个模型参数进行了改进。剑桥模型是在大量重塑土试验基础上建立的,反映完全损伤土(即重塑土)的力学性质。尤其应用于软土,具有一定优势。另外,大多数计算软件都引入了修正剑桥模型,且模型参数有明确的物理意义,并积累了大量经验值,易于推广。

损伤模型建立的关键是定义一个可以描述损伤演变的变量 —— 损伤变量,针对软土,建议损伤变量采用如下形式:

$$D = 1 - \exp[-a(\varepsilon_v - \varepsilon_{v0}) - b(\varepsilon_s - \varepsilon_{s0})] \tag{8.4.31}$$

式中,ε_v 为体积应变,ε_{v0} 为体积应变损伤阈值,$\varepsilon_{v0} = \varepsilon_1^0 + \varepsilon_2^0 + \varepsilon_3^0$,$\varepsilon_1^0$、$\varepsilon_2^0$ 和 ε_3^0 代表弹性比例极限应变,a 和 b 均为材料参数,可以通过有侧限和无侧限压缩试验确定,ε_s 为偏应变,ε_{s0} 为偏应变损伤阈值,$\varepsilon_{s0} = \dfrac{1}{\sqrt{2}}[(\varepsilon_1^0 - \varepsilon_2^0)^2 + (\varepsilon_2^0 - \varepsilon_3^0)^2 + (\varepsilon_3^0 - \varepsilon_1^0)^2]^{1/2}$。

式(8.4.31)表明:天然土在弹性变形阶段不发生损伤,这与模型假设一致,大量试验也证明这一点。

8.4.4　土的细观损伤模型

结构性黏土的三轴试验结果表明,低围压下的试样有明显的应变软化现象,并伴随一定的剪胀性,其性状与砂土十分相似。破坏后剪切带内外及边缘处的微结构明显不同,显示出团粒逐渐变小的过程。根据这些研究结果,沈珠江提出了一个堆砌体模型,原状的结构性黏土类似于块石砌成的不均质结构。在外力较小时,砌块之间的薄弱连接先受到破坏,形成微裂缝,裂缝之间保持完整的大土块。随着荷载的增大,裂缝逐渐扩展和连通,把大土块分割为小土块和团粒,破坏严重的地方形成剪切带,带内的团粒进一步被粉碎。假定总的应变增量由两部分组成,一部分是由有效应力增加引起的,可用已有的弹塑性模型计算;另一部分是由颗粒破损产生的,颗粒的破损可由单纯压应力引起,剪应力的存在会加剧这一趋势。

设 f^p 为描述颗粒滑移的屈服函数,f^d 为描述颗粒破损的损伤屈服函数,并采用正交流动法则,则相应的应变增量可写为

$$d\varepsilon = Cd\sigma + A_p \frac{\partial f^p}{\partial \sigma} df^p + A_d \frac{\partial f^d}{\partial \sigma} df^d \tag{8.4.32}$$

式中,A_p 为塑性指数;A_d 为损伤指数,f^p 和 f^d 建议采用下列函数:

$$f^p = \frac{\sigma_m}{1 - \left(\dfrac{n}{\alpha}\right)^n}, \qquad f^d = \frac{\sigma_m}{1 - \left(\dfrac{n}{\beta}\right)^n} \tag{8.4.33}$$

式中,$\sigma_m = (\sigma_1 + \sigma_2 + \sigma_3)/3$,$\alpha$、$\beta$、$n$ 为参数,有待确定。

与剑桥模型一样,硬化参数等于塑性体应变 ε_v^p,而损伤变量 D 则取为

$$D = \frac{e_0 - e}{e_0 - e_s} \tag{8.4.34}$$

式中,e 为现有孔隙比,e_0 为初始孔隙比,e_s 为同一应力条件下的稳定孔隙比,可由重塑土的压缩曲线求得。

损伤土的塑性硬化规律和损伤规律建议为

$$g^{\mathrm{p}} = g_0^{\mathrm{p}} \exp\left(\frac{\varepsilon_{\mathrm{v}}^{\mathrm{p}}}{c_{\mathrm{c}} - c_{\mathrm{s}}}\right) \tag{8.4.35}$$

$$g^{\mathrm{d}} = g_0^{\mathrm{d}} + (g_{\mathrm{m}}^{\mathrm{d}} - g_0^{\mathrm{d}})\sqrt{2\ln\frac{1}{1-D}} \tag{8.4.36}$$

式中，c_{s} 为颗粒土的回弹指数，c_{c} 为待定参数，g_0^{p} 为塑性应力门槛值，g_0^{d} 为门槛损伤力，$g_{\mathrm{m}}^{\mathrm{d}}$ 为峰值损伤力。

则可导出塑性指数 A_{p} 和损伤指数 A_{d} 的表达式：

$$A_{\mathrm{p}} = \frac{c_{\mathrm{c}} - c_{\mathrm{s}}}{f^{\mathrm{p}}\dfrac{\partial f^{\mathrm{p}}}{\partial \sigma_{\mathrm{m}}}} \tag{8.4.37}$$

$$A_{\mathrm{d}} = \frac{\dfrac{e_0 - e_{\mathrm{s}}}{e_0 - e}}{f^{\mathrm{d}}\ln\left(\dfrac{g_{\mathrm{m}}^{\mathrm{d}}}{g_0^{\mathrm{d}}}\right)\dfrac{\partial f^{\mathrm{d}}}{\partial \sigma_{\mathrm{m}}}} - \frac{c_{\mathrm{c}} - c_{\mathrm{s}}}{f^{\mathrm{p}}\dfrac{\partial f^{\mathrm{p}}}{\partial \sigma_{\mathrm{m}}}} \tag{8.4.38}$$

如果把柔度矩阵中弹性参数假定为常数，颗粒土的回弹指数 c_{s} 也取为常数，则有 3 个参数 α、β、c_{c} 有待确定。设 φ 为剪胀角，则 α 与 φ 之间有下列关系：

$$\alpha = \sqrt[n]{1 + n}\sin \varphi \tag{8.4.39}$$

式中，φ 和 c_{c} 应当随颗粒变细而变化，建议采用下列线性公式计算：

$$\varphi = \varphi_0 + D(\varphi_1 - \varphi_0) \tag{8.4.40}$$
$$c_{\mathrm{c}} = c_{\mathrm{c}0} + D(c_{\mathrm{c}1} - c_{\mathrm{c}0}) \tag{8.4.41}$$

式中，φ_1 和 $c_{\mathrm{c}1}$ 即相当于重塑土（$D = 1$）的剪胀角（此时应等于内摩擦角）和压缩指数；φ_0 和 $c_{\mathrm{c}0}$ 为 $D = 0$ 时的初始值。颗粒破碎引起的体应变不应有膨胀，为了保证这一点，β 应取较大的值，如取 $\beta = 1.2\alpha$。

也可定义一种包含压应力和剪应力在内的损伤力，假定其等于损伤屈服函数 f^{d} 的表达式，损伤曲线为

$$D = 1 - \left(1 + c_{\mathrm{m}}\lg\frac{f^{\mathrm{d}}}{f_0}\right)\exp\left(-c_{\mathrm{m}}\lg\frac{f^{\mathrm{d}}}{f_0}\right) \tag{8.4.42}$$

式中，$c_{\mathrm{m}} = 1/\lg(f^{\mathrm{d}}/f_0)$，$f_0$ 为压缩曲线的拐点的应力。

本章小结

本章介绍了土体损伤的基本概念、损伤函数的物理意义和几种典型的损伤模型。应重点掌握损伤变量、等效应力、等效应变原理和热力学第二定律等的基本推导过程。应理解损伤函数的作用，能够建立损伤参数与土力学实验结果之间的联系，应掌握推导损伤演化方程的基本方法流程。考虑土这种地质材料的特殊性，应特别注意掌握常见土的弹性损伤、弹塑性损伤和细观损伤模型。总之，本章的损伤模型主要是利用数学手段描述土的力学性质，应当注意模型中反映的物理现象真实可靠，同时模型中用到的参数应当具有明确的物理意义，而且能够通过实验获得。

习题与思考题

1. 损伤与塑性同样反映了材料到达一定应力状态后材料刚度发生改变,这两个概念之间的区别与联系是什么?

2. 针对土来说,损伤变量的定义方式主要有哪几种?

3. 损伤准则和损伤势函数对损伤演化方程的影响主要体现在哪些方面?

4. 土的损伤模型主要应当反映土的哪些特征?

参考文献

[1] 沈珠江. 结构性黏土的弹塑性损伤模型[J]. 岩土工程学报,1993,15(3):21-28.

[2] 熊传祥,龚晓南. 一种改进的软土结构性弹塑性损伤模型[J]. 岩土力学,2006,27(3):395-399.

[3] 余寿文,冯西桥. 损伤力学[M].北京:清华大学出版社,1997.

[4] 赵锡宏,孙红,罗冠威. 损伤土力学[M]. 上海:同济大学出版社,2000.

[5] Broberg H. A new criterion for brittle creep rupture[J]. Journal of Applied Mechanics, 1974:41,809-811.

[6] Frantziskonis G, Desai C S. Elastoplastic model with damage for strain softening geomaterials[J]. Acta Mechanica,1987,68:151-170.

[7] Lemaitre J,Chaboche J L. Mechanics of solid materials[M]. Cambridge:Cambridge University Press,1988.

[8] Mazars J. A description of micro and macroscale damage of concrete structure[J]. Engineering Fracture Mechanics,1986,25:729-737.

[9] Murakami S. Mechanical modeling of material damage[J]. Journal of Applied Mechanics,1988, 55:280-286.

[10] Murakami S. Notion of continuum damage mechanics and its application to anisotropic creep damage theory[J]. Journal of Engineering Material and Technology,1983, 105:99-105.

[11] Sidoroff F. Description of anisotropic damage application to elasticity[M].//IUTAM Colloquium on Physical Nonlinearities in Structural Analysis. Berlin:Springer, 1981,237-244.

[12] Simo J C, Ju J W. Strain and stress based continuum damage models, Part I:Formulation[J]. International Journal of Solids and Structures, 1987, 23 (7):821-840.

[13] Simo J C, Ju J W. Strain and stress based continuum damage models, Part II:Computational aspects[J]. International Journal of Solids and Structures,1987,23(7):841-869.

[14] Supartono F, Sidoroff F. Anisotropic damage modeling for brittle elastic materials[J]. Archives of Mechanics,1985,37(4/5):521-534.

第 9 章 土的扰动理论

9.1 概述

进入 21 世纪以来，随着我国城市化进程的快速发展，城市化人口激增和城市基础设施相对落后的矛盾日益加剧，城市道路交通、房屋等基础设施的建设进入了大发展时期。各类建筑、市政工程及地下结构的施工，如深基坑开挖、打桩、施工降水、强夯、注浆、土性改良、回填以及隧道与地下洞室的掘进，都可能对周围土体稳定性造成重大影响。例如，由施工引起的地面和地层运动、大量抽取地下水引起地表沉降，将影响到地面周围建筑物与道路等设施的安全，致使附近建筑物倾斜、开裂甚至破坏，或者引起基础下陷不能正常使用，更为严重的是，给排水管、污水管、煤气管及通信电力电缆等地下管线的断裂与损坏，造成给排水系统中断、煤气泄漏及通信线路中断，等等，给工程建设、人民生活及国家财产带来巨大损失，并产生不良的社会影响。这类事故的主要原因之一是对受施工扰动引起周围土体性质的改变和在施工中结构与土体介质的变形、失稳、破坏的发展过程认识不足，简单利用传统土力学的理论与方法，用天然状态下的原状土的物理力学特性来描述受施工扰动影响的土体性状，从而造成许多岩土工程的失稳与破坏，给工程建设与周围环境带来很大危害。

施工扰动的方式错综复杂，而施工扰动影响周围土体工程性质的变化程度也不相同，如土的应力状态与应力路径的改变、密实度与孔隙比的变化、土体抗剪强度的降低与提高以及土体变形特性的改变，等等。以往人们很少系统地研究上述受施工扰动影响土的工程性质变化及周围环境特性的改变，测定的力学参数只能反映土体在特定状态下的性状，无法描述其在工程施工全过程中的动态变化。

准确预测工程施工过程中土体的强度和变形特性，关键是要建立合理的本构模型。然而，现有的本构模型大都是针对饱和扰动黏土和砂土发展起来的，没有反映土体受扰动的影响。因此，有必要将土在受力后所表现的变形、稳定等问题和土体的物理指标的变化作为一个整体进行研究，建立相应的本构模型。目前，这已成为土力学研究中十分重要而紧迫的课题。因此本章主要对扰动力学理论、扰动函数和扰动本构模型进行详细介绍。

9.2 扰动力学的一般概念

现有的理论大都是建立在假定岩土体为连续介质的基础上,事实上岩土体材料具有复杂的内部裂隙和孔隙,它是不连续、不均匀、有缺陷的。因此,现有的理论并不能准确地表达岩土体的力学性质。扰动状态概念(disturbed state concept,DSC)的思想,首先由美国著名学者 Desai 于 1974 年提出,它综合了损伤力学、临界状态理论及自组织理论等理论的优点,对材料的力学性质进行全面分析,其原理简单明了,在思想上具有新颖性和先进性。近年来,随着研究的不断深入,扰动状态概念已较为系统化,许多材料都利用了扰动状态概念加以描述,如在不同荷载(加载、卸载及循环加载)作用下,材料的硬化及软化行为、模拟材料界面的力学行为、砂土液化、土压力、盾构施工等,并且该概念现已推广应用到混合硅、油砂以及电子包装材料等特定材料的本构模型中,此外,基于扰动状态概念的相关有限元分析模型也已建立。

9.2.1 扰动状态概念及其基本原理

1974 年,Desai 首先提出了扰动状态概念,假定作用力(如机械力、热力、环境力等)引起材料微结构的扰动,致使材料内部微结构发生变化。如图 9-1 所示,由于扰动,材料内部的微观结构从(最初的)相对完整(relative intact,RI)状态,经过一个自调整或自组织过程,达到(最终的)完全调整(fully adjusted,FA)状态。在这种自调整或自组织过程中,材料有可能包括导致产生微裂隙的损伤或导致颗粒相对运动的强化,这个扰动过程可通过一个函数(扰动函数)来描述,即描述材料从相对完整状态转变为完全调整状态过程的函数,该函数可通过宏观量测来描述扰动的演化,从而对材料的本构关系进行模拟。扰动状态概念理论认为材料单元的观测行为可用相对完整状态和完全调整状态的行为来表示。

1. 相对完整状态

处于该状态下的材料的响应可以被认为是排除了扰动因素(如材料的摩擦、微裂纹扩展、损伤以及强化等)的影响,对应于材料的初始状态。因此,处于该状态下的材料的响应可以从试验材料的初始物理力学性能中得到。

2. 完全调整状态

完全调整状态对应着微裂纹或孔隙的扩展而最终导致的极限状态,该状态下的材料响应可从试验材料的极限状态物理力学性能得到,并通过下述三种状态模型来描述:

(1)材料不具有任何强度,如同连续介质的损伤模型中的孔隙;

(2)材料不具有抗剪强度,但能承受静水压力,就如同一个受约束的液体;

(3)材料在给定的静水压力下具有抗剪强度并达到临界状态,此时材料只发生剪切应变而无体积应变,可作为受约束的固-液混合体处理。

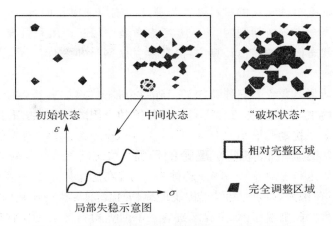

图 9-1　DSC 模型中的相对完整状态和完全调整状态

3.中间状态

处于中间状态的实际材料的特性可以用扰动函数,通过相对完整状态和完全调整状态的材料特性来进行处理。

9.2.2　扰动状态概念特点

扰动状态概念是建立在已有力学理论基础上的新理论,它吸收了包括损伤力学、临界状态理论及自组织理论等理论的优点,能够统一地描述工程材料的力学相应特性,包括弹性、塑性、蠕变、微裂纹产生、损伤软化和强化等。扰动状态概念是通过材料的相互作用机制来模拟观测响应的,它把相对完整状态和完全调整状态看作是由于自调整而引起材料内部微结构变化的结果,它虽然强调对微结构的考虑,但并不要求对颗粒或在微观尺度上进行本构定义,因而在某种程度上更有利于揭示材料的变形和破坏机理。扰动状态概念还能反映材料的完整力学响应,包括峰值前后的行为及其变形破坏特性的描述。如图 9-2 所示。

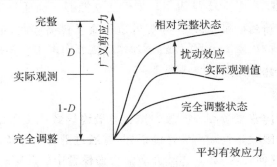

图 9-2　扰动状态概念示意图

由此可见,扰动状态概念较其他理论方法更具优势,主要体现在:

(1)扰动状态概念既可表示软化或损伤过程,又可表示材料的强化过程。

(2)扰动状态概念把由相对完整和完全调整状态两部分构成的混合物作为一个整体进

行统一描述,而不是把单独定义的材料颗粒与裂隙的响应加以叠加。

(3)扰动状态概念在分析问题时,不需要考虑微裂纹相互作用和微观力学模型。

(4)基于扰动状态概念的数值计算中,能有效克服网格相关性问题,从而大大提高计算效率。

由此可见,扰动状态概念是一种新的、完整的材料本构模拟方法,具有机理性与整体性的特征,在实际应用中,扰动状态概念比其他现有的理论方法具有更多的优越性。

9.2.3 扰动状态概念与损伤理论的区别

扰动状态概念在某种程度上类似于传统的损伤理论,如:扰动函数 D 与损伤变量 ω 的定义类似。然而,两者又不尽相同,主要区别有以下两点:

(1)损伤理论中的 ω 只代表材料的损伤,而扰动函数包含材料损伤和强化两个方面。如:在压缩试验过程中,对于软黏土或松砂,它们的强度得到强化;而对于岩石、混凝土等来说,它们的强度却是损伤或软化。可以说损伤理论中的无损和损伤状态只是扰动状态概念 RI 和 FA 状态中的一个特殊情况,将 FA 状态材料认为是一种性质变化了的材料比认为是损伤了的材料更符合实际,更具有普遍意义。

(2)利用扰动状态概念,可以对材料变形过程中因扰动体积减小,材料强度在先前受到扰动而软化后,继而又发生强度增长的现象进行解释。然而,传统的损伤理论对此是无法解释的。

由此可见,损伤理论可以被认为是扰动状态概念理论的一个特例。

9.3 扰动函数

土体受到扰动后,其结构性受到了影响,相应的物理力学指标都会改变。通常简称土体受扰动的程度为扰动度,并用符号 D 表示。如何建立能够正确反映土体物理力学参数改变量与扰动度之间关系的函数(简称扰动函数)成为土体扰动理论研究的关键。许多学者根据室内试验或现场监测结果,提出了相应的扰动函数,这方面的工作主要包括:

Schmertmann(1955)提出了如下取样扰动函数:

$$D = \frac{\Delta e}{\Delta e_0} \tag{9.3.1}$$

式中,Δe 和 Δe_0 分别表示压力作用下力学压缩曲线与实际压缩曲线以及力学压缩曲线与完全扰动曲线的孔隙比的差值。

Ladd 和 Lambe(1963)认为饱和土样的不排水模量对扰动的敏感性最强,于是建立下述取样扰动度的表达式:

$$D = \frac{[E_u] - E_{50}}{[E_u] - [E_{50}]} \tag{9.3.2}$$

式中,E_{50} 和 $[E_{50}]$ 分别为实际土样和重塑土样的不排水模量,脚标"50"表示应变达到 50%

破坏应变时的不排水切线模量；$[E_u]$ 为原状土的不排水模量。

张孟喜根据 p-q-e 空间中类似于土体的破坏面，提出了施工扰动函数：

$$D = \frac{\sqrt{(\Delta p^2 + \Delta q^2 + \Delta e^2)}}{\sqrt{(p_f^2 + q_f^2 + e_f^2)}} \tag{9.3.3}$$

式中，p_f、q_f 和 e_f 分别表示破坏时的平均应力、偏应力以及孔隙比。

徐永福（2000）将施工扰动分为应力扰动和应变扰动，并提出下述扰动函数计算式：

$$D = 1 - \frac{M_d}{M_0} \tag{9.3.4}$$

式中，M_0、M_d 分别为未受施工扰动和受施工扰动后的力学参数。

黄斌（2005）根据黏土三轴固结不排水试验，建立了既能考虑不利扰动又能反映"有利"扰动的扰动函数：

$$D = 1 - \left(1 - \frac{\Delta q}{\Delta q_u}\right)^2 OCR^{1 - \frac{\kappa}{\lambda}} \exp\left(-\frac{\Delta e}{\lambda}\right) \tag{9.3.5}$$

式中，q 为偏应力且 $q = \sigma_1 - \sigma_3$；σ_1、σ_3 分别为最大、最小主应力；Δq 为扰动引起的 q 的增量；Δq_u 为沿应力路径从初始状态到极限状态过程中 q 的增量；Δe 为孔隙比增量；OCR 为初始状态下土样的超固结比；λ 为 e-$\ln p$ 坐标平面上压缩曲线斜率；κ 为 e-$\ln p$ 坐标平面上回弹曲线斜率。

王景春（2008）参考张孟喜建立的扰动度的思路，增加了扰动参量——含水量 w 的影响，提出了下述施工扰动度表达式：

$$D = f\left(\frac{\Delta p}{\Delta p_f}, \frac{\Delta q}{\Delta q_f}, \frac{\Delta e}{\Delta e_f}, \frac{\Delta w}{\Delta w_f}\right) \tag{9.3.6}$$

式中，Δp、Δq、Δe、Δw 分别为施工扰动引起的 p、q、e、w 的增量；Δp_f、Δq_f、Δe_f、Δw_f 分别为从初始状态到破坏曲面的 p、q、e、w 的增量。

扰动函数（D）是描述材料从相对完整状态变为完全调整状态此动态过程的函数，Desai 的扰动因子包含因素广泛，一般可表示为

$$D = D(\varsigma, \rho_0, p_0, R, T, t) \tag{9.3.7}$$

式中，ς 为应力应变历史参数，可用塑性应变 ε 等参数的轨迹表示；ρ_0 为初始密度；p_0 为初始压力；R 为颗粒间接触面性质；T 为温度；t 为时间。

简便起见，Desai（2001）仅考虑 ς（ε 轨迹）的影响，并根据试验曲线（见图 9-3）建立了如下扰动函数：

$$D_D = D_D(\varsigma) = D_D(\varepsilon) = D_u[1 - \exp(-A\varepsilon^z)] \tag{9.3.8}$$

式中：D_u——扰动函数的最终值，一般可取为 1；

A、Z——材料参数；

ε——材料应变，包括材料体积应变和剪应变。

由图 9-3 易知：Desai 提出的扰动度通常为正值，且变化范围为 $[0,1]$，类似于传统意义上的损伤变量 ω，此时，扰动将会致使材料性能降低，属于不利扰动。但如前所述，扰动既可以致使材料产生微裂隙的损伤，也可以强化材料特性。因此，D 也可以为负值，代表材料受扰动后性能得到加强。

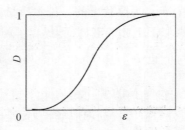

图 9-3　扰动度与应变之间关系示意图[6]

另一方面,相对密实度 D_r 以及颗粒级配(C_u 和 C_c)对砂土峰值强度和应力-应变曲线的斜率影响较大,而施工扰动过程中砂土颗粒级配一般不变,但是 D_r 变化较大。为叙述方便,朱剑锋(2011)统一称引起 D_r 减小的扰动为"正扰动",而引起 D_r 增大的扰动为"负扰动"。于是,

(1)正扰动($D_r \leqslant D_{r0}$)

$$D = \frac{2}{\pi}\arctan\left(\frac{D_{r0} - D_r}{D_r - D_{rmin}}\right) \tag{9.3.9a}$$

(2)负扰动($D_r > D_{r0}$)

$$D = \frac{2}{\pi}\arctan\left(\frac{D_{r0} - D_r}{D_{rmax} - D_r}\right) \tag{9.3.9b}$$

式中:D_r——砂土当前相对密实度($0 \leqslant D_r \leqslant 1$);

D_{r0}——砂土初始相对密实度;

D_{rmin}——砂土最松散状态对应的相对密实度(一般取为 0);

D_{rmax}——砂土最密实状态对应的相对密实度(一般取为 1)。

将式(9.3.9)的函数关系绘制成图,如图 9-4 所示。

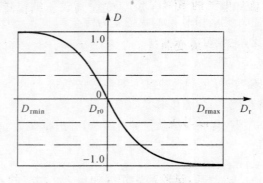

图 9-4　扰动度与相对密实度关系曲线

由图 9-4 和式(9.3.9)可知,本章所提出扰动度的变化范围为[-1,1],能反映砂土从初始状态向密实(负扰动)或松散(正扰动)状态变化的全过程。因此,可将式(9.3.9)称为统一扰动函数。

9.4　扰动本构模型

在对土体扰动有了充分重视之后,土力学研究人员迫切需要解决的是如何在现有本构模型的基础上增加对扰动的考虑或建立考虑扰动影响的土体本构模型,以便更准确地描述工程施工过程中土体的受力和变形性状。

9.4.1　考虑扰动影响的非线性弹性模型

Duncan-Chang 模型是一种建立在增量广义胡克定律基础上的非线性弹性模型,它可以反映应力-应变关系的非线性,并在一定程度上反映了土体变形的弹塑性,并且该模型参数少、物理意义明确,通过常规三轴试验便可确定,因此,在岩土工程中得到了广泛应用,成为最为普及的土体本构模型之一。然而与大多数传统本构模型一样,Duncan-Chang 模型仅反映了土体力学状态,没有很好地反映土体物理性质,而且其模型参数(如 K)变化范围很大。因此,有必要对传统 Duncan-Chang 模型进行改进,建立既考虑土体物理性质、又能反映扰动影响的非线性弹性模型,从而为准确预测工程施工对周围环境的影响奠定基础。

由前述分析可知,扰动使得砂土的物理参数(如 D_r)发生改变,进而改变砂土的力学参数,从而使得扰动前后土体的变形及强度特性相差很大。土体受扰动程度的大小可以用扰动度 D 来衡量。因此,只要建立砂土力学参数与 D 的函数关系,便可对任意扰动状态下的土体力学特性进行预测。

为此,徐日庆等(2012)选用的土样为福建厦门艾思欧标准砂厂生产的中国 ISO 标准砂,采用南京电力自动化总厂生产的 SJ-1A 型应变控制式三轴仪进行不固结不排水试验,结果见图 9-5。

从图 9-5 可知,试验砂的应力-应变曲线近似呈双曲线,因此可以用 Kondner 提出的双曲线方程来描述:

$$\sigma_1 - \sigma_3 = \frac{\varepsilon_1}{a + b\varepsilon_1} \tag{9.4.1}$$

在常规三轴试验中,式(9.4.1)可以写成

$$\frac{\varepsilon_1}{\sigma_1 - \sigma_3} = a + b\varepsilon_1 \tag{9.4.2}$$

由于常规三轴试验中 $\mathrm{d}\sigma_2 = \mathrm{d}\sigma_3 = 0$,试验起始切线模量 E_0(对应的 $\varepsilon_1 = 0$)为

$$E_0 = \frac{1}{a} \tag{9.4.3}$$

若令式(9.4.1)中的 $\varepsilon_1 \to \infty$,则

$$(\sigma_1 - \sigma_3)_{\mathrm{ult}} = \frac{1}{b} \tag{9.4.4}$$

可以看出,a 和 b 分别为初始切线模量 E_0 和双曲线渐进线所对应极限偏差应力 $(\sigma_1 - \sigma_3)_{\mathrm{ult}}$ 的倒数。

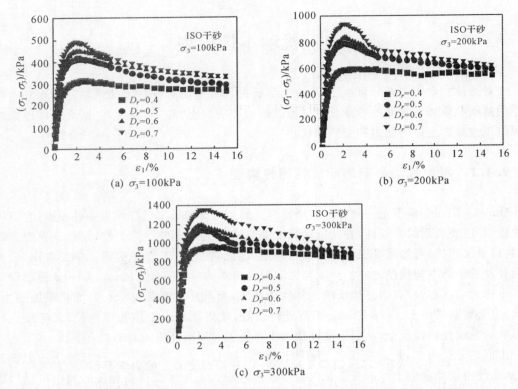

图 9-5　不同工况下中国 ISO 标准干砂的应力-应变曲线

在根据常规试验结果确定参数 a、b，采用式（9.4.2）求取 $\varepsilon_1/(\sigma_1-\sigma_3)$ 与 ε_1 之间的直线关系时，常常发生低应力水平和高应力水平的试验点偏离直线的情况。Duncan 等在总结了许多试验资料的基础上提出下述计算方法：

$$b = \frac{1}{(\sigma_1-\sigma_3)_{\text{ult}}} = \frac{[\varepsilon_1/(\sigma_1-\sigma_3)]_{95\%} - [\varepsilon_1/(\sigma_1-\sigma_3)]_{70\%}}{(\varepsilon_1)_{95\%} - (\varepsilon_1)_{70\%}} \tag{9.4.5}$$

$$a = \frac{1}{E_0}$$
$$= \frac{[\varepsilon_1/(\sigma_1-\sigma_3)]_{95\%} + [\varepsilon_1/(\sigma_1-\sigma_3)]_{70\%}}{2} - \frac{1/(\sigma_1-\sigma_3)_{\text{ult}}[(\varepsilon_1)_{95\%} + (\varepsilon_1)_{70\%}]}{2} \tag{9.4.6}$$

式中，下标 95% 和 70% 分别代表 $(\sigma_1-\sigma_3)$ 等于砂土强度 $(\sigma_1-\sigma_3)_f$ 的 95% 和 70% 时有关的试验数据。对于应力-应变曲线有峰值点的情况，取 $(\sigma_1-\sigma_3)_f = (\sigma_1-\sigma_3)_{\text{peak}}$；对于无峰值点的情况，取 $\varepsilon_1 = 15\%$ 的对应值作为 $(\sigma_1-\sigma_3)_f$，定义破坏比：

$$R_f = \frac{(\sigma_1-\sigma_3)_f}{(\sigma_1-\sigma_3)_{\text{ult}}} \tag{9.4.7}$$

将图 9-5 对应的试验结果代入式（9.4.2）～式（9.4.7），可得各工况下的 E_0、$(\sigma_1-\sigma_3)_{\text{ult}}$、$(\sigma_1-\sigma_3)_f$ 和 R_f。

Janbu 通过试验研究指出，黏土和非粘性土的初始模量都是侧限压力的指数函数，即

$$E_0 = K p_a \left(\frac{\sigma_3}{p_a} \right)^n \tag{9.4.8}$$

式中，K、n 为无因次试验参数；p_a 为标准大气压，取 $p_a = 0.1013\mathrm{MPa}$。对式（9.4.8）两边取对数，并化简得到

$$\lg(E_0/p_a) = \lg K + n(\sigma_3/p_a) \tag{9.4.9}$$

将图 9-5 对应的 E_0 代入式（9.4.9）可得不同工况下的 K、n。

考虑到 $(\sigma_1 - \sigma_3)_f$ 与围压 σ_3 有关，参考式（9.4.8），朱剑锋（2011）提出下述函数式：

$$(\sigma_1 - \sigma_3)_f = M p_a \left(\frac{\sigma_3}{p_a} \right)^l \tag{9.4.10a}$$

式中，M 和 l 为无量纲参数，p_a 为标准大气压，其值同前。对式（9.4.10a）两边取对数，并化简得

$$\lg \left[\frac{(\sigma_1 - \sigma_3)_f}{p_a} \right] = \lg M + l \lg \left[\frac{\sigma_3}{p_a} \right] \tag{9.4.10b}$$

分析结果表明：Duncan-Chang 模型参数中，受相对密实度 D_r 影响较为显著的是参数 K 和 M，且两者与 D_r 之间存在如下关系：

$$\ln K = c + d D_r \tag{9.4.11}$$

$$M = \varsigma + g D_r \tag{9.4.12}$$

式中，c、d、ς 与 g 为模型参数。

扰动使得砂土的物理参数（如 D_r）发生改变，进而改变砂土的力学参数（K、M 等），从而使得扰动前后土体的变形及强度特性相差很大。如前所述，土体受扰动程度的大小可以用扰动度 D 来衡量，只要建立砂土力学参数 K、M 与 D 的函数关系，便可对任意扰动状态下的土体力学特性进行预测。Duncan-Chang 模型参数中，受相对密实度影响较显著的是参数 K 和 M。朱剑锋（2011）基于统一扰动函数，提出如下 K_D、M_D 计算公式：

（1）正扰动（$D_r \leqslant D_{r0}$），取 $D_{r\min} = 0$，根据式（9.3.9a）有

$$D_{r0} - D_r = D_r \tan(\pi D/2) \tag{9.4.13}$$

将式（9.3.9a）代入式（9.4.11）化简得

$$K_D = \frac{K_0}{\exp(d D_r \tan(\pi D/2))} \tag{9.4.14}$$

将式（9.3.9a）代入式（9.4.12）化简得

$$M_D = M_0 - g D_r \tan(\pi D/2) \tag{9.4.15}$$

式中，K_0、M_0 为扰动前（初始状态）的参数；K_D、M_D 为扰动状态下的参数；d、g 意义同前，为试验常数；D_r 为扰动后砂土的相对密实度；D 为扰动度。

（2）负扰动（$D_r > D_{r0}$），取 $D_{r\max} = 1$，根据式（9.3.9b）有

$$D_{r0} - D_r = (1 - D_r) \tan(\pi D/2) \tag{9.4.16}$$

将式（9.3.9b）代入式（9.4.11）化简得

$$K_D = \frac{K_0}{\exp(d(1 - D_r) \tan(\pi D/2))} \tag{9.4.17}$$

将式（9.3.9b）代入式（9.4.12）化简得

$$M_D = M_0 - g(1 - D_r) \tan(\pi D/2) \tag{9.4.18}$$

于是,典型密实度下的 K_D、M_D 可描述如下:

(1) 当 $D_r = D_{r0}$ 时,土体处于无扰动状态,$D = 0$:

$$K_D = K_0, M_D = M_0 \tag{9.4.19a}$$

(2) 当 $D_r = D_{rmin} = 0$ 时,土体达到最松散状态,根据式(9.3.9a)得 $D = 1$:

$$K_D = K_0 \exp(-dD_{r0}), M_D = M_0 - gD_{r0} \tag{9.4.19b}$$

(3) 当 $D_r = D_{rmax} = 1$ 时,土体达到最密实状态,根据式(9.3.9b)得 $D = -1$:

$$K_D = K_0 \exp(d(1 - D_{r0})), M_D = M_0 - g(1 - D_{r0}) \tag{9.4.19c}$$

于是,考虑扰动影响的修正 Duncan-Chang 模型为

(1) 正扰动

$$\sigma_1 - \sigma_3 = \cfrac{\varepsilon_1}{\cfrac{\exp(dD_r \tan(\pi D/2))}{K_0 p_a \left(\cfrac{\sigma_3}{p_a}\right)^{n_0}} + \cfrac{R_{f0} \varepsilon_1}{(M_0 - gD_r \tan(\pi D/2))\sigma_3}} \tag{9.4.20a}$$

(2) 负扰动

$$\sigma_1 - \sigma_3 = \cfrac{\varepsilon_1}{\cfrac{\exp(d(1 - D_r) \tan(\pi D/2))}{K_0 p_a \left(\cfrac{\sigma_3}{p_a}\right)^{n_0}} + \cfrac{R_{f0} \varepsilon_1}{(M_0 - g(1 - D_r) \tan(\pi D/2))\sigma_3}} \tag{9.4.20b}$$

9.4.2 考虑扰动影响的砂土弹塑性本构模型

一般情况下,砂土的应力-应变关系受中间主应力、剪胀性及应力路径相关性等因素的影响而呈非线性。因此,采用弹性模型来描述砂土特性时往往会有较大偏差。另一方面,Lade 等(1975,1977,1988)通过大量试验研究发现,砂土塑性应变增量方向并不正交于屈服面。所以采用非相关流动法则的砂土本构模型更符合实际。然而塑性势面是基于传统塑性力学理论而提出的,理应采用具有一定理论意义的函数来描述。但无论是 Lade-Duncan 模型还是其修正形式,均是假定塑性势函数与试验结果所拟合的屈服函数有一致形式,这在理论上不够严密。SMP 准则首先由 Matsuoka 和 Nakai 于 1974 年基于空间滑动面理论提出,该准则考虑了三个应力张量不变量的影响,是一种比较完善的理论屈服准则。于是,朱剑锋(2011)基于 Lade-Duncan 模型,采用 SMP 准则的屈服函数构建塑性势函数,提出一个理论更为严密的砂土弹塑性本构模型 ——SMP-Lade 模型。其具体过程如下:

总应变增量可分解为弹性应变增量和塑性应变增量:

$$d\varepsilon_{ij} = d\varepsilon_{ij}^e + d\varepsilon_{ij}^p \tag{9.4.21}$$

(1) 弹性应变增量 $d\varepsilon_{ij}^e$

弹性应变增量($d\varepsilon_{ij}^e$)可根据广义胡克定律采用下式计算:

$$d\varepsilon_{ij}^e = \frac{1 + \nu}{E_{ur}} d\sigma_{ij} - \frac{\nu}{E_{ur}} d\sigma_{ij} \delta_{ij} \tag{9.4.22}$$

式中,E_{ur} 为土体加卸载模量;ν 为泊松比,对于砂土,该模型建议取 $\nu = 0.2$;$d\sigma_{ij}$ 为应力增量;

δ_{ij} 为 Kronecker 张量。

E_{ur} 随围压不同而变化,可通过下式计算:

$$E_{ur} = K_{ur} p_a \left(\frac{\sigma_3}{p_a}\right)^n \tag{9.4.23}$$

式中,K_{ur} 与指数 n 可通过三轴试验结果获得;σ_3 为围压;p_a 为大气压,单位与 σ_3 相同。

(2) 塑性应变增量 $d\varepsilon_{ij}^p$

① 屈服条件

Lade(1975) 根据砂土的真三轴试验结果,提出下述屈服条件:

$$f_L = \frac{I_1^3}{I_3} \tag{9.4.24}$$

破坏时

$$f_L = \kappa_f \tag{9.4.25}$$

式中,I_1、I_3 分别为应力张量第一、第三不变量;f_L 是与应力水平有关的材料参数,其变化范围可以从各向等压下的 27 到破坏时的 κ_f。

其中

$$I_1 = \sigma_1 + \sigma_2 + \sigma_3 \tag{9.4.26}$$

$$I_3 = \sigma_1 \sigma_2 \sigma_3 \tag{9.4.27}$$

式中,σ_1、σ_2、σ_3 分别为第一、第二、第三主应力。

② 塑性势函数

采用 SMP 准则的屈服函数作为 SMP-Lade 模型的塑性势函数,其表达式为

$$g_{SL} = I_1 I_2 - \kappa_{gs} I_3 \tag{9.4.28}$$

式中,κ_{gs} 为塑性势函数参数,可由试验确定。

③ 流动法则

在三轴试验中,根据流动法则,可得

$$d\varepsilon_3^p = d\lambda_{13} \frac{\partial g_{SL}^{13}}{\partial \sigma_3} = d\lambda_{13} (I_2 - I_1 (\sigma_1 + \sigma_2) - \kappa_{gs}^{13} \sigma_1 \sigma_2) \tag{9.4.29}$$

$$d\varepsilon_1^p = d\lambda_{13} \frac{\partial g_{SL}^{13}}{\partial \sigma_1} = d\lambda_{13} (I_2 - I_1 (\sigma_2 + \sigma_3) - \kappa_{gs}^{13} \sigma_2 \sigma_3) \tag{9.4.30}$$

式中,$d\varepsilon_1^p$、$d\varepsilon_3^p$ 分别为第一、第三塑性主应变增量;$d\lambda_{13}$ 为比例系数,g_{SL}^{13}、κ_{gs}^{13} 分别为相应于第一、第三塑性主应变的塑性势函数和塑性势函数参数,其他参数意义同前。

定义塑性泊松比 ν_{13}^p 为

$$-\nu_{13}^p = \frac{d\varepsilon_3^p}{d\varepsilon_1^p} \tag{9.4.31}$$

将式(9.4.29)和式(9.4.30)代入式(9.4.31),解得 κ_{gs}^{13} 得

$$\kappa_{gs}^{13} = \frac{I_2 (1 + \nu_{13}^p) - I_1 [\nu_{13}^p (\sigma_2 + \sigma_3) + (\sigma_1 + \sigma_2)]}{\sigma_1 \sigma_2 + \sigma_2 \sigma_3 \nu_{13}^p} \tag{9.4.32}$$

同理,定义

$$-\nu_{12}^p = \frac{d\varepsilon_2^p}{d\varepsilon_1^p} \tag{9.4.33}$$

于是

$$\kappa_{gs}^{12} = \frac{I_2(1 + \nu_{12}^p) - I_1[\nu_{12}^p(\sigma_2 + \sigma_3) + (\sigma_1 + \sigma_3)]}{\sigma_1\sigma_3 + \sigma_2\sigma_3\nu_{12}^p} \tag{9.4.34}$$

由式(9.4.32)和式(9.4.34)知:塑性势函数参数 κ_{gs}^{13} 和 κ_{gs}^{12} 是随加载过程变化的,在根据试验资料求得 ν_{13}^p 和 ν_{12}^p 之后,便可根据式(9.4.32)和式(9.4.34)计算 κ_{gs}^{13} 和 κ_{gs}^{12}。

④ 硬化规律

与 Lade-Duncan 模型类似,SMP-Lade 模型采用塑性功 W_p 作为硬化参数:

$$f = H(W_p) = H\left(\int \sigma_{ij}\,d\varepsilon_{ij}\right) \tag{9.4.35}$$

当 f 值超过某一值 f_t 时,$(f - f_t)$ 与塑性功 W_p 可近似地表示为如下双曲线关系:

$$f - f_t = \frac{W_p}{a_L + d_L W_p} \tag{9.4.36}$$

式中:a_L、d_L —— 双曲线参数;f_t 取三轴试验数据中塑性功 $W_p = 0$ 时对应的 f 值。

$$a_L = M_L p_a \left(\frac{\sigma_3}{p_a}\right)^\zeta \tag{9.4.37}$$

式中,M_L 和 ζ 可由试验确定。

$$\frac{1}{d_L} = (f - f_t)_{ult} \tag{9.4.38}$$

其中,$(f - f_t)_{ult}$ 为 $(f - f_t)$ 的渐近线。

定义破坏比 r_f:

$$r_f = \frac{\kappa_f - f}{(f - f_t)_{ult}} \tag{9.4.39}$$

于是

$$dW_p = \frac{a_L df}{\left(1 - r_f \dfrac{f - f_t}{\kappa_f - f_t}\right)^2} \tag{9.4.40}$$

⑤ 塑性应变 $d\varepsilon_1^p, d\varepsilon_2^p, d\varepsilon_3^p$

由流动法则可得下述表达式:

$$d\varepsilon_3^p = d\lambda_{13} \frac{\partial g_{SL}^{13}}{\partial \sigma_3} \tag{9.4.41}$$

对式(9.4.35)进行微分可得

$$df = H' dW_p = H'(p d\varepsilon_v^p + q d\varepsilon_s^p) \tag{9.4.42}$$

将式(9.4.41)代入式(9.4.42)化简得

$$df = H' d\lambda_{13} \left(p \frac{\partial g_{SL}^{13}}{\partial p} + q \frac{\partial g_{SL}^{13}}{\partial q}\right) \tag{9.4.43}$$

根据式(9.4.38)可知塑性势函数 g_{SL}^{13} 为 3 阶齐次方程,利用欧拉定律得

$$p \frac{\partial g_{SL}^{13}}{\partial p} + q \frac{\partial g_{SL}^{13}}{\partial q} = n g_{SL}^{13} = 3 g_{SL}^{13} \tag{9.4.44}$$

将式(9.4.44)代入式(9.4.43)得

$$df = 3 g_{SL}^{13} H' d\lambda_{13} \tag{9.4.45}$$

结合式(9.4.43)和(9.4.45)得

$$d\lambda_{13} = \frac{dW_p}{3g_{SL}^{13}} = \frac{a_L df}{3(I_1 I_2 - \kappa_{gs}^{13} I_3)\left(1 - r_f \dfrac{f - f_t}{\kappa_f - f_t}\right)^2} \tag{9.4.46}$$

同理

$$d\lambda_{12} = \frac{dW_p}{3g_{SL}^{12}} = \frac{a_L df}{3(I_1 I_2 - \kappa_{gs}^{12} I_3)\left(1 - r_f \dfrac{f - f_t}{\kappa_f - f_t}\right)^2} \tag{9.4.47}$$

于是

$$d\varepsilon_1^p = \frac{a_L df}{3(I_1 I_2 - \kappa_{gs}^{13} I_3)\left(1 - r_f \dfrac{f - f_t}{\kappa_f - f_t}\right)^2} \frac{\partial g_{SL}^{13}}{\partial \sigma_1} \tag{9.4.48}$$

$$d\varepsilon_2^p = \frac{a_L df}{3(I_1 I_2 - \kappa_{gs}^{12} I_3)\left(1 - r_f \dfrac{f - f_t}{\kappa_f - f_t}\right)^2} \frac{\partial g_{SL}^{12}}{\partial \sigma_2} \tag{9.4.49}$$

$$d\varepsilon_3^p = \frac{a_L df}{3(I_1 I_2 - \kappa_{gs}^{13} I_3)\left(1 - r_f \dfrac{f - f_t}{\kappa_f - f_t}\right)^2} \frac{\partial g_{SL}^{13}}{\partial \sigma_3} \tag{9.4.50}$$

$$d\varepsilon_v^p = d\varepsilon_1^p + d\varepsilon_2^p + d\varepsilon_3^p \tag{9.4.51}$$

式中,$d\varepsilon_2^p$ 为第二塑性主应变增量;$d\varepsilon_v^p$ 为塑性体积应变增量;$d\lambda_{12}$ 为比例因子;g_{SL}^{12}、κ_{gs}^{12} 分别为相应于第一、第二塑性主应变的塑性势函数和塑性势函数参数;其他参数意义同前。

上述分析表明,只需通过三轴试验测得 κ_f、f_t、r_f、M_L、ζ、K_{ur}、n、ν、ν_{13}^p 和 ν_{12}^p 共 10 个参数,便可采用 SMP-Lade 模型计算公式(式(9.4.21)、式(9.4.22)与式(9.4.51))对砂土的应力-应变关系进行预测。

试验研究表明,SMP-Lade 模型中的参数 f_t、r_f、M_L、ζ、n、ν、ν_{13}^p 和 ν_{12}^p 基本不受砂土相对密砂度(D_r)影响,因此在施工扰动过程中基本不变。而参数 K 和 κ_f 受 D_r 影响较大,且呈现下述规律:

$$\ln K = \eta + \chi D_r \tag{9.4.52}$$
$$\ln(\kappa_f - f_t) = \omega + \psi D_r \tag{9.4.53}$$

式中,η、χ、ω、ψ 为试验常数,可通过三轴固结排水试验测得。

朱剑锋(2011)基于统一扰动函数,提出如下扰动状态下的 K_D、$(\kappa_{fD} - f_t)$ 计算公式:

(1) 正扰动($D_r \leqslant D_{r0}$),取 $D_{rmin} = 0$,根据式(9.3.9a)有

$$D_{r0} - D_r = D_r \tan(\pi D/2) \tag{9.4.54}$$

将式(9.4.52)代入式(9.4.54)化简得

$$K_D = \frac{K_0}{\exp(\chi D_r \tan(\pi D/2))} \tag{9.4.55}$$

将式(9.4.53)代入式(9.4.54)化简得

$$\kappa_{fD} - f_t = \frac{\kappa_{f0} - f_t}{\exp(\psi D_r \tan(\pi D/2))} \tag{9.4.56}$$

式中,K_0、κ_{f0} 为扰动前(初始状态)的参数;χ、ψ 为试验常数,意义同前;D_r 为扰动后砂土的相

对密实度；D 为扰动度。

(2) 负扰动($D_r > D_{r0}$)，取 $D_{rmax} = 1$，根据式(9.3.9b) 有

$$D_{r0} - D_r = (1 - D_r)\tan(\pi D/2) \tag{9.4.57}$$

将式(9.4.52)代入式(9.4.57)化简得

$$K_D = \frac{K_0}{\exp(\chi(1 - D_r)\tan(\pi D/2))} \tag{9.4.58}$$

将式(9.4.53)代入式(9.4.57)化简得

$$\kappa_{fD} - f_t = \frac{\kappa_{f0} - f_t}{\exp(\psi(1 - D_r)\tan(\pi D/2))} \tag{9.4.59}$$

于是，典型密实度下的 K_D、$(\kappa_{fD} - f_t)$ 可描述如下：

(1) 当 $D_r = D_{r0}$ 时，土体处于无扰动状态($D = 0$)：

$$K_D = K_0, \kappa_{fD} = \kappa_{f0} \tag{9.4.60a}$$

(2) 当 $D_r = D_{rmin} = 0$ 时，土体达到最松散状态($D = 1$)，根据式(9.3.9a)得 $D_r\tan(\pi D/2) = D_{r0}$，于是

$$K_D = K_0\exp(-\chi D_{r0}), \kappa_{fD} = (\kappa_{f0} - f_t)\exp(-\psi D_{r0}) + f_t \tag{9.4.60b}$$

(3) 当 $D_r = D_{rmax} = 1$ 时，土体达到最密实状态($D = -1$)，根据式(9.3.9b)得 $(1 - D_r)\tan(\pi D/2) = 1 - D_{r0}$，于是

$$K_D = K_0\exp[-\chi(1 - D_{r0})], \kappa_{fD} = (\kappa_{f0} - f_t)\exp[-\psi(1 - D_{r0})] + f_t \tag{9.4.60c}$$

于是，考虑扰动影响的 SMP-Lade 模型为

(1) 正扰动

$$d\varepsilon_{ij}^e = \frac{\exp[\chi D_r\tan(\pi D/2)](1 + \nu_0)}{K_0 p_a\left(\frac{\sigma_3}{p_a}\right)^{n_0}}d\sigma_{ij}^0 - \frac{\exp[\chi D_r\tan(\pi D/2)](1 + \nu_0)}{K_0 p_a\left(\frac{\sigma_3}{p_a}\right)^{n_0}}d\sigma_{kk}^0\delta_{ij} \tag{9.4.61a}$$

$$d\varepsilon_1^p = \frac{a_{L0}df_0}{3(I_1^0 I_2^0 - \kappa_{gs}^{13}I_3^0)\left(1 - r_{f0}\dfrac{\exp[\psi D_r\tan(\pi D/2)](f_0 - f_t)}{\kappa_{f0} - f_t}\right)^2}\frac{\partial g_{SL0}^{13}}{\partial\sigma_1} \tag{9.4.61b}$$

$$d\varepsilon_2^p = \frac{a_{L0}df_0}{3(I_1^0 I_2^0 - \kappa_{gs}^{12}I_3^0)\left(1 - r_{f0}\dfrac{\exp[\psi D_r\tan(\pi D/2)](f_0 - f_t)}{\kappa_{f0} - f_t}\right)^2}\frac{\partial g_{SL0}^{12}}{\partial\sigma_2} \tag{9.4.61c}$$

$$d\varepsilon_3^p = \frac{a_{L0}df_0}{3(I_1^0 I_2^0 - \kappa_{gs}^{13}I_3^0)\left(1 - r_{f0}\dfrac{\exp[\psi D_r\tan(\pi D/2)](f_0 - f_t)}{\kappa_{f0} - f_t}\right)^2}\frac{\partial g_{SL0}^{13}}{\partial\sigma_3} \tag{9.4.61d}$$

(2) 负扰动

$$d\varepsilon_{ij}^e = \frac{\exp[\chi(1 - D_r)\tan(\pi D/2)](1 + \nu_0)}{K_0 p_a\left(\frac{\sigma_3}{p_a}\right)^{n_0}}d\sigma_{ij}^0$$

$$- \frac{\exp\left[\chi(1-D_r)\tan\left(\pi D/2\right)\right](1+\nu_0)}{K_0 p_a\left(\dfrac{\sigma_3}{p_a}\right)^{n_0}} d\sigma_{kk}^0 \delta_{ij} \tag{9.4.62a}$$

$$d\varepsilon_1^p = \frac{a_{L0} df_0}{3\left(I_1^0 I_2^0 - \kappa_{gs}^{13} I_3^0\right)\left(1 - r_{f0}\dfrac{\exp\left[\psi(1-D_r)\tan\left(\pi D/2\right)(f_0-f_t)\right]}{\kappa_{f0}-f_t}\right)^2} \frac{\partial g_{SL0}^{13}}{\partial \sigma_1} \tag{9.4.62b}$$

$$d\varepsilon_2^p = \frac{a_{L0} df_0}{3\left(I_1^0 I_2^0 - \kappa_{gs}^{12} I_3^0\right)\left(1 - r_{f0}\dfrac{\exp\left[\psi(1-D_r)\tan\left(\pi D/2\right)(f_0-f_t)\right]}{\kappa_{f0}-f_t}\right)^2} \frac{\partial g_{SL0}^{12}}{\partial \sigma_2} \tag{9.4.62c}$$

$$d\varepsilon_3^p = \frac{a_{L0} df_0}{3\left(I_1^0 I_2^0 - \kappa_{gs}^{13} I_3^0\right)\left(1 - r_{f0}\dfrac{\exp\left[\psi(1-D_r)\tan\left(\pi D/2\right)(f_0-f_t)\right]}{\kappa_{f0}-f_t}\right)^2} \frac{\partial g_{SL0}^{13}}{\partial \sigma_3} \tag{9.4.62d}$$

其中,上、下标"0"表示初始状态。

9.4.3　考虑扰动影响的黏土弹塑性本构模型

1. 相对完整状态

根据修正剑桥模型,土弹性增量矩阵形式的本构关系式为

$$\begin{bmatrix} d\varepsilon_v^i \\ d\varepsilon_q^i \end{bmatrix} = \begin{bmatrix} \dfrac{1}{K} & 0 \\ 0 & \dfrac{1}{3}G \end{bmatrix} \begin{bmatrix} dp' \\ dq \end{bmatrix} \tag{9.4.63}$$

式中,上标 i 代表相对完整状态,K 为体积模量,G 为剪切模量;分别可表示为

$$K = \frac{\upsilon^i p'}{\kappa^i} \tag{9.4.64}$$

$$G = \frac{3(1-2\nu)K}{2(1+\nu)} \tag{9.4.65}$$

$$\upsilon^i = 1 + e^i \tag{9.4.66}$$

$$e^i = e_0 - \kappa^i \ln p' \tag{9.4.67}$$

式中,κ^i 为相对完整状态土在 e^i-$\ln p'$ 平面中的斜率,可由原状样在 e-$\ln p'$ 平面上初始弹性部分的斜率近似求得;υ^i 为相对完整状态土的比容,e^i 为相对完整状态土的孔隙比;e_0 为土初始孔隙比;ν 为泊松比;p' 为有效应力;q 为广义剪应力。

2. 完全调整状态

对于结构性黏土,完全调整状态的力学性质可认为类似于重塑土。因此,可采用修正的剑桥模型来描述完全调整状态的土:

$$\frac{p'}{p_0'} = \frac{M^2}{M^2 + \eta^2} \tag{9.4.68}$$

式中，$p_0{'}$ 为硬化参数，η 为应力比，且 $\eta = \dfrac{q}{p'}$。

对(9.4.68)式进行微分可得

$$\left(\frac{M^2 - \eta^2}{M^2 + \eta^2}\right)\frac{\mathrm{d}p'}{p'} + \left(\frac{2\eta}{M^2 + \eta^2}\right)\frac{\mathrm{d}q}{p'} - \frac{\mathrm{d}p_0{'}}{p_0{'}} = 0 \tag{9.4.69}$$

在剑桥模型中，假设土体是加工硬化材料，并服从相关联的流动规则，塑性势函数与屈服面函数相同，所以有

$$\frac{\mathrm{d}\varepsilon_q^p}{\mathrm{d}\varepsilon_v^p} = \frac{\partial F/\partial q}{\partial F/\partial p'} = \frac{2q}{M^2(2p' - p_0{'})} = \frac{2\eta}{M^2 - \eta^2} \tag{9.4.70}$$

修正剑桥模型应力-应变增量形式如下。

（1）体应变：

$$\mathrm{d}\varepsilon_v^c = \mathrm{d}\varepsilon_v^e + \mathrm{d}\varepsilon_v^p = \kappa\frac{\mathrm{d}p'}{v^c p'} + (\lambda - \kappa)\frac{\mathrm{d}p_0{'}}{v^c p_0{'}} \tag{9.4.71}$$

（2）偏应变：

$$\mathrm{d}\varepsilon_q^c = \mathrm{d}\varepsilon_q^e + \mathrm{d}\varepsilon_q^p = \frac{2(1+\nu)}{9(1-2\nu)}\kappa\frac{\mathrm{d}q'}{v^c q'} + \left(\frac{2\eta}{M^2 - \eta^2}\right)(\lambda - \kappa)\frac{\mathrm{d}p_0{'}}{v^c p_0{'}} \tag{9.4.72}$$

$$v^c = 1 + e^c \tag{9.4.73}$$

$$e^c = e_0 - (\lambda - \kappa)\ln p{'}_0 - \kappa\ln p' \tag{9.4.74}$$

式中，上标 c 代表完全调整状态；λ、κ 分别为完全调整状态土的压缩指数、回弹指数；e_0 为土初始孔隙比（假定相对完整状态土和完全调整状态土具有相同的初始孔隙比）。把式 (9.4.69) 代入式(9.4.71)、式(9.4.72)可得剑桥模型的弹塑性应力-应变增量矩阵方程：

$$\begin{bmatrix} \mathrm{d}\varepsilon_v^c \\ \mathrm{d}\varepsilon_d^c \end{bmatrix} =$$

$$\frac{2(\lambda - \kappa)\eta}{v^c(M^2 + \eta^2)p'}\begin{bmatrix} \dfrac{\lambda M^2 + (2\kappa - \lambda)\eta^2}{2(\lambda - \kappa)\eta} & 1 \\ 1 & \dfrac{2(1+\nu)\kappa}{9(1-2\nu)}\left(\dfrac{M^2 + \eta^2}{2(\lambda - \kappa)\eta}\right) + \left(\dfrac{2\eta}{M^2 - \eta^2}\right) \end{bmatrix}\begin{bmatrix} \mathrm{d}p' \\ \mathrm{d}q \end{bmatrix} \tag{9.4.75}$$

因为土体的总变形为两种状态土体（相对完整状态和完全调整状态）的变形的叠加，所以有如下表达式：

$$\varepsilon_{ij} = (1 - D)\varepsilon_{ij}^i + D\varepsilon_{ij}^c \tag{9.4.76}$$

对上式进行微分得扰动状态概念 DSC 增量方程

$$\mathrm{d}\varepsilon_{ij} = (1 - D)\mathrm{d}\varepsilon_{ij}^i + D\mathrm{d}\varepsilon_{ij}^c + \mathrm{d}D(\varepsilon_{ij}^c - \varepsilon_{ij}^i) \tag{9.4.77}$$

式中，ε_{ij} 为应变张量；D 为扰动函数。

土体的扰动不同于一般固体材料，它的扰动除包括偏应变扰动外，还应考虑体积应变扰动，假设土体的体积应变的扰动只与体积应变相关，而土体的偏应变的扰动只与偏应变相关，并引用 Desai 所建立的扰动函数的通用表达式(9.3.8)，则有

（1）体应变

$$D_v = 1 - \exp(-A_v\varepsilon_v^{Z_v}) \tag{9.4.78}$$

（2）偏应变

$$D_q = 1 - \exp(-A_q \varepsilon_q^{Z_q}) \tag{9.4.79}$$

式中，A_v、Z_v、A_q、Z_q 为材料参数。

所以基于扰动状态概念的结构性黏土应变增量方程如下。

（1）体应变

$$d\varepsilon_v = (1 - D_v)d\varepsilon_v^i + D_v d\varepsilon_v^c + dD_v(\varepsilon_v^c - \varepsilon_v^i) \tag{9.4.80}$$

（2）偏应变

$$d\varepsilon_v = (1 - D_q)d\varepsilon_v^i + D_q d\varepsilon_v^c + dD_q(\varepsilon_v^c - \varepsilon_v^i) \tag{9.4.81}$$

将式（9.4.63）、（9.4.75）分别代入式（9.4.80）、（9.4.81），可得基于扰动状态概念结构性黏土弹塑性本构关系式：

$$
\begin{bmatrix} d\varepsilon_v \\ d\varepsilon_q \end{bmatrix} =
\begin{bmatrix} \dfrac{(1 - D_v)}{K} + D_v K_f K_k & D_v K_f \\[3mm] D_q K_f & \dfrac{(1 - D_q)}{3G} + D_q K_f K_k \end{bmatrix}
\begin{bmatrix} dp' \\ dq \end{bmatrix}
$$

$$
+ \begin{bmatrix} \varepsilon_v^c - \varepsilon_v^i & 0 \\ 0 & \varepsilon_q^c - \varepsilon_q^i \end{bmatrix}
\begin{bmatrix} dD_v \\ dD_q \end{bmatrix} \tag{9.4.82}
$$

最后可化为如下形式：

$$
\begin{bmatrix} dp' \\ dq \end{bmatrix} = H
\begin{bmatrix} K_{vv} & K_{vq} \\ K_{qv} & K_{qq} \end{bmatrix}
\begin{bmatrix} d\varepsilon_v \\ d\varepsilon_q \end{bmatrix} \tag{9.4.83}
$$

式中：

$$H = \dfrac{1}{\left(\dfrac{1 - D_v}{K} + D_v K_f K_k\right)\left(\dfrac{1 - D_q}{3G} + D_q K_f K_g\right) - D_v K_d K_f^2} \tag{9.4.84a}$$

$$K_{vv} = \left(\dfrac{1 - D_q}{3G} + D_q K_f K_g\right)\{1 - (\varepsilon_v^c - \varepsilon_v^i) \cdot [A_v Z_v \varepsilon_v^{Z_v-1} \exp(-A_v \varepsilon_v^{Z_v})]\} - D_v K_f \tag{9.4.84b}$$

$$K_{vq} = \left(\dfrac{1 - D_q}{3G} + D_q K_f K_g\right) - D_v K_f \{1 - (\varepsilon_q^c - \varepsilon_q^i) \cdot [A_q Z_q \varepsilon_q^{Z_q-1} \exp(-A_q \varepsilon_q^{Z_q})]\} \tag{9.4.84c}$$

$$K_{qv} = \left(\dfrac{1 - D_v}{K} + D_v K_f K_k\right) - D_q K_f \{1 - (\varepsilon_v^c - \varepsilon_v^i) \cdot [A_v Z_v \varepsilon_v^{Z_v-1} \exp(-A_v \varepsilon_v^{Z_v})]\} \tag{9.4.84d}$$

$$K_{qq} = \left(\dfrac{1 - D_v}{K} + D_v K_f K_k\right) - D_q K_f \{1 - (\varepsilon_q^c - \varepsilon_q^i) \cdot [A_q Z_q \varepsilon_q^{Z_q-1} \exp(-A_q \varepsilon_q^{Z_q})]\}$$
$$- D_q K_f \tag{9.4.84e}$$

本章小结

土木工程施工过程中，不可避免地会对周围土体产生扰动（如基坑开挖、盾构掘进等），从而改变土体的变形和强度特性。倘若采用施工前的土体物理力学参数来预测施工过程中及以后的土体强度、变形等特性势必造成较大误差。本章论述了扰动状态概念理论的基本原理、特点及其与损伤理论的区别,分析了现有扰动函数的特点,重点介绍了考虑扰动影响的非线性弹性模型、砂土弹塑性模型及黏土弹塑性本构模型。

习题与思考题

1. 浙江某地区地质条件复杂,土层众多,其中软土层主要分布在①～③层(见表1)。施工前各软土层的十字板剪切强度指标为原位强度 C_{u1} 和残余强度 C_{u2},现以十字剪切强度参数为扰动参量,应用本章公式(9.3.4),计算各土层的扰动度。

表 1 施工扰动前后软土的力学参数

土层编号	土层类型	原状土样	扰动后的土样
		C_{u1}(kPa)	C_{u2}(kPa)
①	淤泥质黏土	22.086	10.346
②	淤泥	21.847	9.782
③	淤泥质粉质黏土	27.627	13.356

2. 接上题,已知各土层天然地基承载力(f)以及压缩模量(E_s)如表2所示。以上题的各土层的扰动度为基础,试预测扰动后各土层的地基承载力(f)以及压缩模量(E_s)。

表 2 施工扰动前软土的力学参数

土层编号	土层类型	地基承载力	压缩模量
		原状土样	原状土样
		f(kPa)	E_s(MPa)
①	淤泥质黏土	58.0	2.334
②	淤泥	64.0	1.976
③	淤泥质粉质黏土	76.0	2.563

3. 某地区地质条件复杂,土层众多,其中砂土层主要分布在①～③层(见表3)。各砂层的最大、最小孔隙比以及施工前后各土层的孔隙比见下表3,试采用本章公式(9.3.9),计算各土层的扰动度。

表 3 施工扰动前后软土的力学参数

土层编号	土层类型	最大孔隙比	最小孔隙比	施工前孔隙比	施工后孔隙比
		e_{max}	e_{min}	e_0	e_d
①	粗砂	1.125	0.524	0.675	0.785
②	细砂	0.978	0..478	0.785	0.645
③	粉砂	0.965	0.397	0.567	0.432

4. 尝试采用有限元软件（ABAQUS 等）对本章扰动本构模型（考虑扰动影响的砂土和黏土弹塑性本构模型等）进行二次开发。

参考文献

［1］费康，张建伟. ABAQUS 在岩土工程中的应用［M］. 北京：中国水利水电出版社，2009.

［2］黄斌. 扰动土及其量化指标［D］. 杭州：浙江大学，2005.

［3］孙钧等. 城市环境土工学［M］. 上海：上海科学技术出版社，2005.

［4］孙钧，周健，龚晓南，等. 受施工扰动影响土体环境稳定理论与变形控制［J］. 同济大学学报（自然科学版），2004，32(10)：1261-1269.

［5］王国欣. 软土结构性及其扰动状态模型研究［D］. 长春：吉林大学建设工程学院，2003.

［6］王金昌，陈页开. ABAQUS 在土木工程中的应用［M］. 杭州：浙江大学出版社，2006.

［7］王景春. 考虑施工扰动的基坑性状分析［D］. 杭州：浙江大学，2008.

［8］吴刚. 工程材料的扰动状态本构模型（II）——基于扰动状态概念的有限元数值模拟［J］. 岩石力学与工程学报，2002，21(8)：1107-1110.

［9］吴刚. 工程材料的扰动状态本构模型（I）——扰动状态概念及其理论基础［J］. 岩石力学与工程学报，2002，2(6)：759-765.

［10］徐日庆，张俊，朱剑锋. 考虑扰动影响的修正 Duncan-Chang 模型［J］. 浙江大学学报（工学版），2012，46(1)：1-7.

［11］徐永福. 盾构施工对周围土体扰动影响的研究［R］. 上海：同济大学研究报告，2000.

［12］张孟喜. 受施工扰动土体的工程性质研究［D］. 上海：同济大学，1999.

［13］张玉洁，王常明，等. 粘性土基于扰动状态概念的应力应变关系及压缩变形分析［J］. 世界地质，2005，24(2)：200-202.

［14］朱剑锋. 考虑扰动影响的土体性状研究［D］. 杭州：浙江大学，2011.

［15］朱剑锋，徐日庆. 考虑扰动影响修正 Duncan-Chang 模型的二次开发［J］. 岩土工程学报，2015，37(增 1)：84-88.

［16］朱剑锋，徐日庆，王兴陈，等. 考虑扰动影响砂土修正弹塑性模型［J］. 岩石力学与工程学报，2011，30(1)：193-201.

［17］朱剑锋，徐日庆，王兴陈. 基于扰动状态概念模型的刚性挡土墙土压力理论［J］. 浙江大学学报（工学版），2011，45(6)：1081-1087.

［18］Desai C S. A Consistent finite element technique for work softening behavior［C］//on Computer Methods in Nonlinear Mechanics. University of Texas，Austin，TX，1974.

［19］Desai C S. Constitutive modeling using the disturbed state concept as microstructure self-adjustment concept［M］. Continuum Models of Materials with Microstructre，Muhlhaus HB(ed.)，Chapter 8. Wiley：U K，1995.

［20］Desai C S，Ma Y. Modelling of joints and interfaces using the disturbed state concept

[J]. International Journal for Numerical and Analytical Methods in Geomechanics, 1992, 16(9):623-653.

[21] Desai C S. Mechanics of materials and interfaces: The disturbed state concept [M]. Baca Raton: CRC Press L L C, 2001.

[22] Desai C S, Toth J. Disturbed state constitutive modeling based on stress-strain and nondestructive behavior[J]. International Journal of Solids and Structures, 1996, 33 (11):1619-1650.

[23] Duncan J M, Chang C Y. Nonlinear analysis of stress and strain in soils [J]. Journal of the Soil Mechanics and Foundations Division, ASCE, 1970, 96(5):1629-1653.

[24] Frantziskonis G, Desai C S. Constitutive Model with Strain Softening [J]. Internal Journal of Solids and Structures, 1987, 23(6):733-768.

[25] Kachanov L M. Introduction to continuum damage mechanics [M]. Dordrecht, The Netherlands: Martinus Nijhoff Publishers, 1986.

[26] Lade P V, Duncan J M. Elasto-plastic stress-strain theory for cohesionless soil [J]. Journal of the Soil Mechanics and Foundations Division, ASCE, 1975, 101(10): 1037-1053.

[27] Lade P V. Elasto-plastic stress-strain theory for cohesionless soil with curved yield surfaces [J]. International Journal of Solids & Structures,1977, 13(11):1019-1035.

[28] Lade P V, Kim M K. Single hardening constitutive model for frictional materials[J]. Computers and Geotechnics, 1988, 6(1):13-29.

[29] Liu M D, Carter J P. A structured cam clay model[M]. Center for Geotechnical Research, Sydney University, 2002.

[30] Matsuoka H, Nakai T. Stress-deformation and strength characteristics of soil under three different principal stresses[J]. Proceedings of the Japan Society of Civil Engineers, 1974, 232:59-70.

[31] Wood D M. Soil behavior and critical state soil mechanics[M]. Cambridge: Cambridge University Press, 1990.

[32] Zhu J, Xu R, Liu G. Analytical prediction for tunnelling-induced ground movements in sands considering disturbance [J]. Tunnelling and Underground Space Technology, 2014, 41:165-175.

第 10 章　非饱和土的本构模型

10.1　概述

饱和土的孔隙中全部充满水,有效应力定义为总应力与水压力之差。有效应力原理认为,饱和土的变形和强度取决于有效应力。与饱和土不一样,非饱和土的孔隙中不仅含有水,还有空气。不能像饱和土的有效应力定义一样来定义非饱和土的有效应力,因为土体孔隙中的空气压力(孔隙气压力)与水压力(孔隙水压力)不相等。因此,英国学者 Bishop (1959)曾建议非饱和土的有效应力 σ' 的公式为

$$\sigma' = \sigma - u \tag{10.1.1}$$

式中,σ 是总应力,u 是孔隙等价压力,可写成

$$u = \chi u_w + (1 - \chi)u_a \tag{10.1.2}$$

式中,u_w 为孔隙水压力;u_a 为孔隙气压力;χ 是孔隙水压力的权重系数,也称为非饱和土的有效应力系数,它与土的种类和饱和度有关。

把式(10.1.2)代入式(10.1.1)中,可得到非饱和土的有效应力公式:

$$\sigma' = \sigma - u_a + \chi(u_a - u_w) = \sigma_n + \chi s \tag{10.1.3}$$

式中,$\sigma_n(= \sigma - u_a)$ 为非饱和土的净应力,$s(= u_a - u_w)$ 为非饱和土的吸力。

Bishop 等想用单一的有效应力作为非饱和土的应力状态量来描述非饱和土的强度和变形。但 Jennings 和 Burland(1962)指出,用 Bishop 有效应力不能解释非饱和土中由湿化引起的湿陷现象。也就是说,由式(10.1.3)知,当浸水湿化、吸力减小时,Bishop 有效应力也减小,因而计算得到的体积应该是膨胀的,而实际上大多数情况下非膨胀性非饱和土的体积是缩小的。因此,不能用单一的有效应力来解释和预测非饱和土的力学行为。

Fredlund 和 Morgenstern(1977)用连续介质力学方法证明,非饱和土的力学问题应该采用净应力 $\sigma - u_a$ 和吸力 s 作为其应力状态量来描述。因此,饱和土的应力应变关系一般用有效应力与应变的关系表示;非饱和土的狭义应力应变关系一般用净应力和吸力与应变的关系表示;而非饱和土的广义应力应变关系一般用净应力和吸力与应变和饱和度的关系表示。

用弹塑性方法建立的非饱和土本构模型可分为弹性模型、弹塑性模型以及水力-力学耦合弹塑性模型,以下分别阐述这几类本构模型。

10.2 非饱和土的弹性模型

经典土力学中,计算饱和地基一维压缩或者地表沉降采用的应力应变关系是胡克定律,即

$$d\varepsilon_v = \frac{d\sigma'}{E_s} \tag{10.2.1}$$

或者

$$d\varepsilon_v = m_v d\sigma' \tag{10.2.2}$$

式中,ε_v 表示竖向应变,σ' 表示竖向有效应力,E_s 表示土体的压缩模量,m_v 表示土的体积压缩系数。

采用净应力和吸力表示非饱和土的应力状态时,对于一维变形问题,可参照式(10.2.2),应力应变关系以及水分的变化可以表示为

$$d\varepsilon_v = a_t d(\sigma - u_a) + a_m ds \tag{10.2.3}$$
$$dS_r = b_t d(\sigma - u_a) + b_m ds \tag{10.2.4}$$

式中,σ 为竖向总应力,u_a 为孔隙气压力,s 为吸力,S_r 为饱和度,a_t、a_m、b_t、b_m 为模型参数。

饱和土的三维弹性模型采用广义胡克定律,应力应采用有效应力,对于各向同性线弹性体的饱和土,其公式如下:

$$\left. \begin{array}{l} \varepsilon_x = \dfrac{1}{E}\left[\sigma_x' - \nu(\sigma_y' + \sigma_z')\right] \\[2mm] \varepsilon_y = \dfrac{1}{E}\left[\sigma_y' - \nu(\sigma_z' + \sigma_x')\right] \\[2mm] \varepsilon_z = \dfrac{1}{E}\left[\sigma_z' - \nu(\sigma_x' + \sigma_y')\right] \end{array} \right\} \tag{10.2.5}$$

式中,ε_x、ε_y、ε_z 分别为 x、y、z 方向的正应变,σ_x'、σ_y'、σ_z' 分别为 x、y、z 方向的有效正应力,E 和 ν 分别为土体的弹性模量和泊松比。

对于非饱和土,其弹性模型表达式如下:

$$\left. \begin{array}{l} \varepsilon_x = \dfrac{1}{E}\left[\sigma_{nx} - \nu(\sigma_{ny} + \sigma_{nz})\right] + \dfrac{s}{H} \\[2mm] \varepsilon_y = \dfrac{1}{E}\left[\sigma_{ny} - \nu(\sigma_{nz} + \sigma_{nx})\right] + \dfrac{s}{H} \\[2mm] \varepsilon_z = \dfrac{1}{E}\left[\sigma_{nz} - \nu(\sigma_{nx} + \sigma_{ny})\right] + \dfrac{s}{H} \end{array} \right\} \tag{10.2.6}$$

式中,σ_{nx}、σ_{ny}、σ_{nz} 分别为 x、y、z 方向的净正应力(如 $\sigma_{nx} = \sigma_x - u_a$),$H$ 为与基质吸力变化有关的非饱和土模量,E、ν 和 H 的数值与应力状态/吸力有关,可通过试验结果建立它们之间的非线性关系,从而式(10.2.6)成为非饱和土的非线性弹性模型。

非饱和土的本构模型除了净应力和吸力与应变的关系外,还需要考虑饱和度的变化。简单方法是建立吸力与饱和度之间的关系(即土水特征曲线):

$$S_r = f(s) \tag{10.2.7}$$

式(10.2.7)的具体数学表达式有多种,如 VG 模型:

$$S_e = \left[\frac{1}{1 + (\alpha \cdot s)^n} \right]^m \qquad (10.2.8)$$

式中,S_e 为有效饱和度($S_e = (S_r - S_1)/(1 - S_1)$,$S_1$ 为残余饱和度),n、m、α 为由土水特征曲线确定的经验参数。

非饱和土的弹性模型与饱和土的弹性模型一样,不能考虑土的重要力学性质(如剪胀性)。同时很难找到一个数学表达式可统一描述非饱和土的浸水膨胀至浸水湿陷等的变形特性,因此,20 世纪七八十年代开始就有学者研究用弹塑性理论的方法,建立非饱和土的弹塑性本构模型。

10.3　非饱和土的弹塑性模型

非饱和土弹塑性模型以饱和土弹塑性模型为基础,而剑桥模型是最具代表性的饱和土弹塑性模型,因此大多数非饱和土弹塑性模型以剑桥模型为基础,并考虑了非饱和因素。弹塑性模型中非饱和因素主要反映在屈服应力、强度和弹塑性刚度随吸力的变化。本节先在最简单的应力条件(各向等压应力状态)下,建立考虑非饱和因素的应力应变关系,然后推广到一般应力状态。下面介绍笔者等提出的非饱和土弹塑性本构模型与 Alonso 等(1990)提出的模型类似。

10.3.1　各向等压下非饱和土的变形特性及其弹塑性模拟

各向等压状态下,关于饱和土的弹塑性应力应变关系,剑桥模型用线性的 e-$\ln p'$ 关系表示,即

$$e = e_0 - \lambda \ln p' \qquad (10.3.1)$$

式中,e 是孔隙比,e_0 是单位应力时的孔隙比,λ 是压缩指数,p' 是有效各向等压应力。式(10.3.1)表示了在 e-$\ln p'$ 平面上饱和土的弹塑性应力应变关系为一条直线。

图 10-1 为一种非饱和粘质粉土(Pearl clay)的等向压缩与湿化试验结果。图中右上方的曲线为等吸力($s = 147\text{kPa}$)下的压缩曲线,左下方的直线为饱和状态下的压缩曲线,图中的竖向直线为不同等向净压力($p = 49\text{kPa}$,98kPa,196kPa,392kPa,588kPa)下的湿化试验结果。从图中可知,对于同一种土样,其压缩曲线与吸力有关,即饱和土与非饱和土($s = 147\text{kPa}$)的压缩指数是不一样的,另外在吸力等于 147kPa 下压缩曲线求出的屈服应力(约 150kPa)大于饱和土的屈服应力(约 70kPa)。因此,非饱和土的本构模型中需要考虑压缩指数和屈服应力随吸力的变化。

图 10-2(a)表示了图 10-1 所示的饱和土和吸力为 s 非饱和土的压缩曲线。假定不同吸力下的压缩曲线都交汇于一点 N,其坐标可由两条线性压缩曲线的方程求解得到。点 N 在 e-$\ln p$ 平面上的坐标为

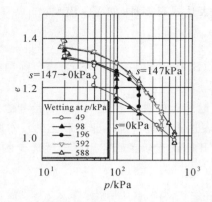

图 10-1　非饱和粘质粉土等向压缩与湿化试验结果

$$p_n = p_i e^{(e_i(0) - e_i(s))/(\lambda(0) - \lambda(s))}$$
$$\left. \right\}$$
$$e_n = \frac{1}{\lambda(0) - \lambda(s)}(e_i(s)\lambda(0) - e_i(0)\lambda(s)) \tag{10.3.2}$$

式中，p_i 为初始等向压缩应力，$e_i(0)$ 为吸力 0 的初始孔隙比，$e_i(s)$ 为吸力 s 非饱和土的弹塑性压缩曲线段延长性在 p_i 时的孔隙比，$\lambda(0)$、$\lambda(s)$ 分别为饱和土和吸力 s 非饱和土的压缩指数。

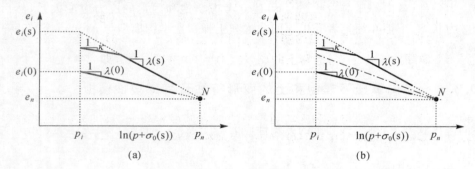

图 10-2　非饱和土压缩曲线的模型

假定任意吸力 s 下的压缩曲线（如图 10-2(b) 中的点画线）通过 N 点，则其方程为

$$e = e_n - \lambda(s)\ln\frac{p_y + \sigma_0(s)}{p_n} \tag{10.3.3}$$

式中，p_y 是非饱和土的等向屈服应力，$\sigma_0(s)$ 是吸应力（suction stress），可假定

$$\sigma_0(s) = \frac{s}{1 + \dfrac{s}{a}} \tag{10.3.4}$$

而吸力为 s 非饱和土的压缩指数假定为

$$\lambda(s) = \lambda(0) + \frac{\lambda_s s}{p_a + s} \tag{10.3.5}$$

式中，λ_s 表示 $\lambda(s)$ 随吸力 s 变化程度的参数。

去掉图 10-2 孔隙比中因应力变化而引起的弹性成分（即简称为塑性孔隙比），可得到图 10-3。图中两条斜线表示了弹塑性状态下非饱和土与饱和土的塑性孔隙比与对应的等向应力关系,此应力即为等向屈服应力。

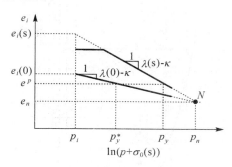

图 10-3 等向应力状态下去掉因应力变化引起弹性成分的压缩曲线

相同塑性孔隙比(e^p)下,饱和土与吸力为 s 非饱和土的等向屈服应力之间关系可用式(10.3.6)表示:

$$e^p - e_n^p = (\lambda(s) - \kappa)\ln\frac{p_n}{p_y + \sigma_0(s)} = (\lambda(0) - \kappa)\ln\frac{p_n}{p_y^*} \qquad (10.3.6)$$

式中,κ 为回弹指数。

式(10.3.6)表示了从 N 点的孔隙比(e_n^p)到孔隙比 e^p 的变化量,对于饱和土,即为屈服应力 p_y^* 对应的塑性孔隙比与 N 点的塑性孔隙比之差;对于吸力为 s 的非饱和土,即为屈服应力 p_y 对应的塑性孔隙比与 N 点的塑性孔隙比之差。从式(10.3.6)可得到相同塑性孔隙比下非饱和土的屈服应力 p_y 与饱和土的屈服应力 p_y^* 之间的关系,即

$$p_y = p_n\left(\frac{p_y^*}{p_n}\right)^{\frac{\lambda(0) - \kappa}{\lambda(0) - \kappa + \lambda_s \sigma_0(s)}} - \sigma_0(s) \qquad (10.3.7)$$

对于某种特定的土样,当给定饱和土的屈服应力时,p_y^* 为常数,式(10.3.7)也可理解为相同塑性孔隙比条件下,各向等压屈服应力随吸力的变化关系,如图 10-4 所示。

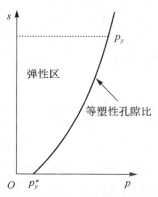

图 10-4 等向应力条件下屈服应力随吸力的变化

如果在弹塑性模型中采用塑性体应变(即塑性孔隙比)为硬化参数,图 10-4 所示的等塑性孔隙比曲线可理解为等向应力状态下的一条屈服线,表示了各向等压屈服应力随吸力而变化的规律,一般称这条曲线为荷载湿陷屈服曲线(loading collapse yield curve,简称 LC 屈服线)。有了该曲线,就可以预测非饱和土因湿化引起的体积收缩(湿陷)变形特性,如

图 10-5 所示。

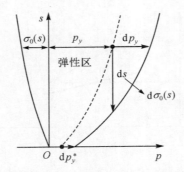

图 10-5　等向应力条件下饱和／非饱和土的屈服应力与吸力的变化关系

图 10-5 右侧表示了非饱和土屈服应力、饱和土屈服应力和吸力之间的变化关系，图中虚曲线表示初始屈服应力线，实曲线表示经加载或者减吸力后的屈服应力线，由于该曲线向外扩展，表示土体进一步屈服产生塑性体积压缩变形。从虚曲线到实曲线，可以通过以下两种应力／吸力路径来实现，即在吸力不变条件下加载（$\mathrm{d}p_y^*$ 或者 $\mathrm{d}p_y$），或者在等净应力条件下减少吸力（$\mathrm{d}s$）。因此，非饱和土在加载条件下产生体积压缩，也会在净应力不变条件下减少吸力而产生体积压缩，即可描述非饱和土的湿陷现象；但饱和土只能在加载条件下产生体积压缩。

从式（10.3.7）可知，非饱和土屈服应力 p_y 是饱和土屈服应力和吸力 s（通过吸应力 $\sigma_0(s)$）的函数。对式（10.3.7）求全微分可得

$$\mathrm{d}p_y = \frac{\partial p_y}{\partial p_y^*}\mathrm{d}p_y^* + \frac{\partial p_y}{\partial s}\mathrm{d}s \tag{10.3.8}$$

其中，

$$\frac{\partial p_y}{\partial p_y^*} = \frac{\lambda(0)-\kappa}{\lambda(0)-\kappa+\lambda_s\sigma_0(s)}\left(\frac{p_y^*}{p_n}\right)^{\frac{-\lambda_s\sigma_0(s)}{\lambda(0)-\kappa+\lambda_s\sigma_0(s)}} \tag{10.3.9}$$

$$\frac{\partial p_y}{\partial s} = \frac{[(a+s)p_y+as](\lambda(0)-\kappa)\lambda_s a^2}{[(\lambda(0)-\kappa)(a+s)+\lambda_s as]^2(a+s)}\ln\left(\frac{p_n}{p_y^*}\right) - \left(\frac{a}{a+s}\right)^2 \tag{10.3.10}$$

10.3.2　一般应力状态下非饱和土变形特性及其弹塑性模拟

对于一般应力状态，饱和土的应力状态可以用三个应力不变量来表示，如果不考虑第三应力不变量，则可采用平均应力 p 和应力强度（或称等效应力）q。对于非饱和土，应力状态用净应力与吸力表示，而净应力可用平均净应力 p 和 q 来表示。假定在等吸力条件下，非饱和土的屈服线为椭圆形状，则可以得到以下非饱和土的屈服函数 f。

$$f = q^2 + M^2 p(p - p_y - \sigma_0(s)) = 0 \tag{10.3.11}$$

式中，M 为 p-q 平面上临界状态线的斜率，等向屈服应力 p_y 的表达式见式（10.3.7），吸应力 $\sigma_0(s)$ 的表达式见式（10.3.4）。根据式（10.3.11），同时结合式（10.3.7）、式（10.3.4），可以得到非饱和土在 p-q-s 空间的屈服面，如图 10-6 所示。其中，饱和土的屈服线和吸力为 s 非饱和

土的屈服线为不同大小的半椭圆，如图 10-7 所示。

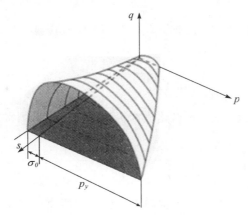

图 10-6　非饱和土在 p-q-s 三维空间的屈服面

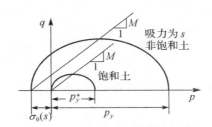

图 10-7　常吸力下的屈服线

塑性本构理论中，最简单的模型是关联流动法则模型，在此假定下，可以得到以下公式：

$$\mathrm{d}\varepsilon_{ij}^{\mathrm{p}} = \Lambda \frac{\partial f}{\partial \sigma_{ij}} \tag{10.3.12}$$

式中，f 为屈服函数，σ_{ij} 为净应力张量，比例参数 Λ 可由相容条件（$\mathrm{d}f = 0$）得到，即式（10.3.11）可以写成

$$f = f(p, q, p_y, \sigma_0(s)) = f(\sigma_{ij}, p_y, s) = 0 \tag{10.3.13}$$

代入相容条件（$\mathrm{d}f = 0$）可得

$$\mathrm{d}f = \frac{\partial f}{\partial \sigma_{ij}}\mathrm{d}\sigma_{ij} + \frac{\partial f}{\partial \sigma_y}\mathrm{d}p_y + \frac{\partial f}{\partial s}\mathrm{d}s = 0 \tag{10.3.14}$$

把式（10.3.8）代入式（10.3.14）可得

$$\mathrm{d}f = \frac{\partial f}{\partial \sigma_{ij}}\mathrm{d}\sigma_{ij} + \frac{\partial f}{\partial p_y}\frac{\partial f}{\partial p_y^*}\mathrm{d}p_y^* + \left(\frac{\partial f}{\partial p_y}\frac{\partial p_y}{\partial s} + \frac{\partial f}{\partial s}\right)\mathrm{d}s = 0 \tag{10.3.15}$$

式中，饱和土等向屈服应力 p_y^* 与塑性体积应变 $\varepsilon_v^{\mathrm{p}}$ 有关。塑性体积应变在本构模型中假定是一个硬化参数，饱和土中 $\mathrm{d}\varepsilon_v^{\mathrm{p}}$ 只受 $\mathrm{d}p_y^*$ 的影响，而非饱和土中 $\mathrm{d}\varepsilon_v^{\mathrm{p}}$ 受 $\mathrm{d}p_y$ 和 $\mathrm{d}\sigma_0(s)$ 的影响。

与剑桥模型一样，饱和土的塑性体应变增量 $\mathrm{d}\varepsilon_v^{\mathrm{p}}$ 与等向屈服应力增量间有如下关系：

$$\mathrm{d}\varepsilon_v^{\mathrm{p}} = \frac{\lambda(0) - \kappa}{1 + e_0}\frac{\mathrm{d}p_y^*}{p_y^*} \tag{10.3.16}$$

由式（10.3.12）、式（10.3.15）可以得出：

$$dp_y^* = \frac{1+e_0}{\lambda(0)-\kappa}p_y^* d\varepsilon_v^p = \frac{1+e_0}{\lambda(0)-\kappa}p_y^* \Lambda \frac{\partial f}{\partial \sigma_{ij}}\delta_{ij} \tag{10.3.17}$$

式中，δ_{ij} 为 Keronecker 的三角符号。把式（10.3.17）代入式（10.3.16）可以得到：

$$\Lambda = -\frac{\dfrac{\partial f}{\partial \sigma_{ij}}d\sigma_{ij} + \left(\dfrac{\partial f}{\partial p_y}\dfrac{\partial p_y}{\partial s} + \dfrac{\partial f}{\partial s}\right)ds}{\dfrac{\partial f}{\partial p_y}\dfrac{\partial p_y}{\partial p_y^*}p_y^* \dfrac{1+e_0}{\lambda(0)-\kappa}\dfrac{\partial f}{\partial \sigma_{ij}}\delta_{ij}} \tag{10.3.18}$$

当 $s=0$ 时，非饱和土的比例常数 Λ 退化成修正剑桥模型的比例常数，如下式所示：

$$\Lambda = -\frac{\dfrac{\partial f}{\partial \sigma_{ij}}d\sigma_{ij}}{\dfrac{\partial f}{\partial p_y^*}p_y^* \dfrac{1+e_0}{\lambda(0)-\kappa}\dfrac{\partial f}{\partial \sigma_{ij}}\delta_{ij}} \tag{10.3.19}$$

因此，上述非饱和土弹塑性模型包含了饱和土的修正剑桥模型。

由式（10.3.12）、式（10.3.18）可以通过应力增量或者吸力减少量计算出塑性应变增量，其中梯度 $\dfrac{\partial f}{\partial \sigma_{ij}}$，$\dfrac{\partial f}{\partial p_y}$ 和 $\dfrac{\partial f}{\partial s}$ 可由对式（10.3.11）微分求得，其中，$\dfrac{\partial f}{\partial s}$ 求导时还需结合式（10.3.4），$\dfrac{\partial p_y}{\partial p_y^*}$ 和 $\dfrac{\partial p_y}{\partial s}$ 见式（10.3.9）、式（10.3.10），而 $\dfrac{\partial f}{\partial \sigma_{ij}}$ 由复合函数求导得到：

$$\frac{\partial f}{\partial \sigma_{ij}} = \frac{\partial f}{\partial p}\frac{\partial p}{\partial \sigma_{ij}} + \frac{\partial f}{\partial q}\frac{\partial q}{\partial \sigma_{ij}} \tag{10.3.20}$$

10.3.3 非饱和土试验结果与模型预测

下面用前面介绍的非饱和土弹塑性模型预测非饱和土的变形与强度。

笔者等曾对一种粘质粉土（Pearl clay）的击实样进行一系列吸力控制的三轴试验。该土样的塑性指数为 22，试样采用非饱和击实试样，初始含水率约为 26%。

图 10-8 为各向等压状态下等吸力压缩试验和等净应力的湿化试验结果及其模型预测。等吸力压缩试验的路径为吸力 147kPa 下的压缩应力路径 CD_1；而湿化试验路径为等压净应力 100 kPa 下吸力从 147kPa 降至零的湿化路径 D_1F_3。模型预测中，路径 CC_0 为弹性变形，路径 C_0D_1 为弹塑性变形，C_0 点为吸力 147kPa 时的屈服点，其屈服应力约为 78kPa。D_1F_3 的孔隙比减少是由吸力从 147kPa 减至零引起的，弹塑性模型可以描述这种湿陷变形。

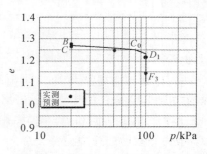

图 10-8　等向应力下非饱和土的试验结果与模型预测

图 10-9 表示了平均有效应力为 100kPa 条件下饱和土的三轴压缩试验结果与模型预测。由图 10-9 可知,模型可较好地预测饱和土的应力应变关系。

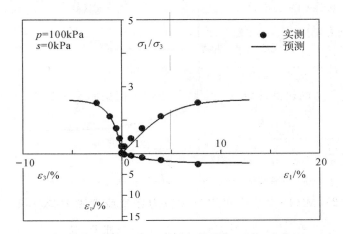

图 10-9　饱和土的三轴压缩试验结果与模型预测

图 10-10 表示了平均净应力为 200kPa 和吸力 150kPa 条件下非饱和土的三轴压缩试验结果及其模型预测。由图 10-10 可知,模型可较好地预测等吸力条件下非饱和土的三轴剪切应力应变关系和体积变化。

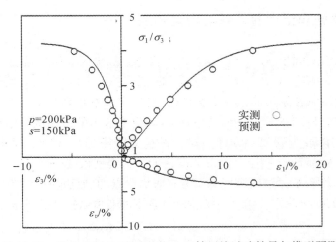

图 10-10　吸力 150kPa 下非饱和土三轴压缩试验结果与模型预测

图 10-11 表示了净平均应力 200kPa 下等吸力三轴压缩试验和湿化试验结果及其模型预测。试验路径包括:①平均净应力 200kPa 和吸力 150kPa 下三轴剪切至主净应力比 2.2;②平均净应力 200kPa 和主净应力比 2.2 条件下吸力从 150kPa 降至零;③平均有效应力 200kPa 条件下从有效主应力比 2.2 三轴剪切饱和土至破坏。从图 10-11 中可看出,模型可较正确地分别预测各阶段应力/吸力路径时的应力应变关系。

以上模型预测中用到粘质粉土(Pearl clay)的模型参数和初始状态量值的取值如表 10-1 所示。

167

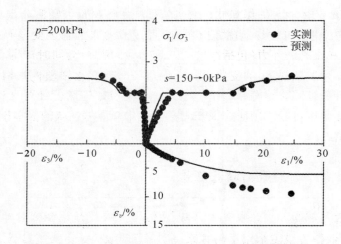

图 10-11　等吸力三轴压缩试验和湿化试验结果及其模型预测

表 10-1　模型参数和试样的初始状态量值

模型参数							初始状态量值	
$M(0)$	$\lambda(0)$	λ_s	κ	ν	$a(\text{kPa})$	$p_i(\text{kPa})$	$s(\text{kPa})$	$e_i(s)$
1.05	0.11	0.13	0.03	0.33	53	98	150	1.27
							0	1.11

10.4　非饱和土的水力-力学特性耦合模型

10.4.1　非饱和土弹塑性模型存在的主要问题

前节所述的非饱和土弹塑性模型只考虑了吸力而没有考虑饱和度对非饱和土应力应变关系和强度的影响,而且模型只能预测非饱和土的力学性质(变形和强度),不能直接预测非饱和土的饱和度。作为补救措施,一般分别用该类弹塑性模型和土水特征曲线合起来描述非饱和土的力学性质和土水特性。非饱和土的这两种性质被分别考虑(即不相关联),因而不能考虑变形引起的土水特性的变化,也不能考虑饱和度对非饱和土的力学性质的影响。

众所周知,非饱和土的饱和度不像饱和土那样总是 100%,而是随着吸力及其变化过程以及土的变形状态而发生变化,变形对非饱和土的水力特性也会产生影响。同时即使吸力相同,非饱和土的变形特性和强度也因饱和度不同而不同。也就是说,饱和度对非饱和土的强度和变形特性有显著的影响。因此,仅能预测非饱和土的变形和强度特性的弹塑性模型是不完备的,它不能同时预测非饱和土的水力特性和力学特性。

人们很早就对土的土水特性(保水性)进行了研究,用土水特征曲线(含水率或饱和度与吸力的关系)来表示非饱和土的保水性。土水特征曲线模型只能预测非饱和土的保水性,而且一般不考虑土体变形的影响。当然它也不能直接预测非饱和土变形和强度等的力学性质。实际上,非饱和土受到外力(包括净应力和吸力)作用时,会同时产生水力方面(如饱和度)和力学方面(如变形和强度)的变化,用 10.3 节的非饱和土弹塑性本构模型或土水特征曲线模型都不能统一地同时预测非饱和土水力性状和力学性状。针对这种状况,需要用弹塑性力学手法来建立可以同时预测非饱和土水力性状和力学性状的数学模型。下面介绍笔者提出的耦合模型。

10.4.2　非饱和土的应力状态变量

为了合理地表示非饱和土的水力和力学性状,考虑吸力和饱和度对非饱和土力学性质的影响,目前大多数耦合模型采用平均骨架应力 $\sigma_{ij}{}'$ 和吸力 s 作为应力状态变量;采用土体骨架应变张量 ε_{ij} 和饱和度 S_r 作为应变状态变量,平均骨架应力张量 $\sigma_{ij}{}'$ 定义为

$$\sigma_{ij}{}' = \sigma_{ij} - u_a \delta_{ij} + S_r s \delta_{ij} \qquad (10.4.1)$$

式中,S_r 为饱和度。式(10.4.1)实际上是将 Bishop 有效应力公式(即式(10.1.3))中与饱和度有关的有效应力参数 χ 换成了饱和度。由式(10.4.1)可知,平均骨架应力与吸力有关,它们不是相互独立的自变量,但根据 Houlsby(1997 年)的非饱和土做功的表达式,平均骨架应力和吸力与土体骨架应变和饱和度组成功共轭。因此,如果适当地选择“应变”状态量,则平均骨架应力和吸力可以作为非饱和土的应力状态量。

10.4.3　非饱和土的土水特性

关于非饱和土含水率与吸力关系的土水特征曲线(soil-water characteristic curve,SWCC)数学模型很多,但直接应用于耦合模型中显得过于复杂。另外一个重要问题是 SWCC 与哪些主要因素有关?在 SWCC 的数学模型中必须考虑的主要因素有哪些?一般认为土的矿物成分、孔隙结构(包括孔隙比、孔隙大小分布及孔隙形状等)、土所受过的应力历史、当前所处的应力状态和温度等因素影响 SWCC。对于给定土样,在温度变化不大的条件下,矿物成分和温度可不考虑,而需要明确的是应力状态、应力历史、应变(孔隙)是否与 SWCC 有关。如有关,影响程度如何?如影响程度较大,是什么样的影响关系?这些问题必须在建立 SWCC 数学模型之前解决。

图 10-12 整理了笔者等用吸力控制的三轴试验仪所做的各向等压应力、三轴压缩应力及三轴伸长应力条件下非饱和土湿化试验(吸力从 147kPa 分级减至 0kPa)结果。图 10-12 中,Comp. 和 Ext. 分别表示三轴压缩和三轴伸长应力状态,R 为主应力比($\frac{\sigma_1}{\sigma_3}$),$e_0$ 和 e_b 分别为试样击实后的孔隙比和减吸力前的孔隙比,而 e_{ba} 为每幅图中各个试样 e_b 的平均值。由图 10-12 可知,SWCC 与应力状态无直接关系。即使应力状态不同,只要孔隙比 e_b 相近,其 SWCC 就相近。

以上的结论为建立 SWCC 数学模型带来了极大方便,即不用直接考虑应力状态及应力

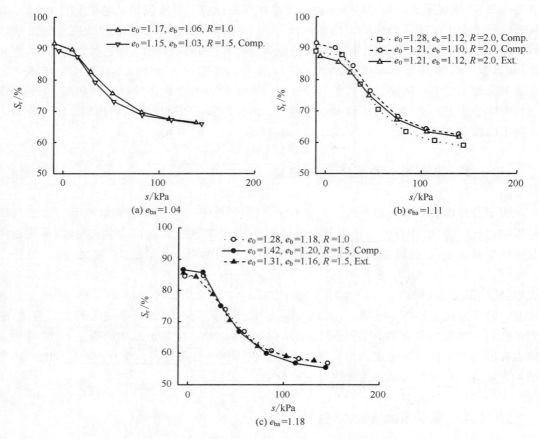

图 10-12 相近密度而不同应力状态下土水特征曲线

历史的影响。否则，如何考虑应力状态和应力历史对 SWCC 的影响是个大难题。在明确孔隙结构是影响 SWCC 的主要和直接因素后，就需要知道用什么指标表示孔隙结构。在土体变形过程中，孔隙结构的形状变化不是太大，因此，作为第 1 次近似，可用孔隙比的变化表示孔隙结构的变化。这样，为了建立 SWCC 的数学模型，还需要弄清土水特征曲线与孔隙比的关系。

图 10-13 表示具有不同初始孔隙比击实土样减吸力（增湿）过程的 SWCC。由图 10-13 可知，土水特征曲线与孔隙比关系较大。根据图 10-12 和图 10-13 可总结出土水特征曲线主要与孔隙比有关，而与应力状态无直接关系的结论。图 10-14 表示用孔隙比与饱和度关系整理得到的等吸力（$s=147\text{kPa}$）条件下等向压缩以及三轴剪切试验结果。从图 10-14 中可知，在不同应力路径和不同孔隙比条件下，常吸力时孔隙比与饱和度关系可近似呈一直线，而且不同常吸力下直线的斜率相近。因此，SWCC 的简单模型可总结为如图 10-15 所示。

当 $s>s_e$（s_e 为进气值）时，假定主干燥曲线和主浸湿曲线在 $S_r\text{-}\ln s$ 平面上为直线，即

$$S_r = S_r^{0D}(e) - \lambda_{sr}\ln s \tag{10.4.2}$$

$$S_r = S_r^{0W}(e) - \lambda_{sr}\ln s \tag{10.4.3}$$

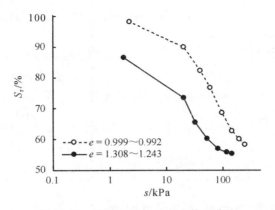

图 10-13　不同孔隙比的土水特征曲线

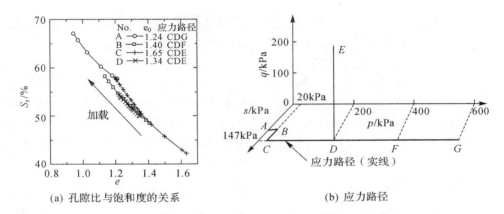

(a) 孔隙比与饱和度的关系　　　　(b) 应力路径

图 10-14　等向压缩及三轴剪切试验得到的饱和度与孔隙比关系($s＝147\mathrm{kPa}$)

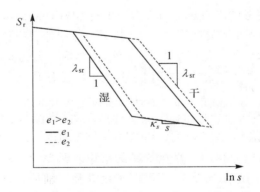

图 10-15　不同孔隙比下的土水特征曲线模型

式中,$S_\mathrm{r}^{0\mathrm{D}}(e)$ 和 $S_\mathrm{r}^{0\mathrm{W}}$ 分别为 $s＝1\mathrm{kPa}$ 时主干燥曲线和主浸湿曲线上的饱和度。

扫描曲线为

$$S_\mathrm{r} = S_\mathrm{r}^{0\mathrm{S}}(e) - \kappa_s \ln s \tag{10.4.4}$$

式中,$S_\mathrm{r}^{0\mathrm{S}}(e)$ 为 $s＝1\mathrm{kPa}$ 时扫描曲线上的饱和度。

根据图 10-14(a) 所示的试验结果，等吸力条件下孔隙比 e 与饱和度 S_r 的关系可用式 (10.4.5) 表示：

$$S_r^0(e) = S_{ro} - \lambda_{se}(e - e_0) \tag{10.4.5}$$

式中，λ_{se} 为图 10-14(a) 中直线的斜率；e_0、S_{ro} 为试样击实后的孔隙比和饱和度。综合式 (10.4.2) ~ 式(10.4.5)，土水特征曲线的增量形式可表达为

$$dS_r = -\lambda_{se}de - \lambda_{sr}\frac{ds}{s} \quad （主干燥或主浸湿线上） \tag{10.4.6}$$

$$dS_r = -\lambda_{se}de - \dot{k}_s\frac{ds}{s} \quad （扫描线上） \tag{10.4.7}$$

10.4.4　各向等压应力状态下的本构关系

要建立各向等压应力状态下的本构关系，关键是如何选择 LC 屈服线的形状。此处采用与 10.3 节类似的 LC 屈服线，但应力采用平均骨架应力，公式如下：

$$p_y' = p_n'\left(\frac{p_{0y}}{p_n}\right)^{\frac{\lambda(0)-\kappa}{\lambda(s)-\kappa}} \tag{10.4.8}$$

式中，p_{0y} 和 p_y' 分别为饱和土的屈服应力和非饱和土在吸力为 s 时的屈服应力；p_n' 为当吸力减小时不发生湿化变形的等向应力；κ 为非饱和土的膨胀指数；$\lambda(0)$ 和 $\lambda(s)$ 分别为饱和土和吸力为 s 的非饱和土在 e-$\ln p'$ 平面上正常压缩曲线的斜率。$\lambda(s)$ 的表达式有多种形式，而笔者等人的模型采用式(10.3.5)。

从式(10.4.8)可得

$$dp_y' = \frac{\partial p_y'}{\partial p_{0y}}dp_{0y} + \frac{\partial p_y'}{\partial s}ds \tag{10.4.9}$$

而

$$\frac{\partial p_y'}{\partial p_{0y}} = \frac{\lambda(0)-\kappa}{\lambda(s)-\kappa}\left(\frac{p_{0y}}{p_n}\right)^{\frac{\lambda(0)-\lambda(s)}{\lambda(s)-\kappa}} \tag{10.4.10}$$

$$\frac{\partial p_y'}{\partial s} = \frac{\lambda_s p_y' p_a(\lambda(0)-\kappa)}{(\lambda(s)-\kappa)^2(p_a+s)^2}\ln\left(\frac{p_n'}{p_{0y}}\right) \tag{10.4.11}$$

当应力状态处于 LC 屈服线以内时，弹性体积应变增量为

$$d\varepsilon_v^e = \frac{\kappa dp'}{(1+e)p'} \tag{10.4.12}$$

当应力状态处于 LC 屈服线上，塑性体积应变增量为

$$d\varepsilon_v^P = \frac{(\lambda(0)-\kappa)dp_{0y}}{(1+e)p_{0y}} \tag{10.4.13}$$

图 10-16 为各向等压应力状态下的变形和饱和度的屈服线。从图 10-16 可看出，除了 LC 屈服线以外，为了模拟非饱和土水力特性的弹塑性过程，本模型增加了 SI 屈服面（当吸力增加时的饱和度屈服面）和 SD 屈服面（当吸力减小时的饱和度屈服面）来描述饱和度的塑性屈服。在干燥过程（$s \geqslant s_I$）或湿化过程（$s \leqslant s_D$）中吸力改变时，饱和度增量按式(10.4.6)计算，否则饱和度增量由式(10.4.7)计算。因此，可以按照应力状态（p 和 s）与屈服线（LC、SI、

SD）的关系，使用不同公式计算应变和饱和度。

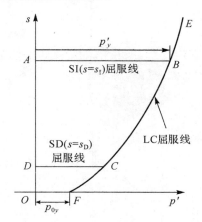

图 10-16　各向等压应力状态下的 LC、SI、SD 屈服线

10.4.5　轴对称应力状态下本构模型

修正剑桥模型广泛应用于正常固结饱和黏土，能合理地预测正常固结饱和黏土的变形和强度。模型简单而且模型参数的物理意义比较明确。本模型也采用与之相同形式的屈服函数 f 和塑性势函数 g，即在平均应力与广义剪应力平面上假定屈服线和塑性势线的形状为椭圆，只是用平均骨架应力代替饱和土的有效应力，即

$$f = g = q^2 + M^2 p'(p' - p_y') = 0 \tag{10.4.14}$$

图 10-17 为在 p'-q' 平面中饱和土和常吸力下非饱和土的屈服线。图 10-18 为在 p'-q'-s 空间中的屈服面。假定在"平均骨架应力"空间中相关联的流动法则成立：

$$\mathrm{d}\varepsilon_{ij}^{\mathrm{p}} = \Lambda \frac{\partial f}{\partial \sigma_{ij}'} \tag{10.4.15}$$

式中，比例常数 Λ 可以由相容条件求得。方程式（10.4.14）可改写成 $f = f(p', q', p_y')$，由此可得

$$\mathrm{d}f = \frac{\partial f}{\partial p'}\mathrm{d}p' + \frac{\partial f}{\partial q}\mathrm{d}q + \frac{\partial f}{\partial p_y'}\mathrm{d}p_y' = 0 \tag{10.4.16}$$

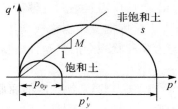

图 10-17　常吸力下屈服曲线

将式（10.4.9）代入式（10.4.16）后，重新排列可以得

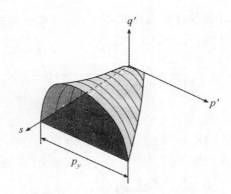

图 10-18　p'-q'-s 空间屈服面

$$df = \frac{\partial f}{\partial p'}dp' + \frac{\partial f}{\partial q'}dq' + \frac{\partial f}{\partial p_y}\frac{\partial p_y{}'}{\partial p_{0y}}dp_{0y} + \frac{\partial f}{\partial p_y}\frac{\partial p_y{}'}{\partial s}ds = 0 \tag{10.4.17}$$

关于饱和土各向等压屈服应力 p_{0y} 与塑性体积应变 ε_v^p 的关系,可以采用与剑桥模型所用 e-$\ln p$ 曲线一样的关系。由于塑性体积应变 ε_v^p 是本模型的硬化参数,在饱和土中的塑性体积应变增量 $d\varepsilon_v^p$ 由屈服应力增量 dp_{0y} 引起,而在非饱和土中由 $dp_y{}'$ 和 ds 引起。因此,由式(10.4.13)和式(10.4.15)可得

$$dp_{0y} = \frac{1+e}{\lambda(0)-\kappa}p_{0y}d\varepsilon_v^p = \frac{1+e}{\lambda(0)-\kappa}p_{0y}\Lambda\frac{\partial f}{\partial p'} \tag{10.4.18}$$

将式(10.4.18)代入式(10.4.17),可以解得 Λ:

$$\Lambda = -\frac{\dfrac{\partial f}{\partial p'}dp' + \dfrac{\partial f}{\partial q'}dq' + \dfrac{\partial f}{\partial p_y}\dfrac{\partial p_y{}'}{\partial s}ds}{\dfrac{\partial f}{\partial p_y}\dfrac{\partial p_y{}'}{\partial p_{0y}}p_{0y}\dfrac{1+e}{\lambda(0)-\kappa}\dfrac{\partial f}{\partial p'}} \tag{10.4.19}$$

从式(10.4.15)～式(10.4.19)可以计算出由"平均骨架应力"增加或吸力 s 减小引起的应变增量,同时用式(10.4.6)或式(10.4.7)可算出饱和度的变化量。

由于本模型建立在弹塑性理论框架下,因此,变形由弹性部分和塑性部分构成,弹性变形按胡克定律计算。假定泊松比为 $\dfrac{1}{3}$,弹性模量按下式计算:

$$E = \frac{p'(1+e)}{\kappa} \tag{10.4.20}$$

上述模型主要适用于预测各向等压应力状态和三轴压缩应力状态下的非饱和土的水力特性与力学性状。可应用变换应力方法等把上述本构模型进一步推广到可统一描述三维应力状态下非饱和土的水力特性与力学性状耦合的弹塑性模型,其模型参数不需要增加,即共 8 个:$\lambda(0)$、κ、λ_s、p'_n、M、λ_{se}、λ_{sr}、κ_s。

10.4.6　耦合模型的验证

笔者等用非饱和土三轴试验仪对被称为珍珠黏土(Pearl clay)的粉质黏土进行了大量的试验研究。试样采用非饱和土击实试样,初始含水率约为 26%。试验包括净应力和吸力控

制的等向压缩试验和三轴压缩试验。这些试验结果可用于验证非饱和土的本构模型。根据试验结果，Pearl clay 的模型参数如下：$\lambda(0) = 0.11, \kappa = 0.03, \lambda_s = 0.13, p'_n = 1.62\text{MPa}, M = 1.1, \lambda_{se} = 0.35, \lambda_{sr} = 0.13, \kappa_s = 0.03$。

图 10-19 为等向应力状态下压缩试验、湿化试验以及回弹试验结果与模型的预测结果。图 10-19(a) 为应力路径图，点 A 表示试样的初始状态。进行模型预测时，除上述模型参数外，还需要初始状态值（包括初始吸力 s_0、饱和土的初始屈服应力 p_{0y}、初始孔隙比 e_0 和初始饱和度 S_{r0}）。图 10-19 中的预测使用了 $s_0 = 140\text{kPa}, p_{0y} = 15\text{kPa}, e_0 = 1.38, S_{r0} = 46\%$。由图 10-19 可知，模型可很好地预测等向应力状态下的压缩变形、湿化变形和回弹变形以及吸力变化时的土水特征曲线。

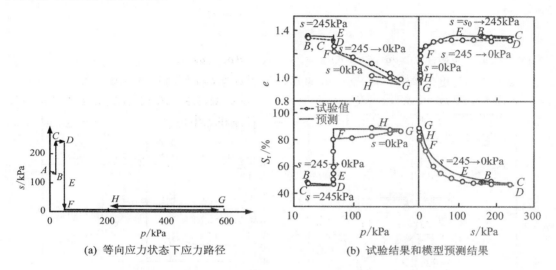

(a) 等向应力状态下应力路径　　　(b) 试验结果和模型预测结果

图 10-19　等向应力下压缩和湿化试验结果与模型预测结果

图 10-20 为常吸力条件下三轴压缩剪切试验结果与模型预测结果。剪切时平均净应力 $p = 196\text{kPa}$、吸力 $s = 147\text{kPa}$。图 10-20 中，$\dfrac{\sigma_1}{\sigma_3}$ 是轴向净应力与侧向净应力比。由图 10-20 可知，模型不仅能预测常吸力条件下非饱和土的应力-应变关系，而且能预测常吸力下饱和度随着剪切过程而发生的变化。即使在等吸力条件下，试验结果和模型预测都显示饱和度随剪切而增大，但上节介绍的非耦合本构模型就不能预测在常吸力下饱和度随着剪切而发生变化的性状。

图 10-21 为非饱和击实珍珠土的等向压缩试验、三轴压缩剪切试验结果和本模型预测结果。试验时的应力路径有：各向等压压缩（路径 $CC'D$）时吸力 $s = 147\text{kPa}$；三轴压缩剪切试验（路径 $DEFG$）时常吸力（$s = 147\text{kPa}$）和等平均净应力（$p = 196\text{kPa}$）条件下剪切至主应力比（$\dfrac{\sigma_1}{\sigma_3} = 2.0$），然后在径向和轴向净应力不变条件下逐步减少吸力（从 $147 \to 0\text{kPa}$），最后在平均有效应力一定的条件（$p = 196\text{kPa}$）下剪切饱和土至破坏。由图 10-21 可见，模型不仅可预测非饱和土的应力-应变关系，而且还可同时预测土水特性（即饱和度随净应力和吸力而变化的特性）。从图 10-21(b) 的左下图可以看到，等吸力（$s = 147\text{kPa}$ 等向压缩加载（路

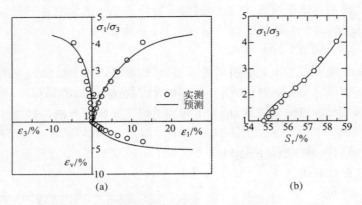

图 10-20　三轴压缩试验结果与模型预测结果（$p = 196\text{kPa}$ 和 $s = 147\text{kPa}$）

径 $CC'D$ ）时，即使吸力不变，饱和度随变形发展而增大，耦合模型能正确地模拟非饱和土的这种变形和饱和度的耦合特性，而一般的非饱和土弹塑性模型则不能模拟。

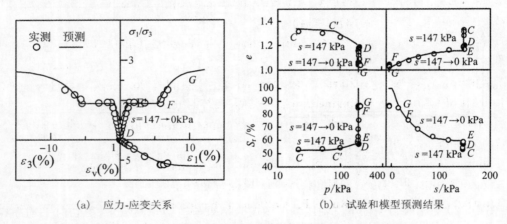

(a)　应力-应变关系　　　　　　　　　(b)　试验和模型预测结果

图 10-21　等向压缩试验和三轴压缩试验结果与模型预测结果

本章小结

本章主要介绍了近三十年来出现的非饱和土弹塑性本构模型、可耦合描述非饱和土力学性状和土水特性的弹塑性本构模型。两种模型均只可模拟非膨胀性非饱和土的力学性状，不适用于描述膨胀性非饱和土的力学性状。耦合模型在预测非饱和土的应力-应变关系和强度时不仅考虑了吸力的影响，还考虑了饱和度的影响；在预测土的土水特性时，不仅考虑了吸力的影响，还考虑了土体骨架变形的影响。

目前非饱和土弹塑性本构模型和耦合本构模型在有限元数值计算中的应用还不多，我国因降雨引起的土质边坡滑坡时有发生，急需应用本章所介绍的非饱和土的本构模型，开展对此问题的数值模拟分析，在弄清机制基础上，以期达到精确地预测灾害的目标。

习题与思考题

1. 非饱和土与饱和土的变形特性有什么异同?

2. 与饱和土弹塑性模型相比,非饱和土的弹塑性模型有哪些不同?

3. 与非饱和土弹塑性模型相比,非饱和土的水力-力学特性耦合弹塑性模型新增加的描述能力有哪些?

4. 应力状态通过什么影响土水特性?

参考文献

［1］孙德安. 非饱和土的水力和力学特性及其弹塑性描述［J］. 岩土力学,2009,30(11): 3217-3232.

［2］Alonso E E, Ggens A, Josa A. A constitutive model for partially saturated soils［J］. Geotechnique,1990,40(3):405-430.

［3］Bishop A W. The principle of effective stress［J］. Teknisk Ukeblad,1959,106(39): 859-863.

［4］Fredlund D G, Morgenstern N R. Stress state variable for unsaturated soils［J］. Journal of Geotechnical Engineering, ASCE,1977,103(5):447-466.

［5］Houlsby G T. The work input to an unsaturated granular materials ［J］. Geotechnique,1997,47:193-196.

［6］Jennings J E B, Burland J B. Limitation to the use of effective stress in partly saturated soils［J］. Geotechnique,1961,12(2):125-144.

［7］Sun D A, Matsuoka H, Xu Y F. Collapse behavior of compacted clays by suction-controlled triaxial tests［J］. Geotechnical Testing Journal, ASTM,2004,27(4): 362-370.

［8］Sun D A, Matsuoka H, Yao Y P, et al. An elastoplastic model for unsaturated soil in three-dimensional stresses［J］. Soils and Foundations,2000,40(3):17-28.

［9］Sun D A, Sheng D C, Sloan S W. Elastoplastic modelling of hydraulic and stress-strain behaviour of unsaturated compacted soils［J］. Mechanics of Materials,2007,39 (3):212-221.

［10］Sun D A, Sheng D C, Xu Y F. Collapse behaviour of unsaturated compacted soils with different initial densities［J］. Canadian Geotechnical Journal,2007,44(6): 673-686.